Der **Onlineservice InfoClick**
bietet unter www.vogel-buchverlag.de nach Codeeingabe zusätzliche Informationen und Aktualisierungen zu diesem Buch.

**In 3 Schritten zum Onlineservice**

1. Einfach www.vogel-buchverlag.de aufrufen.
2. Auf das Logo **InfoClick** klicken.
3. Den unten stehenden Zugangscode und eine E-Mail-Adresse eingeben.

Ihr persönlicher Zugang zum Onlineservice

Sanitäranlagen

Die neue Meisterprüfung

# Sanitäranlagen

Dipl.-Ing. Maik Schenker

2., völlig überarbeitete und aktualisierte Auflage

Vogel Buchverlag
Zentralverband Sanitär Heizung Klima

Dipl.-Ing. Maik Schenker
Jahrgang 1962, studierte an der Ingenieurschule für Anlagenbau in Glauchau, Fachbereich Rohrleitungs- und Isoliertechnik, und war anschließend Fachschullehrer. Es folgte ein Hochschulstudium an der TH Zwickau, Fachbereich Wärmetechnik; ab 1991 Mitwirkung beim Aufbau der Staatlichen Studienakademie Glauchau. Er ist Dozent des Fachbereichs Versorgungs- und Umwelttechnik an der BA Glauchau und hält Meisterkurse an der Fachschule für Technik der Steinbeis-Stiftung in Glauchau.

**Weitere Informationen:**
**www.vogel-buchverlag.de**

ISBN 978-3-8343-3196-0
2. Auflage. 2011

Printed in Germany

Umschlaggrafik: Icon, Veitshöchheim

# Geleitwort

Mit Inkrafttreten der Novelle zur Handwerksordnung am 1. April 1998 ist mit dem *Installateur und Heizungsbauer* ein Handwerk entstanden, dessen Tätigkeitsgebiete den gesamten Bereich der Ver- und Entsorgungsanlagen in der Gebäudetechnik umfassen.

Absolventen der Meisterprüfung in diesem neuen Handwerk werden nach dem Willen des Gesetzgebers Kenntnisse über alle Arbeitsgebiete des Berufsbildes nachweisen müssen. Dies wird einen neuen Zuschnitt der Prüfungsfächer und damit auch eine Neugestaltung der Vorbereitungsmaßnahmen auf die Prüfung bedeuten. Dabei sind vor allem die vielfachen Überschneidungen zu berücksichtigen, die in einzelnen Technikgebieten zwischen den bisherigen Einzelberufen Gas- und Wasserinstallateur bzw. Zentralheizungs- und Lüftungsbauer bereits bestanden.

Im Vorgriff auf die zurzeit in Arbeit befindliche neue Meisterprüfungsverordnung hat der Vogel Buchverlag in Abstimmung mit dem Zentralverband Sanitär Heizung Klima eine Lehrbuchreihe konzipiert, die diesen ganzheitlichen Prüfungsansatz bereits berücksichtigt. In dieser Buchreihe, die sowohl zur Vorbereitung auf die Meisterprüfung als auch als Nachschlagewerk dienen kann, ist der Stoff bereits nicht mehr nach einzelberuflicher Sichtweise, sondern nach übergreifenden Technikgebieten geordnet.

Die vorgesehene Abstimmung der Inhalte mit den Vorgaben des bundeseinheitlichen Rahmenplans des ZVSHK für die Vorbereitung auf die Meisterprüfung wird nach unserer Auffassung wesentlich zu einem gleichmäßig hohen Niveau der Sachkunde zukünftiger Meister im Installateur- und Heizungsbauer-Handwerk beitragen.

St. Augustin — Zentralverband Sanitär Heizung Klima

# Vorwort

Die Geschichte der Sanitärtechnik reicht weit in die Vergangenheit. Schon immer war es den Menschen ein Bedürfnis, das wichtigste Lebensmittel – Wasser – ständig und in einer optimalen Qualität zur Verfügung zu haben. Aus diesem Grund wurden in allen Regionen unserer Erde Bauwerke geschaffen, die die Wasserversorgung der Bevölkerung sichern. Die Aquädukte in Italien, die großen Wasserzisternen auf Zypern oder der Brunnen auf der Festung Königstein (Sachsen) mit einer Tiefe von 152,5 m sind Zeitzeugen dieser Entwicklung.

Wasser ist Lebensmittel, dient der Reinigung und ist für das Wohlbefinden und die Gesundheit des Menschen von herausragender Bedeutung. Ohne Wasser ist Leben nach unseren Maßstäben nicht möglich.

Im natürlichen Kreislauf des Wassers wird verschmutztes Wasser wieder gereinigt. Dieser Prozess ist jedoch heutzutage in unserer Zivilisation für den großen Bedarf an sauberem Wasser oft zu langsam und der Mensch muss entsprechend eingreifen.

Mit unserer modernen Sanitärtechnik ist es möglich, Wasser in der erforderlichen Qualität zu Verfügung zu stellen und dafür Sorge zu tragen, dass verschmutztes Wasser aufbereitet werden kann. Sie ermöglicht uns, Wasser, kalt oder warm, jedem Nutzer zur Verfügung zu stellen.

Eine große Leistung dieser Systemtechnik besteht auch darin, dass die Anlagen einerseits sicher funktionieren und andererseits kaum sichtbar sind, d.h., dass der größte Teil von Bauteilen auf irgend eine Weise verkleidet oder verbaut ist.

In den letzten Jahren hat sich diese Technik aufgrund neuer Werkstoffe und Installationsverfahren technisch enorm weiterentwickelt. Man spricht vom System, also möglichst alles aus einer Hand, alles passt zusammen und soll kompatibel sein.

So wie sich die Sanitärtechnik positiv entwickelt hat, ist auch ein Trend in der Badausstattung am Markt zu erkennen. Kunden investieren wieder häufiger in Design und Raumgestaltung.

Aufgrund dieser Kundenwünsche ist auch der Sanitärtechniker und der Meisterbetrieb – die diese Anlagen realisieren – entsprechend gefordert. Damit ist der Fachmann nicht nur beim Verlegen von Rohrleitungen gefragt, sondern er muss auch in der Lage sein, ein Bad zu gestalten und fachmännisch umzusetzen.

Thema und Rahmen des Buches koppeln gleichzeitig den neuesten Stand der Technik mit praktischen Erfahrungen. Neben konventioneller Technik (Bad- und Sanitäranlagen) werden auch relativ neue Bereiche der Sanitärtechnik (Schwimmbadtechnik und Regenwassernutzung) ausführlich vorgestellt und mit praktischen Berechnungsbeispielen belegt. Aktualisierungen, eventuelle Änderungen europäischer oder nationaler Normen erhält der Nutzer über den Onlineservice **InfoClick**

Resonanz zum Buch ist stets willkommen, weil eine lebendige Wissensvermittlung Forschung und Lehrbetrieb immer wieder neu motivieren und inspirieren kann. Den schnellsten Kontakt erfüllt eine E-Mail an: sch@ba-glauchau.de.

Glauchau — Maik Schenker

# Inhaltsverzeichnis

# 1 Wassertechnik

- ❑ Wassergewinnung
- ❑ Wasseraufbereitung
- ❑ Werkstoffauswahl
- ❑ Technische Forderungen an Trinkwasseranlagen
- ❑ Berechnungsgrundlagen

*Planungsgrundsatz 1.1*
Trinkwasser in reiner Form ist eines der wichtigsten Lebensmittel, das für menschliches Leben unersetzbar ist. Allgemeine Forderungen sorgen dafür, dass mit diesem lebenswichtigen und kostbaren Gut schonend und umweltbewusst umgegangen wird. Von der Gewinnung über die Aufbereitung und den Transport bis zum Endverbraucher sind entsprechende Systeme im Einsatz, die diese Forderungen berücksichtigen.

## 1.1 Wassergewinnung

Wasser ist auf der Erde in einer großen – eigentlich unvorstellbaren – Menge vorhanden. Es können jedoch nicht alle Wasserressourcen für Trinkwasser genutzt werden, weil 97% allen Wassers der Weltmeere Salzwasservorkommen sind. Ca. 2% des Wassers sind an den beiden Polen als Eis gebunden. Als Trinkwasser steht demnach nur ein Anteil von unter 1% zur Verfügung, der sich ständig in einem natürlichen Wasserkreislauf (Bild 1.1) auf der Erde bewegt. Schätzungsweise stehen der Menschheit weltweit ca. 160 Mrd. $m^3$ Trinkwasser zur Verfügung, von denen wiederum nur ca. 25% genutzt werden. Die Trinkwasservorkommen sind allerdings auf unserem Planeten völlig ungleichmäßig verteilt.

**Begriffe**

**Trinkwasser** ist für menschlichen Genuss und Gebrauch geeignetes Wasser mit Güteeigenschaften, das nach geltenden Normen und Verordnungen behandelt wird.

**Betriebswasser** ist zu gewerblichen, industriellen, landwirtschaftlichen und ähnlichen Zwecken dienendes Wasser mit unterschiedlichen Güteeigenschaften, worin Trinkwasser eingeschlossen werden kann.

Bild 1.1
Darstellung des natürlichen Wasserkreislaufs

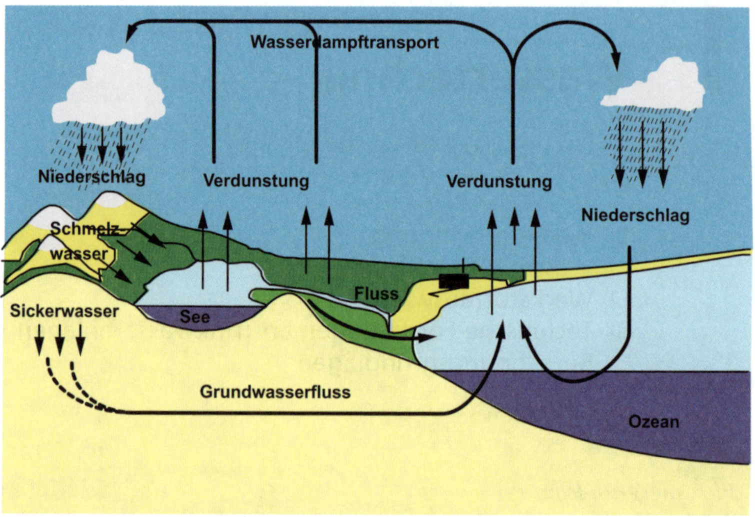


Bild 1.1 veranschaulicht die Wechselwirkungen zwischen Meerwasser und Trinkwasser. Durch die Verdunstung bleiben die Inhaltsstoffe des Wassers (Salze, Minerale, Staub, Schmutz usw.) zurück. Das so gereinigte Wasser regnet auf die Erde zurück und kann an Land als Trinkwasser aus Quellen, Seen und Flüssen (in unterschiedlicher Qualität) genutzt werden.

**Grundwasser** ist unterirdisches Wasser, das die Hohlräume der Erdrinde ausfüllt und sich mit natürlichem Gefälle in durchlässigen Schichten bewegt. Dabei weist dieses Wasser vor allem folgende Eigenschaften auf:

- biologisch einwandfrei,
- gleichbleibende Beschaffenheit.

**Quellwasser** ist aus der Erde austretendes Grundwasser.

Die Wasserförderung erfolgt in der Regel aus Brunnen. Dabei unterscheidet man die Brunnen je nach ihren konstruktiven Merkmalen. Das Grundprinzip besteht jedoch generell darin, dass Wasser zunächst gesammelt und danach mit geeigneten Mitteln gefördert wird.

Beispiele für die Wassergewinnung sind in den Bildern 1.2 bis 1.5 dargestellt.

### Quellfassung

Bei einer Quellfassung wird das Bauwerk vor einer bekannten Quelle errichtet. Dabei besteht die Umsetzung des Grundprinzips im Sammeln des Wassers und dem Weiterleiten ohne zusätzlichen Pumpeneinsatz. Aufgrund der Konstruktion ist diese Methode nur für große Wasservorkommen geeignet.

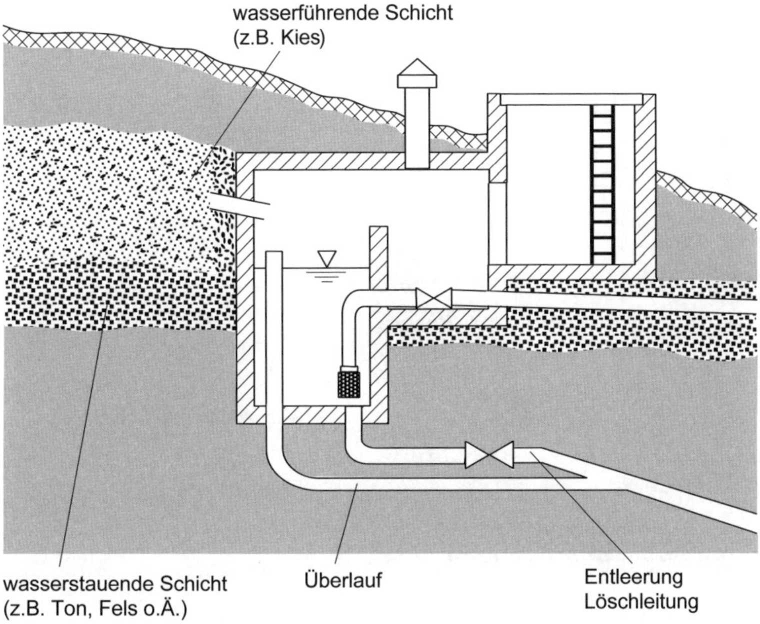

wasserführende Schicht
(z.B. Kies)
wasserstauende Schicht
(z.B. Ton, Fels o.Ä.)
Überlauf
Entleerung
Löschleitung

Bild 1.2
Quellfassung

Saugrohr bzw. Druckrohr
bei Unterwasserpumpen
Bohrlochwand
wasserführende Schicht
Filterkiesschüttung
Filterrohr

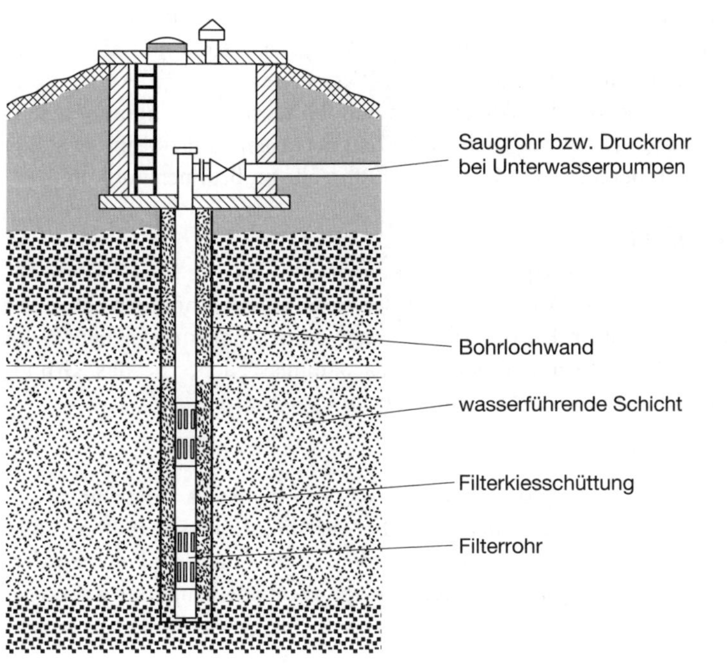

Bild 1.3
Bohrbrunnen

Bild 1.4
Horizontalbrunnen

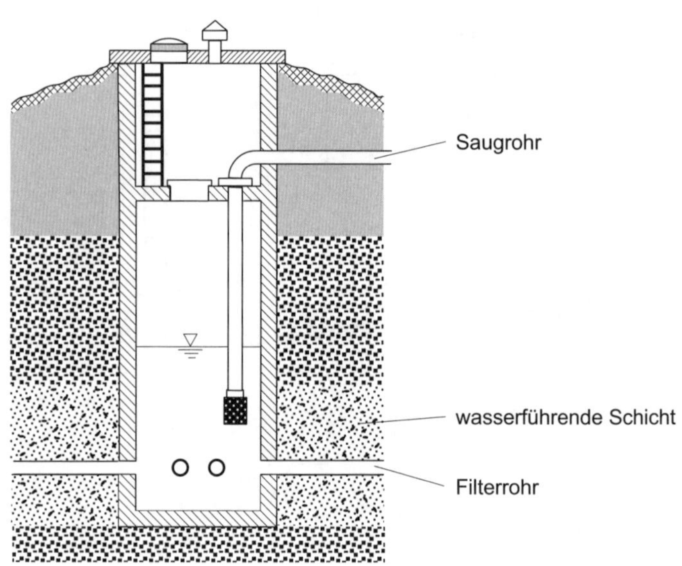


**Bohrbrunnen**

Diese Variante (Bild 1.3) ist für jede Bodenart geeignet und stellt damit die wichtigste Art der Grundwassererfassung dar. Dabei wird in der Anlage das beschriebene Grundprinzip realisiert. Am Ende des Bohrrohres bildet sich über die Standzeit der Anlage ein Hohlraum heraus, der für die Sammlung des zufließenden Wassers genutzt wird. Anhand dieser Konstruktion der Anlage sind mit Hilfe von Tauchpumpen sehr große Fördertiefen möglich. Beim Bau der Anlagen bleibt in der Regel (vor allem bei lockeren Böden) das Bohrrohr im Brunnen enthalten.

**Horizontalbrunnen**

Beim Bau dieser Anlagen (Bild 1.4) wird ein 4 bis 5 m breiter Brunnenschacht abgeteuft. Aus diesem werden in die wasserführenden Schichten Sicker- und Filterrohre (bis 100 m Länge) horizontal vorgetrieben. Nach Fertigstellung dient der Schacht als Sammelschacht für das Grundwasser, das mit Hilfe von Pumpentechnik gefördert wird.

**Rammbrunnen**

Bei dieser Anlage (Bild 1.5) wird das Brunnenrohr als Saugrohr ausgeführt. Dabei ist zu beachten, dass das Verfahren für lockere Böden und geringe Förderhöhen eingesetzt werden kann. Auch sind die Fördermengen gering, so dass diese Technik vor allem in Kleingärten angewendet wird.

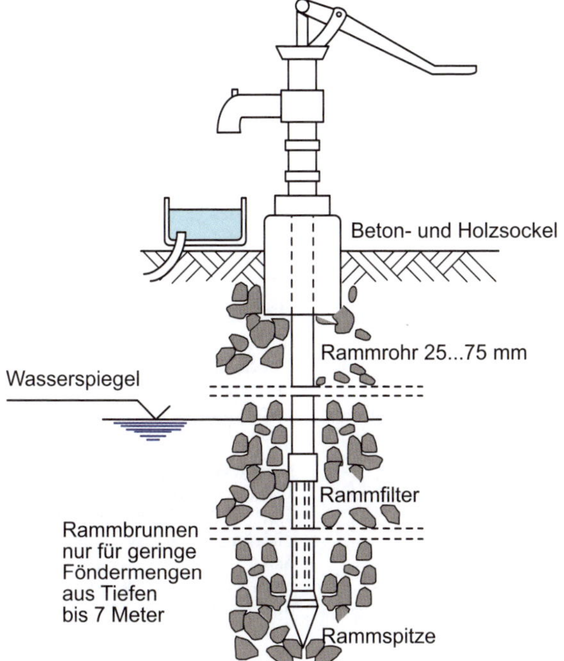


Bild 1.5
Rammbrunnen

# 1.2 Wasseraufbereitung

## 1.2.1 Grundlagen

Damit aus einem geförderten Grundwasser Trinkwasser entstehen kann, bedarf es i.d.R. einer nachhaltigen Wasseraufbereitung. Hierbei sollen Parameter erreicht werden, die die aufgefundene Wasserqualität zu Trinkwasserqualität aufwerten. Nach den Paragraphen der Trinkwasserverordnung werden eine Reihe von Forderungen erhoben. Tabelle 1.1 gibt einen Auszug der Trinkwasserverordnung als Übersicht der wichtigsten Forderungen.

Aus Tabelle 1.1 wird ersichtlich, dass die Gesundheit der Menschen absolute Priorität hat. Daraus lassen sich nun Werte ableiten, die zunächst die bakterielle Belastung des Trinkwassers beschreiben. Die in Tabelle 1.2 beschriebenen Bakterien dürfen in Trinkwasser nicht vorkommen.

Tabelle 1.1 Übersicht von wichtigen geforderten Parametern der TrinkwV (Auszug)

| Paragraph § | Forderung |
|---|---|
| §4 Allgemeine Anforderungen | Wasser für den menschlichen Gebrauch muss frei von Krankheitserregern, genusstauglich und rein sein. |
| §5 Mikrobiologische Anforderungen | Im Wasser für den menschlichen Gebrauch dürfen Krankheitserreger im Sinne des §2 Nr. 1 des Infektionsschutzgesetzes nicht in Konzentrationen enthalten sein, die eine Schädigung der menschlichen Gesundheit besorgen lassen. |
| §6 Chemische Anforderungen | Im Wasser für den menschlichen Gebrauch dürfen chemische Stoffe nicht in Konzentrationen enthalten sein, die eine Schädigung der menschlichen Gesundheit zur Folge hätten. |
| §18 Überwachung durch das Gesundheitsamt | Das Gesundheitsamt überwacht die Wasserversorgungsanlagen im Sinne von §3 Nr. 2 Buchstabe a und b sowie diejenigen Wasserversorgungsanlagen nach §3 Nr. 2 Buchstabe c und Anlagen nach §13 Abs. 3, aus denen Wasser für die Öffentlichkeit, insbesondere in Schulen, Kindergärten, Krankenhäusern, Gaststätten und sonstigen Gemeinschaftseinrichtungen, bereitgestellt wird, hinsichtlich der Einhaltung der Anforderungen der Verordnung durch entsprechende Prüfungen. |

Tabelle 1.2 Bakterien-Grenzwerte im Trinkwasser nach TrinkwV

| Parameter | Grenzwert (Anzahl/100 ml) |
|---|---|
| Escherichia coli | 0 |
| Enterokokken | 0 |
| Coliforme Bakterien | 0 |

Unabhängig von Bakterien können und dürfen im Trinkwasser eine Reihe von gelösten Elementen vorhanden sein. Diese werden als Indikatorparameter bezeichnet. Für diese Indikatorparameter definiert die entwickelte TrinkwV (Trinkwasserverordnung) entsprechende Grenzwerte.

Geförderte Oberflächenwasser und Grundwasser weisen von Region zu Region verschiedene Eigenschaften in Bezug auf ihre gelösten Inhaltsstoffe auf. Diese Inhaltsstoffe haben nicht nur Einfluss auf die Wasserqualität, sondern auch auf die Rohrwerkstoffe in denen sie fließen. Sie können aus dem Rohrwerkstoff Stoffe lösen, die die Qualität des Trinkwassers beträchtlich verschlechtern. Parallel dazu kann auch Korrosion an Rohren hervorgerufen werden.

## 1.2.2 Begriffe der Wasseraufbereitung

**Wasserhärte**

Um Wasser in Bezug auf seine Eigenschaften möglichst genau beschreiben zu können, gibt es eine Reihe von definierten Parametern. Die **Wasserhärte** beschreibt den Gehalt an Kalzium-(Ca-)- und den an Magnesium-(Mg-)salzen, die im Wasser gelöst sind. Dabei wird Wasser mit einem hohen Gehalt als «hart» bezeichnet. Seit dem 1. Februar 2007 wurden durch eine Neufassung des Wasch- und Reinigungsmittelgesetzes (WRMG) die Härtebereiche an europäische Standards angepasst. Dadurch wird die bekannte Angabe «Grad deutscher Härte» (°dH) durch die Angabe «Millimol Calciumcarbonat je Liter» (mmol $CaCO_3/l$) ersetzt.

Da die Angabe °dH über viele Jahrzehnte in der Praxis Anwendung fand, wird es erfahrungsgemäß sehr lange dauern, bevor die neuen Angaben in «mmol $CaCO_3/l$» flächendeckend benutzt werden. Aus diesem Grund erfolgt ein entsprechender Vergleich der beiden Angaben. Tabelle 1.3 zeigt die Einteilung in °dH, Tabelle 1.4 in mmol $CaCO_3/l$.

Tabelle 1.3 Einstufung des Wassers in °dH

| Einstufung des Wassers in °dH | |
|---|---|
| sehr weich | 0... 4° |
| weich | 4... 8° |
| mittelhart | 8...12° |
| ziemlich hart | 12...18° |
| hart | 18...30° |
| sehr hart | >30° |

Die neuen Härtebereiche unterscheiden sich kaum von den alten, jedoch werden die Beschreibungen der Härtebereiche zusammengelegt, so dass nur noch die Begriffe «weich», «mittel» und «hart» benutzt werden. Die neuen Härtebereich sind wie folgt definiert und werden in Tabelle 1.4 noch einmal zusammengefasst:

- ❑ Härtebereich «weich»<1,5 mmol $CaCO_3/l$ (entspricht 8,4 °dH)
- ❑ Härtebereich «mittel» 1,5...2,5 mmol CaCO3/*l* (entspricht 8,4...14 °dH)
- ❑ Härtebereich «hart» >2, 5 mmol $CaCO_3/l$ (entspricht >14 °dH)

Ein weiterer definierter Parameter ist der, der die Wirksamkeit der Wasserstoffionenkonzentration in mol/*l* angibt.

**pH-Wert**

Der pH-Wert gibt darüber Auskunft, ob es sich um ein neutrales (pH-Wert = 7,0), saures (pH-Wert <7,0) oder ein alkalisches (pH-Wert >7,0)

Info Click
Bild 1.1

Wasser handelt. Die Skala (Bild 1.6) verläuft nach Definition in Werten von 0...14.

Tabelle 1.4 Neue Zuordnung der Härtebereiche

| mmol $CaCO_3$/l | (°dH) | Härtebereich |
|---|---|---|
| bis 1,5 | 0...8,4 | weich |
| 1,5...2,5 | 8,4...14 | mittel |
| >2,5 | >14 | hart |

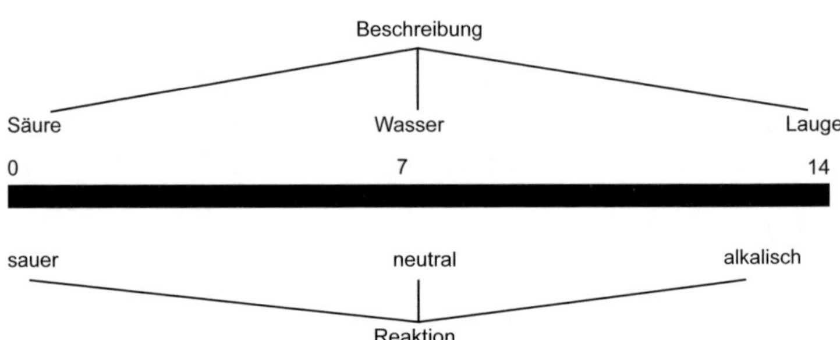


Bild 1.6
pH-Wert-Skala

Aus der Darstellung von Bild 1.6 können in der Praxis eine Reihe von Schlussfolgerungen für die Aufbereitung des Wassers oder auch für den Schutz der Rohrleitung vor Korrosion gezogen werden.

## 1.2.3 Wasserinhaltsstoffe

Im natürlichen Wasserkreislauf (s. Bild 1.1) hat das Sickerwasser im Boden mit den dort vorkommenden Stoffen Kontakt. Dabei können diese Stoffe vom Wasser gelöst und aufgenommen werden. Die wichtigsten Wasserinhaltsstoffe sind:

**Chloride**

Chloride nennt man Chlorverbindungen, bei denen negativ geladene Chloratome (Chloridionen) chemisch gebunden sind. Wichtige Vertreter sind Natriumchlorid (Kochsalz: NaCl) und Salzsäure (HCl). Chloride können in jedem Wasser in unterschiedlicher Konzentration auftreten.

**Sulfate**

Sulfate sind Salze der Schwefelsäure ($H_2SO_4$) und kommen in der Natur sehr häufig vor. Wichtige Vertreter sind Eisen(II)-sulfat ($FeSO_4$), Kupfer(II)-sulfat ($CuSO_4$), Natriumsulfat ($Na_2SO_4$).

**Nitrate**
Nitrate sind Salze der Salpetersäure ($HNO_3$). Sie kommen in unterschiedlichster Konzentration in jeder Bodenart vor. Wichtige Vertreter sind Ammoniumnitrat ($NH_4NO_3$), Blei(II)-nitrat ($Pb(NO_3)_2$), Silbernitrat ($AgNO_3$).

**Eisen- und Manganverbindungen**
Eisen- und Manganverbindungen befinden sich in jeder Bodenart und können durch das Sickerwasser prinzipiell im Wasser gelöst vorkommen. Aus biologischer Sicht braucht der Mensch zum Leben Wasser in reiner Form mit bestimmten Wasserinhaltsstoffen in bestimmten Konzentrationen, um nicht krank zu werden (Planungsgrundsatz 1.1). Diese Konzentrationen von Wasserinhaltsstoffen sind jedoch nicht immer in Trinkwasservorkommen in den entsprechenden Größen vorhanden.

Dazu gehört die Erkenntnis, dass eine Reihe der Wasserinhaltsstoffe mit den Materialien der Rohrsysteme, in denen das Trinkwasser transportiert wird, in Wechselwirkung stehen. Aus diesen Gründen definiert die TrinkwV (Trinkwasserverordnung) entsprechende Indikatorparameter. Um diese Parameter für jedes Grund- oder Oberflächenwasser zu realisieren, sind zum Teil aufwendige technische Verfahren notwendig.

### 1.2.4 Verfahrensstufen der Trinkwasseraufbereitung

Damit eine entsprechende Trinkwasserqualität erreicht wird, werden eine Reihe von Verfahrensstufen bei gefördertem Grund- oder Oberflächenwasser durchlaufen. Tabelle 1.5 gibt diese Verfahrensstufen wieder.

Tabelle 1.5 Verfahrensstufen der Trinkwasseraufbereitung

| Stufe | Beschreibung | Verfahren |
|---|---|---|
| 1 | Beseitigung von unerwünschten Stoffen aus dem Wasser | *Filterung* |
| 2 | Zerstäuben / Belüften | *Entsäuerung* |
| 3 | Ausfällen von Schwermetallverbindungen | *Schwermetallaustrag* |
| 4 | Chlorierung / Ozonierung → Vernichten von Mikroorganismen | *Desinfektion* |
| 5 | Enthärtung des Wassers | *Ionenaustausch* |

**Filterung**
Das Beseitigen der unerwünschten Stoffe aus dem Rohwasser erfolgt mit Hilfe von Filtern. Dabei kommen Volumen- oder Raumfilter zum Einsatz, die als Sand- oder Kiesfilter ausgelegt werden können. Je nach

Feinheit des Filtermaterials erreicht man ein Zurückhalten der unerwünschten Stoffe.

**Entsäuerung**
Durch die Entsäuerung soll nun erreicht werden, dass die Kohlensäure gebunden wird und ein Sauerstoffeintrag in das Wasser erfolgt. Durch eine Zerstäubung wird erreicht, dass sich das Wasser mit Sauerstoff aus der Luft anreichern kann. Gleichzeitig gast das Wasser durch die Zerstäubung aus, d. h., das $CO_2$ wird aus dem Wasser an die Umgebungsluft abgegeben. Damit sich die umgebende Luft nicht mit $CO_2$ übersättigt, ist ein guter Luftaustausch in der Anlage notwendig.

**Schwermetallaustrag**
Im Grundwasser können Metalle (z. B. Eisen und Mangan) in Ionenform $Fe^{2+}$ und $Mn^{2+}$ vorliegen. Diese Ionen entstehen im sauerstoffarmen Grundwasser durch anaerobe Lebensformen. Die entstandenen Metallionen sind im Wasser gelöst und chemisch sehr bindungsfreudig. Durch den Eintrag von Sauerstoff in das Wasser kommt es jetzt zur Reaktion, bei der höhere Oxidationsstufen beim Eisen $Fe^{3+}$ und Mangan $Mn^{4+}$ erreicht werden und die Reaktionsprodukte in ungelöster Form vorliegen.

Damit ist es möglich, die Reaktionsprodukte auszufiltern oder durch eine zusätzliche Flockungsreaktion zunächst in filterbare Größen umzuwandeln.

**Desinfektion**
Ziel der Desinfektion ist es, die Anzahl der im Wasser befindlichen Bakterien, Vieren und Keime möglichst auf 0 pro ml zu mindern (Tabelle 1.2). Dabei sind physikalische und chemische Verfahren möglich, wobei in der technischen Anwendung die chemischen Verfahren überwiegen. Die möglichen Verfahren sind die Chlorierung und das UV-Licht-Verfahren. Bei der Chlorierung wird vor allem die keimtötende Wirkung ausgenutzt. Als physikalisches Verfahren findet das UV-Licht-Verfahren Anwendung. Dabei wird mit Hilfe von UV-Licht das Erbmaterial der Bakterien und Vieren zerstört, so dass keine Vermehrung stattfindet und die Organismen absterben.

**Enthärtung**
Im Trinkwasser befinden sich neben den schon aufgeführten – z.T. unerwünschten – Bestandteilen weitere Chemikalien. Bei den Ionen $Ca^{2+}$ und $Mg^{2+}$ spricht man von Härtebildnern. Diese Ionen fallen bei Temperaturen über 65 °C aus und können somit zur Verkalkung (Ablagerung des Kalkes an den Rohrwänden) führen. In der Regel kommt es in Trinkwasserleitungen nicht zu diesen hohen Temperaturen, so dass eine Vermeidung des Kalkausfalles nicht notwendig ist.

Da das Trinkwasser jedoch auch für die Warmwasserbereitung oder für Waschmaschinen eingesetzt wird, sind Maßnahmen zur Enthärtung angesagt. Dabei unterscheidet man verschiedene Verfahren (chemisch oder physikalisch), wobei bei den ❶ WVUs vor allem das Ionenaustauschverfahren Anwendung findet. Dabei besteht das Grundprinzip darin, dass härtebildende $Mg^{2+}$- und $Ca^{2+}$-Ionen durch Kationen (i. d. R. $Na^{+}$-Kationen) ausgetauscht werden.

❶ *Wasserversorgungsunternehmen*

## 1.2.5 Wasserbeschaffenheit und Korrosion

Vor allem bei metallischen Werkstoffen kann auch in Trinkwasserleitungen Korrosion auftreten, so dass die Werkstoffe angegriffen und zerstört werden. Dabei unterscheidet man zwei Hauptarten, die chemische und die elektrochemische Korrosion.

**Chemische Korrosion**

Bei der chemischen Korrosion gehen die Werkstoffe an der Oberfläche Verbindungen mit Gasen ein, z. B. Luft, Sauerstoff, Wasserdampf. Bei metallischen Werkstoffen bezeichnet man das Reaktionsprodukt der chemischen Korrosion als Zunder.

**Elektrochemische Korrosion**

Bei der elektrochemischen Korrosion findet der Werkstoffangriff in Anwesenheit eines Elektrolyten (z.B. Wasser) statt. Dabei liegen die Reaktionspartner in Ionenform vor, der Vorgang selbst wird durch elektrische Potentiale ausgelöst. Bei metallischen Werkstoffen bezeichnet man das Reaktionsprodukt der elektrochemischen Korrosion als Rost.

In der Praxis wird grundsätzlich in Korrosionsarten und Korrosionserscheinungen unterschieden. Bei den Korrosionsarten wird eine weitere Unterteilung vorgenommen, indem die mechanische Belastung in die Untersuchung miteinbezogen wird. Folgende Korrosionsarten können an Rohrleitungen auftreten:

**Korrosionsarten ohne mechanische Belastung**

- ❑ gleichmäßige Flächenkorrosion,
- ❑ Lochkorrosion,
- ❑ Spaltkorrosion,
- ❑ Kontaktkorrosion,
- ❑ Korrosion durch unterschiedliche Belüftung,
- ❑ Korrosion unter Ablagerungen,
- ❑ selektive Korrosion,
- ❑ Säurekondensatkorrosion,
- ❑ Kondenswasserkorrosion,
- ❑ Stillstandskorrosion.

**Korrosionsarten mit mechanischer Belastung**

- ❑ Spannungsrißkorrosion,
- ❑ Schwingungsrißkorrosion,
- ❑ dehnungsinduzierte Korrosion,
- ❑ Erosionskorrosion,

- ❑ Kavitationskorrosion,
- ❑ Reibkorrosion.

**Korrosions-erscheinungen**

- ❑ gleichmäßiger Flächenabtrag,
- ❑ Lochfraß,
- ❑ Muldenfraß,
- ❑ fadenförmige Angriffsform,
- ❑ selektive Angriffsform,
- ❑ Korrosionsrisse.

In Trinkwasserleitungen kommt es aufgrund des Transportmediums in der Regel zu elektrochemischer Korrosion, dagegen kann auf den Leitungen durchaus auch chemische Korrosion stattfinden. Aber auch auf den Rohrleitungen ist elektrochemische Korrosion (z. B. durch Schwitzwasserbildung) denkbar.

**Grundlagen der chemischen Korrosion**

Die Oxidation der Metalle findet hierbei ohne Elektrolyt statt. Dadurch entsteht kein Elektronenfluss, der Elektronenaustausch läuft zwischen den Reaktionspartnern direkt ab. Als Korrosionsmittel können hierbei fungieren:

**Korrosionsmittel**

- ❑ trockene aggressive Gase,
- ❑ Sauerstoff,
- ❑ Dämpfe.

Der Einfluss des Sauerstoffs bei der chemischen Korrosion kann wie folgt dargestellt werden:

| | | | | |
|---|---|---|---|---|
| $Fe + \frac{1}{2}\,O_2$ | $\rightarrow$ | $FeO$ | Fe (II)-oxid | (Gl. 1.1) |
| $4\,Fe + 3\,O_2$ | $\rightarrow$ | $2\,Fe_2O_3$ | Fe (III)-oxid | (Gl. 1.2) |
| $3\,Fe + 2\,O_2$ | $\rightarrow$ | $Fe_3O_4$ | Fe (II, III)-oxid | (Gl. 1.3) |

Die drei entstandenen Eisenoxide stellen in unterschiedlichen Anteilen das Zundergefüge dar.

Durch diese Korrosion wird der Werkstoff systematisch abgebaut, es entsteht über die Standzeit der Leitung immer wieder Zunder, das Material wird anteilig immer weniger.

**Korrosionsschutz**

Aus den oben angeführten Gleichungen lässt sich direkt ein geeigneter Korrosionsschutz ableiten. Es muss in diesem Fall nur ein direkter Kontakt zwischen Metall und dem Sauerstoff verhindert werden. Dieses wäre durch einen Anstrich des Rohres mit Farbe oder mit einer Kunststoffummantelung am einfachsten zu realisieren. Damit wird der Sauerstoff vom Metall «getrennt». Da in diesem Anwendungsfall nicht in den chemischen Korrosionsprozess eingegriffen wird, spricht man vom passiven Korrosionsschutz.

**Passiver Korrosionsschutz**

**Grundlagen der elektrochemischen Korrosion**

Bei der elektrochemischen Korrosion erfolgt der Werkstoffangriff in Anwesenheit eines Elektrolyts. Dabei werden Ladungsträger freigesetzt, die im Elektrolyt transportiert werden. Die Korrosionsstelle am Werkstoff wird als Korrosionselement bezeichnet; es besteht aus Anode und Katode. Die Anode ist der Oberflächenbereich, der die Metallionen in das Elektrolyt abgibt, die Katode ist der Oberflächenbereich, der die freiwerdenden Elektronen aufnimmt. Die Metallzerstörung findet grundsätzlich an der Anode statt. Durch mögliche Inhomogenität des Werkstoffes (z. B. Einschlüsse von der Herstellung) kann es an der Oberfläche in Anwesenheit von Feuchtigkeit (Elektrolyt) zu vielen kleinen Korrosionselementen kommen.

Die elektrochemische Korrosion wird hier am Beispiel eines Belüftungselementes (Bild 1.7) dargestellt.

- Im Mittelpunkt des Tropfens geht das Eisen in Lösung,
- am Rande des Tropfens Entladung von Wasserstoffionen am Eisen,
- Polarisation der Katode (Beenden des Vorgangs) wird durch die ständige Oxidation des Wasserstoffs mit dem gelösten Sauerstoff verhindert,
- Wasserstoffionenentladung führt zu einem Überschuß an $OH^-$-Ionen, die mit den $Fe^{2+}$ unter Sauerstoffeinfluss den Rostring bilden.

Folgende Reaktionen laufen ab:

| | | | |
|---|---|---|---|
| Anodenprozess: | $2\,Fe$ | $\rightarrow 2\,Fe^{2+} + 4e^-$ | (Gl. 1.4) |
| Katodenprozess: | $O_2 + 2\,H_2O + 4e^-$ | $\rightarrow 4\,OH^-$ | (Gl. 1.5) |
| Rostbildung: | $Fe^{2+} + 2\,OH^-$ | $\rightarrow Fe(OH)_2 \rightarrow Rost$ | (Gl. 1.6) |

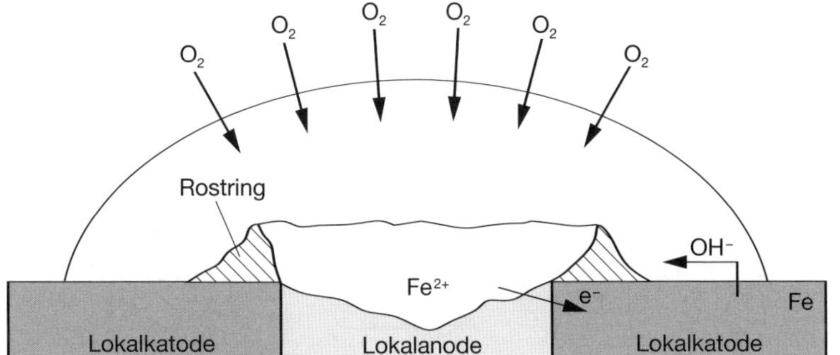


Bild 1.7
Belüftungselement

Auch bei der elektrochemischen Korrosion kommt es zum ständigen Materialverlust durch Auflösung. Eine Trennung der Reaktionspartner wie bei der chemischen Korrosion erscheint nicht zweckmäßig, da eine ständige Kontrolle der «Dichtheit» der Schutzschicht durchgeführt werden müsste. Aus diesem Grund greift man mit der Korrosionsschutzmaßnahme direkt in den chemischen Prozess ein. Bei dieser Art des Korrosionsschutzes spricht man vom aktiven Korrosionsschutz.

**Aktiver Korrosionsschutz**

**Opferanode**

Ein Beispiel für den aktiven Korrosionsschutz ist das Einbringen einer Aktivanode (Opferanode). Dabei werden mit Hilfe einer Anode – die nach der elektrochemischen Spannungsreihe unedler ist als das Rohrmaterial – Elektroden zur Verfügung gestellt (Bild 1.8). Diese Elektronen können auf das zu schützende Metall (Rohr) übergehen; dieses wird dadurch negativ geladen, d.h., es besteht ein Elektronenüberschuss. Dadurch ist es den $OH^-$-Ionen nicht mehr möglich, mit dem Rohrmaterial zu reagieren, der Korrosionsprozess am Rohr wird unterbunden.

**Korrosionsarten in der Trinkwasserinstallation**

Aus der Auflistung der Korrosionsarten kann man erkennen, dass die Korrosion sehr vielfältig wirken kann. Gleichzeitig muss festgestellt werden, dass i.d.R. mehrere Korrosionsarten zur gleichen Zeit am

Bild 1.8 Schematische Darstellung einer Opferanode

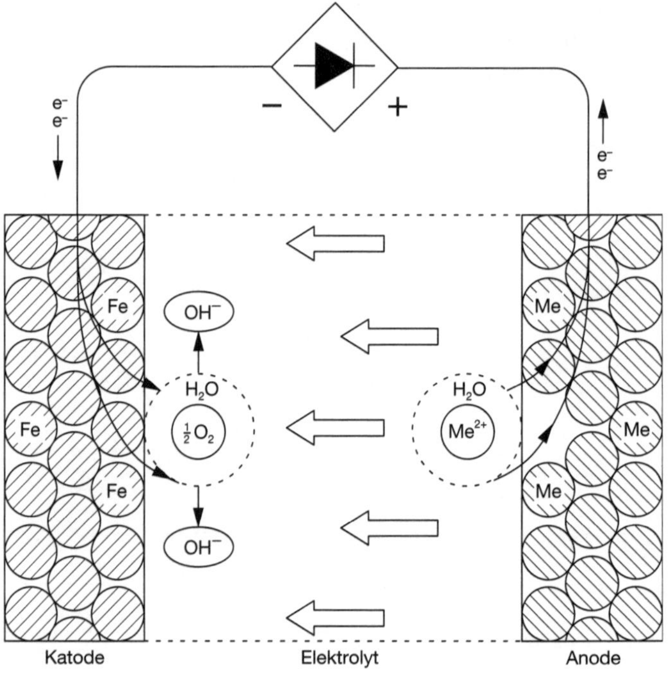

Werkstoff wirken können, wenn die Bedingungen für die chemischen Reaktionen gegeben sind. Um gezielt Korrosion zu verhindern, muss man die Ursachen kennen und diese vermeiden oder minimieren. An dieser Stelle sollen die Korrosionsarten etwas näher vorgestellt werden, die bei der Trinkwasserinstallation möglich sind.

**Kontaktkorrosion (galvanische Korrosion)**

Durch die Berührung von zwei metallisch blanken Werkstoffen bei Anwesenheit eines Elektrolyten besteht die Möglichkeit der Kontaktkorrosion. Dabei wird das edlere Metall katodisch, das unedlere Metall anodisch polarisiert. Damit sind die Ursachen für eine elektrochemische Korrosion gegeben.

**Korrosionsgeschwindigkeit**

Die Korrosionsgeschwindigkeit wird erhöht, wenn

- die Fläche des unedleren Werkstoffs sehr klein gegenüber der Fläche des edleren Werkstoffes ist,
- die Temperatur steigt.

**Verhinderung der Korrosion**

*Planungsgrundsatz 1.2*
- Bei Metallkombinationen sollten Werkstoffe mit ähnlichem Potential gewählt werden,
- Flächenproblematik bei den Berührungsflächen beachten, d. h. Verstärkung der Anode,
- Minimierung oder Vermeidung der Kontaktstellen.

**Lochfraßkorrosion (Pitting)**

Die Ursachen für eine Lochfraßkorrosion sind vor allem inhomogene Werkstoffoberflächen. Aber auch die örtliche Beschädigung der ❶ **Passivschicht** kann zu dieser Korrosionsart führen. Gleichzeitig sind mögliche Potentialunterschiede durch Werkstoffbearbeitung als Ursache denkbar.

Die Erscheinungsform sind kraterförmige oder nadelstichartige Vertiefungen.

*Ausbildung einer sehr dünnen oxidischen Schicht bei nichtrostenden, chemisch beständigen Metallen*

**Verhinderung der Korrosion**

*Planungsgsgrundsatz 1.3*
- Verminderung der Chloridkonzentration,
- Senkung der Temperatur,
- Verminderung des Lochfraßpotentials durch Steigerung der Fließgeschwindigkeit des Mediums,
- Reinigen der Oberfläche durch Beizen und Passivieren,
- bei Werkstoffen, die keine Passivschicht bilden, werden geeignete Anstrichstoffe eingesetzt.

**Selektive Korrosion**

Unter der selektiven Korrosion versteht man das Herauslösen von Legierungsbestandteilen aus den Gefügebestandteilen. Dadurch wird immer nur eine Gefügeart angegriffen, wobei alle anderen Gefüge erhalten bleiben. Bei Cr-Stählen besteht nach dem Schweißen die Gefahr der selektiven Korrosion. Dagegen ist bei Kupferlegierungen eine Entzinkung von Messing möglich (Auflösung der β-Mischkristalle).

*Plannungsgrundsatz 1.4*
- ❑ Vermeidung des Schweißens von Cr-Stählen, also Pressen als Verbindungstechnik anwenden,
- ❑ Substitution von Messingwerkstoffen durch Rotgusswerkstoffe.

**Kavitationskorrosion**
Die Kavitationskorrosion wird durch das Zusammenwirken von Flüssigkeiten im bewegten Zustand und Korrosion im allgemeinen hervorgerufen. Dabei wird durch die Korrosion die Zerstörung der Schutzschichten als Folge der Kavitation beschleunigt. Durch die Kavitation (Strömungs-, Schwingungs- und Siedevorgänge im Medium) werden die «besten» Voraussetzungen für die unterschiedlichsten Korrosionsarten geschaffen.

**Verhinderung der Korrosion**

*Plannungsgrundsatz 1.5*
- ❑ Richtige Auslegung der Rohrleitung und Anpassung der Pumpen an das Rohrsystem, um Kavitation zu vermeiden,
- ❑ Verringerung der Temperatur.

**Zusammenfassung**
Aus der Betrachtung der Korrosionsarten ist bekannt, dass die metallischen Eisenwerkstoffe, aber auch die metallischen Nichteisenwerkstoffe sehr stark korrosionsgefährdet sind. Treten eine Reihe von möglichen Ursachen noch gleichzeitig auf, kann sich die Korrosionsgeschwindigkeit sehr stark erhöhen, das Rohrleitungssystem kann entsprechend schnell zerstört werden.

Vor allem das Transportmedium Wasser begünstigt in vielen Fällen die Entstehung der Korrosion (vor allem der elektrochemischen Korrosionsarten) und somit den Beginn der Zerstörung des Leitungssystems.

Ein geeigneter Korrosionsschutz (aktiv oder passiv) erhöht dagegen die Kosten, so dass man nach Alternativen bei der Werkstoffauswahl suchen muss (siehe auch Abschnitt 1.4).

## 1.3 Transport, Speicherung und Verteilung von Trinkwasser

Begriffe

**Hochbehälter** stellen die Wasserreserve dar, falls die Pumpstationen ausfallen. Sie garantieren die Zuspeisung zum Netz unter Aufrechterhaltung eines konstanten Netzdruckes. Ihr Standort sollte mindestens 10 m über dem höchsten Entnahmepunkt des Netzes liegen.

**Rohrnetze** ist der Sammelbegriff für alle Leitungssysteme eines bestimmten Mediums (z.B. Trinkwasser). Sie werden so konzipiert, dass bei notwendigen Reparaturen Teile des Netzes getrennt werden können. Man unterscheidet vor allem zwischen Ring- und Verästelungsnetzen.

**Transportleitungen** verbinden über große Entfernungen die einzelnen Systemanschlüsse (Pumpstationen, Verteilerstationen usw.).

**Verteilerleitungen** haben die Aufgabe, die transportierten Medien für die einzelnen Verbraucher zu verteilen.

**Hausanschlussleitungen** realisieren den Anschluss zwischen Verteilerleitung und Hauswasserzähler.

**Hinweisschilder** erleichtern das Auffinden von Armaturen. Dabei werden zwei Hauptkategorien unterschieden: *Blaue* Schilder kennzeichnen Trinkwasser-, *weiße* Schilder mit rotem Rand Feuerlöscharmaturen.

**Hausanschlussraum** umfasst die Aufnahme aller Ver- und Entsorgungsleitungen zur weiteren Verteilung im Gebäude. Raumgrößen und Leitungsabstände definiert die DIN 18012.

**Warmwasserzähler** sind Zähler für Wasser mit einer maximalen Temperatur von über 30 °C bis 90 °C.

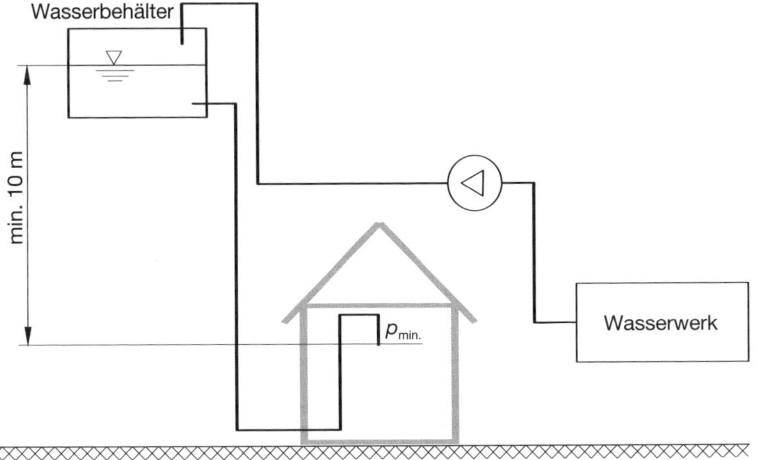


Bild 1.9
Schema des Wassertransports und Druckerhöhung

**Heißwasserzähler** sind Zähler für Wasser mit einer Temperatur über 90 °C.

**Eichung** eines Messgerätes ist ein Verwaltungsakt, bei dem die Richtigkeit des Messgerätes **staatlich** bestätigt wird. Die Eichung kann nur durch die Eichbehörde vorgenommen werden.

**Beglaubigung** eines Messgerätes ist ebenso wie die Eichung ein Verwaltungsakt. Die Beglaubigung wird von «staatlich anerkannten Prüfstellen», die von öffentlich bestellten und vereidigten Prüfstellenleitern geleitet werden, durchgeführt.

Beglaubigung und Eichung sind in messtechnischer Hinsicht gleichwertig und haben die gleichen Rechtsfolgen.

### 1.3.1 Transport

**Ring- und Verästelungsnetze**

Der Transport des Trinkwassers erfolgt durch Rohrleitungen, die aus kompletten Rohrnetzen bestehen. Zu den Rohrnetzen (Bild 1.9) werden alle Pump- und Zwischenpumpwerke gezählt. Die Verteilung erfolgt durch die hydraulische Auslegung. Je nach Gestaltung der Netze unterscheidet man Ring- und Verästelungsnetze. Die Anzahl der Druckerhöhungsanlagen (im Bild 1.9 als Pumpe veranschanlicht) ergibt sich aus der Netzgeometrie (Bild 1.10) und der angeschlossenen Verbraucher.

**Werkstoffe**

Die Werkstoffe der Trinkwasserrohrleitungen sind i.d.R. Stahl, Guss, Faserzement und Kunststoff. Die Entscheidung für einen bestimmten Werkstoff hängt vor allem von der Wasserbeschaffenheit ab. Gleichzeitig gilt als Entscheidungskriterium der vorhandene Netzdruck.

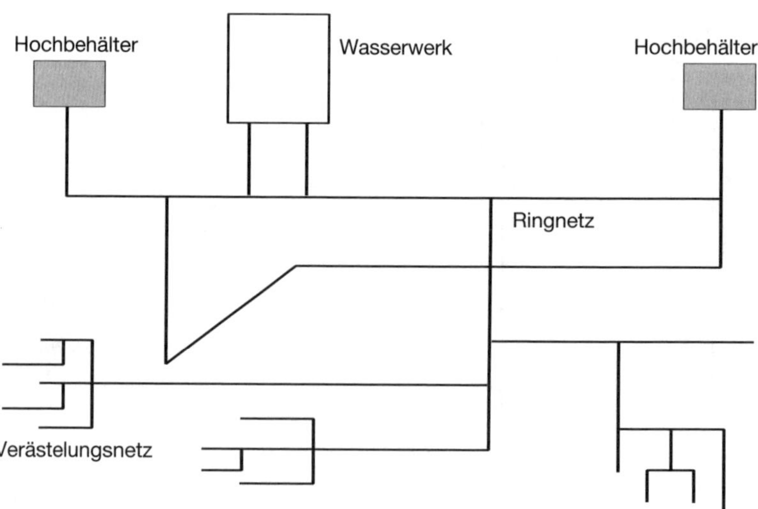


Bild 1.10 Wasserverteilung in Ring- und Verästelungsnetz

Die Anlagen werden so bemessen, dass beim ungünstigsten Endverbraucher noch ein genügend großer Druck verfügbar ist. Der ungünstigste Verbraucher wird über die hydraulische Berechnung des Rohrsystems ermittelt und stellt i.d.R. den Verbraucher mit dem größten Druckverlust über die Rohrleitungslänge dar.

Die Kennzeichnung der verlegten Rohrleitungen (vor allem der Armaturen) wird durch entsprechende Schilder realisiert. Dabei werden nach einer festgelegten Syntax Bauteil und Lage genau definiert (Bilder 1.11 und 1.12). Tabelle 1.6 erläutert die Schildeinteilung.

## 1.3.2 Speicherung

**Hoch- und Erdbehälter**

Aufbereitetes Trinkwasser wird über Transportleitungen in Wasserbehälter gefördert. Diese sind je nach der geographischen Lage unterschiedlich ausgeführt. Man unterscheidet in der Regel zwischen Hoch- und Erdbehältern, und zwar

- ❑ im Bergland als Erdbehälter,
- ❑ im Flachland als Wassertürme.

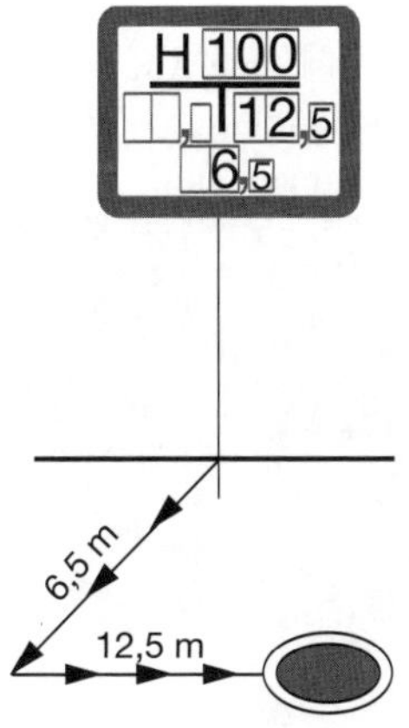


**Hydrant**

H : Hydrant
100: DN der Rohrleitung
12,5 und 6,5: Entfernung vom Schild in m

Bild 1.11
Schild für Hydrantenkennzeichnung

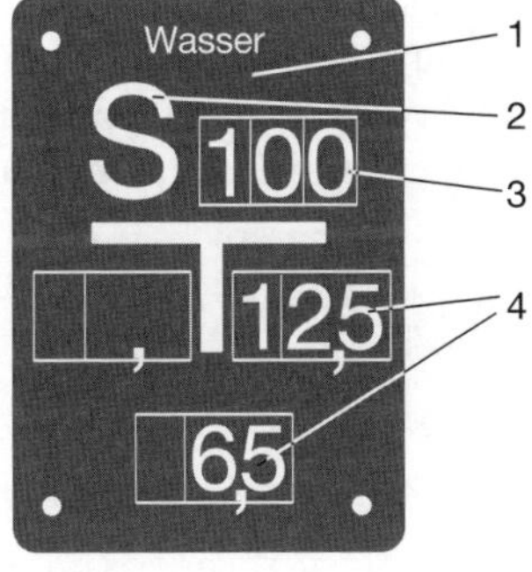


**Rohrnetzarmaturen**

A: Absperrorgan
AV: Absperrventil
S: Schieber
E: Entleerung
L: Lüftung

Bild 1.112
Schild für Rohrnetzarmaturen

Tabelle 1.6 Bedeutung der Schilder

| Feld | Bedeutung |
|---|---|
| 1 | Für Angaben des Betreibers, z. B. Nummer des Gegenstandes im Bestandsplan, laufende Nummer oder Ausführungsart der Armatur |
| 2 | Kurzzeichen des Leitungsbauteils, auf das hingewiesen wird.<br>Folgende Kurzzeichen sind möglich:<br>S Schieber<br>ES Entleerungsschieber<br>LS Lüftungsschieber<br>K Absperrklappe<br>AH Absperrhahn der Anschlussleitung<br>AV Absperrventil der Anschlussleitung<br>LV Lüftungsventil |
| 3 | Nennweite DN der Rohrleitung |
| 4 | Entfernungsangaben in Meter nach links oder rechts und/oder nach vorn |

## 1.3.3 Hausanschluss

Durch den Hausanschluss wird die Verbindung des Versorgungsträgers mit dem Verbraucher realisiert.

Dabei wird der Verbraucher mit einer Stichleitung, die in das Haus hineinführt, direkt an die Verteilerleitung angeschlossen. Bei modernen Systemen wird dieser Anschluss mit Hilfe von Anbohrarmaturen realisiert, so dass die Verteilerleitung im Betriebszustand bleiben kann.

Durch die in Bild 1.13 gezeigten Anbohrschellen ist eine Anbindung an das Versorgungssystem möglich. Bei der Verlegung müssen eine Reihe von Bedingungen beachtet werden. Anschlussleitungen sind

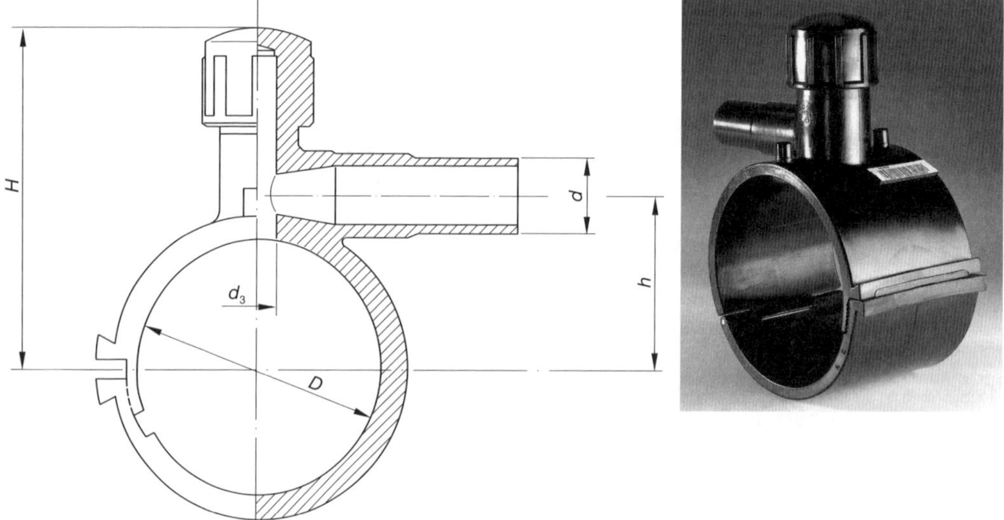


Bild 1.13 Anbohrarmaturen (Fa. Frank, Mörfelden)

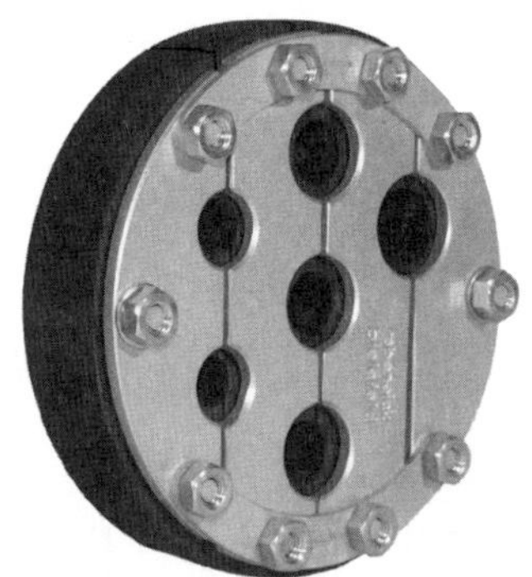

Bild 1.14
Fachgerechte Mauerdurchführung (Quelle: Firma Rabeneick)

**Bedingungen für die Verlegung von Anschlussleitungen**

- ❑ frostfrei,
- ❑ geradlinig oder rechtwinklig,
- ❑ oberhalb der Entwässerung,
- ❑ mit einem seitlichen Abstand von mind. 1 m zur Entwässerung,
- ❑ mit einem Abstand zu Gas- oder Elektroleitungen von mind. 40 cm

zu verlegen.

> *Planungsgrundsatz 1.6*
> Leitungen, die durch Mauern verlegt werden, sind in Mauerdurchführungen (Schutzrohr) zu verlegen. Dabei ist darauf zu achten, dass die Schutzrohre gas- und wasserdicht sind. Die Rohre müssen an beiden Seiten des Durchbruches überstehen (Bild 1.14).

## 1.3.4 Hausanschlussraum

Im Hausanschlussraum werden alle Ver- und Entsorgungsleitungen zusammengeführt. Dabei ist auf eine sinnvolle Anordnung der Leitungen und Armaturen zu achten, damit im Installations- und Reparaturfall problemlos gearbeitet werden kann. Die Raumgestaltung ist standardisiert. In diesem Standard gibt es eine Reihe von Forderungen, die bei der Planung Berücksichtigung finden müssen:

**Anforderungen an Hausanschlussräume**

- ❑ Aufnahme aller Versorgungsleitungen (Wasser, Gas, Fernwärme, Strom, Telefon, TV usw.),
- ❑ möglichst mit Revisionsschacht für Abwasser,
- ❑ Mindestmaße nach DIN 18 012,
- ❑ Vorrang bei der Wahl der Größe des Raumes haben die Forderungen nach einwandfreier Installation und Wartung aller Systeme.

In Bild 1.15 werden diese Plannungsanforderungen veranschaulicht.

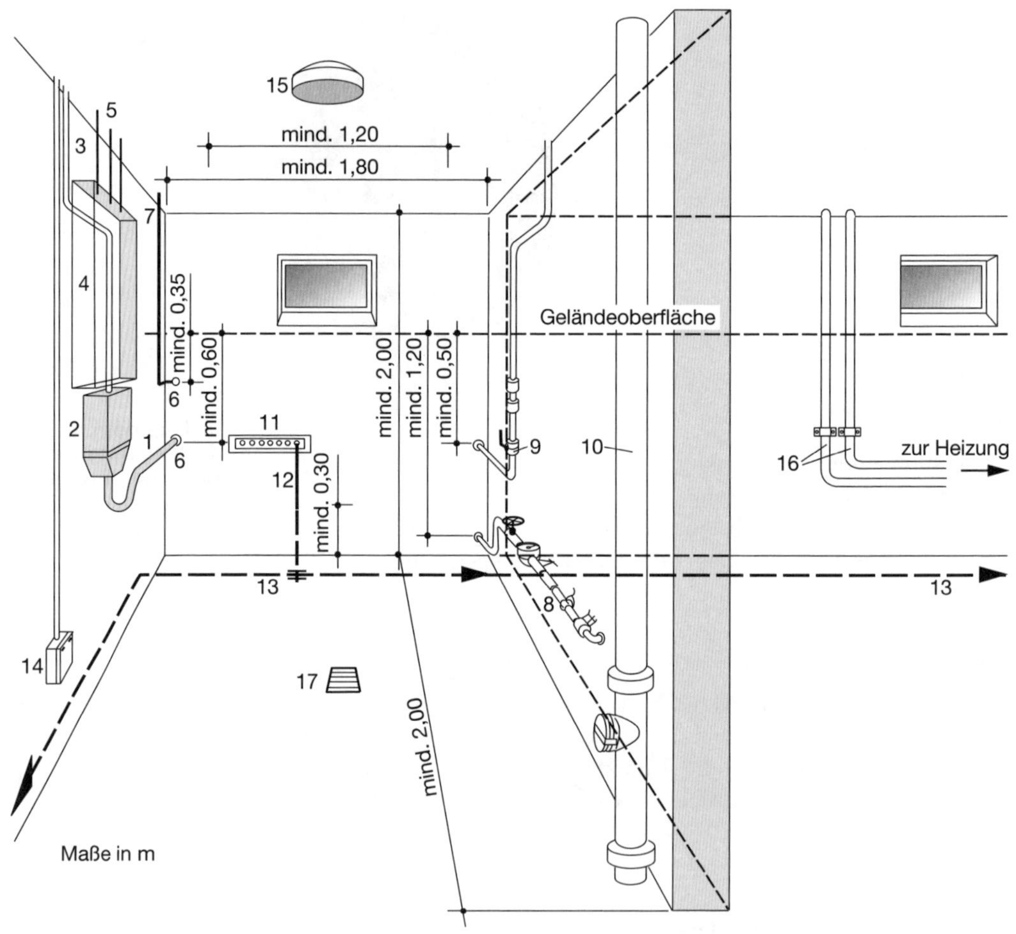


Bild 1.15 Hausanschlussraum

1 Hauseinführungsleitung für Starkstrom
2 Starkstrom-Hausanschlusskasten mit Hausanschlußsicherung
3 Starkstrom-Hauptleitung
4 ggf. Zählerplätze
5 Starkstrom-Ableitungen zu Stromkreisverteilern
6 Kabeschutzrohr
7 Hausanschlussleitungen für Fernmeldeanlage
8 Hausanschlussleitung für Wasserversorgung mit Wasserzählanlage
9 Hausanschlussleitung für Gasversorgung mit Hauptsperreinrichtung
10 Entwässerung
11 Potentialausgleichsschiene
12 Anschlussfahne
13 Fundamenterder
14 Schutzkontakt-Steckdose
15 Leuchte
16 Heizungsrohre im Nebenraum
17 Bodenablauf

## 1.3.5 Wasserzählanlage

Wasserzähler (Bild 1.16) sind gesetzlich gefordert, damit die abgenommene Menge erfasst und dem Kunden des Wasserversorgungsunternehmens (WVU) in Rechnung gestellt werden kann. Bei der Installation dieser Armaturen sind eine Reihe von Forderungen zu beachten:

**Anforderungen**

- ❑ Der Einbau erfolgt im Hausanschlussraum oder in einem Schacht.
- ❑ Der Einbau muss frostsicher erfolgen.
- ❑ Bei waagerechtem Einbau darf der Zähler nicht um die Rohrachse gedreht werden.
- ❑ Bei senkrechtem Einbau muss das Ziffernblatt waagerecht liegen.

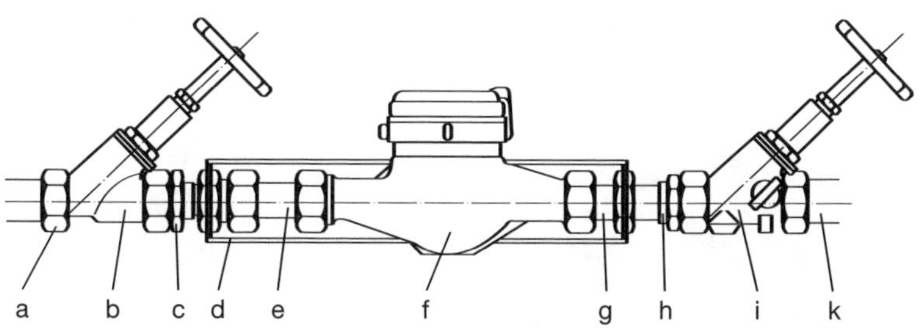


Bild 1.16 Einbauanforderung und Armaturenreihenfolge
a Anschlussleitung
b Freistrom-Eingangsventil
c Reduzierstück
d Anschlussbügel
e Längenausgleichsverschraubung
f Wasserzähler (wahlweise mit Rückflussverhinderer)
g Zählerverschraubung
h Reduzierstück
i Ventil (wahlweise als kombiniertes Freistromventil mit Rückflussverhinderer und Entleerungsventil)

Keine Forderungen bestehen an Abständen zu Wänden usw. (reparaturfreundlicher Einbau).

*Planungsgrundsatz 1.7*
Um zu gewähren, dass der Zähler stets einwandfrei arbeitet, und somit eventuelle Streitigkeiten zwischen Lieferer und Abnehmer auszuschließen, unterliegen diese Armaturen dem Eichgesetz. Deshalb müssen Wasserzähler regelmäßig überprüft werden. Der maximale Zeitraum nach dem Eichgesetz sind 5 Jahre.

**Bauarten von Wasserzählern**

Je nach der Konstruktion der Armaturen unterscheidet man verschiedene Bauarten:

- ❑ Nassläufer (Bild 1.17),
- ❑ Trockenläufer,

- Flügelradzähler,
- Ringkolbenzähler (Bild 1.18),
- Woltmann-Zähler.

Für eine gute Zugänglichkeit sollten folgende Maße nicht unterschrittenwerden.

Für größere Zähler oder bei Gemeinschaftsanlagen, wo ein beschränkter Zugriffskreis realisiert (oder gefordert) wird, besteht die Möglichkeit, die Zähler in einem Wasserzählerschacht zu installieren:

Bild 1.17 Flügelrad-Hauswasserzähler (Firma Sensus GmbH, Ludwigshafen)

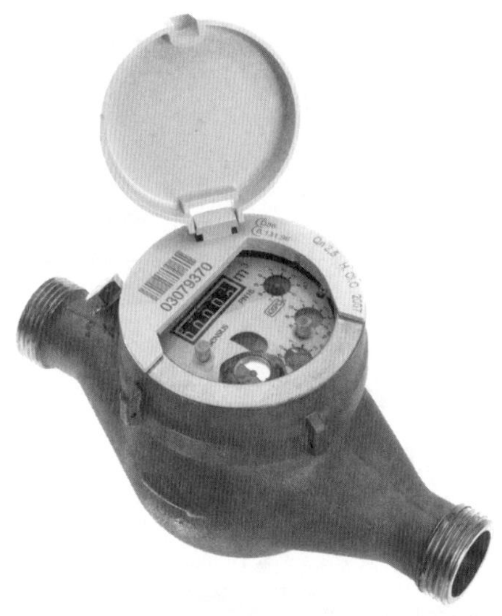

Bild 1.18 Ringkolben-Hauswasserzähler (Firma Sensus GmbH, Ludwigshafen)

- ❑ Mindestmaße 1,2 · 1,0 m · 1,6 m Höhe,
- ❑ Einsteigöffnung 0,7 m · 0,7 m.

## 1.4 Werkstoffauswahl

Dem Planer kommt bei der Werkstoffauswahl eine entscheidende Rolle zu. Eine fachgerechte Werkstoffauswahl entscheidet von Beginn an, wie betriebssicher die Anlage später funktionieren wird. Aus diesem Grund ist es notwendig, größtmögliche Kenntnisse über moderne Werkstoffe zu besitzen, die in der Trinkwasserinstallation zum Einsatz kommen. Vor allem Vor- und Nachteile von Werkstoffsystemen sind für eine Entscheidungsfindung (s. Abschnitt 1.4.2) von größter Bedeutung. Die einzelnen Werkstoffe, ihre Eigenschaften und Abmessungen sind standardisiert. Die Normenübersicht im Anhang hilft entsprechende Werte aufzufinden und der Onlinedienst **InfoClick** veröffentlicht unter dem Buchtitel mögliche Normenänderungen jeweils auf dem neuesten Stand.

**Begriffe DN**

Der Nenndurchmesser (oder die Nennweite) stellt ein Rastermaß dar, mit dem Rohre von gleichen Außendurchmessern erfasst werden. Der Fachbegriff dient vor allem der Zuordnung von Armaturen zu einer Rohrleitung.

*Beispiel: DN 100*

Dabei handelt es sich um ein Rohr mit einem ungefähren Innendurchmesser von 100 mm.

> *Planungsgrundsatz 1.8*
> Der Nenndurchmesser ist nicht geeignet für die Rohrbestellung! Diese sollte immer unter der Angabe Außendurchmesser × Wanddicke ($d_a \cdot s$) erfolgen (s. Normenübersicht im Anhang)!

**PN**

Der Nenndruck (pressure norm) benennt die mögliche Druckbelastbarkeit des Bauteils. Dabei werden die Hersteller von Bauteilen mittels Standardisierung gezwungen, eindeutige Angaben zur Belastbarkeit in Bezug auf Druck und Temperatur einzuhalten, wobei auch die Einheiten der Drücke und Temperaturen genau definiert sein müssen. Mögliche Druckstufen sind z.B. PN 10, PN 16, PN 25, PN 40 usw.

*Beispiel: PN 40*

Wenn der Hersteller angibt, dass der Zahl 40 die Einheit [bar] zugeordnet wird, kann das Bauteil mit 40 bar belastet werden. Dabei muss jedoch unbedingt das Druck-Temperatur-Diagramm beachtet werden, da mit steigender Temperatur bei jedem Bauteil die Druckbelastbarkeit

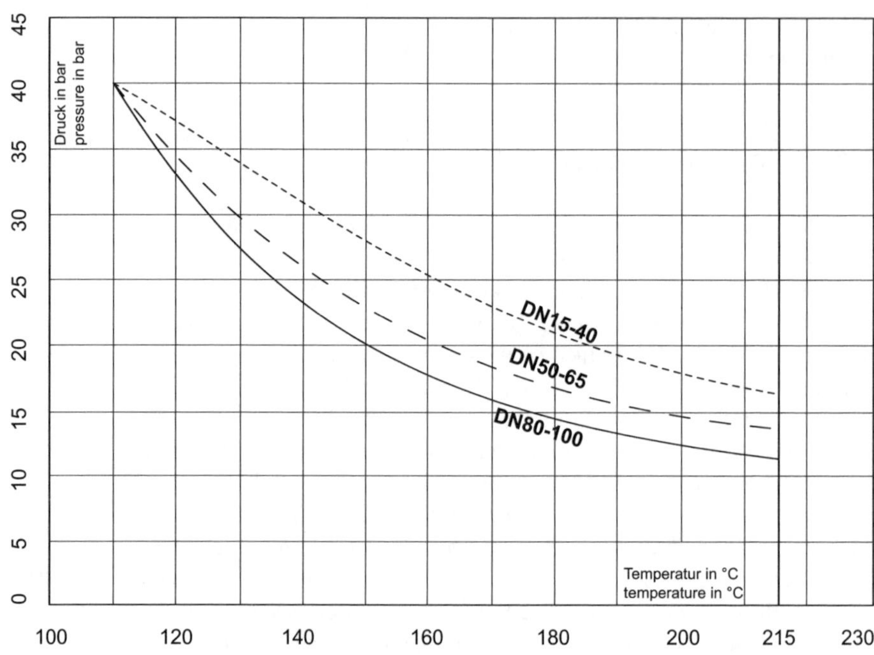


Bild 1.19 Druck-Temperatur-Diagramm (s. auch Normenübersicht im Anhang)

abnimmt. Ein Druck-Temperatur-Diagramm veranschaulicht Bild 1.19.

**Beständigkeit** Beständigkeit ist die Eigenschaft eines Werkstoffs bei Kontakt mit dem Medium nicht bzw. teilweise chemisch oder elektrochemisch zu reagieren. Dabei kann z.B. ein teilweiser Abbau der Wanddicke bei entsprechender Standzeit des Rohres erfolgen. Über Beständigkeiten von Werkstoffen geben Hersteller mit Hilfe von Planungsunterlagen oder Softwareanwendungen (Bild 1.20) detailliert Auskunft.

### 1.4.1 Wichtige Werkstoffe in der Trinkwasserinstallation

In der Sanitärinstallation findet man eine große Auswahl an Werkstoffen mit speziellen Eigenschaften, die für entsprechende Einsatzbedingungen ausgelegt sind. Weil Einsatzbedingungen sehr unterschiedlich sein können (z.B. Trinkwasser warm / kalt, Qualitäten des Wassers und dessen Inhaltsstoffe) ist jeder Anwendungsfall im Einzelnen zu prüfen,

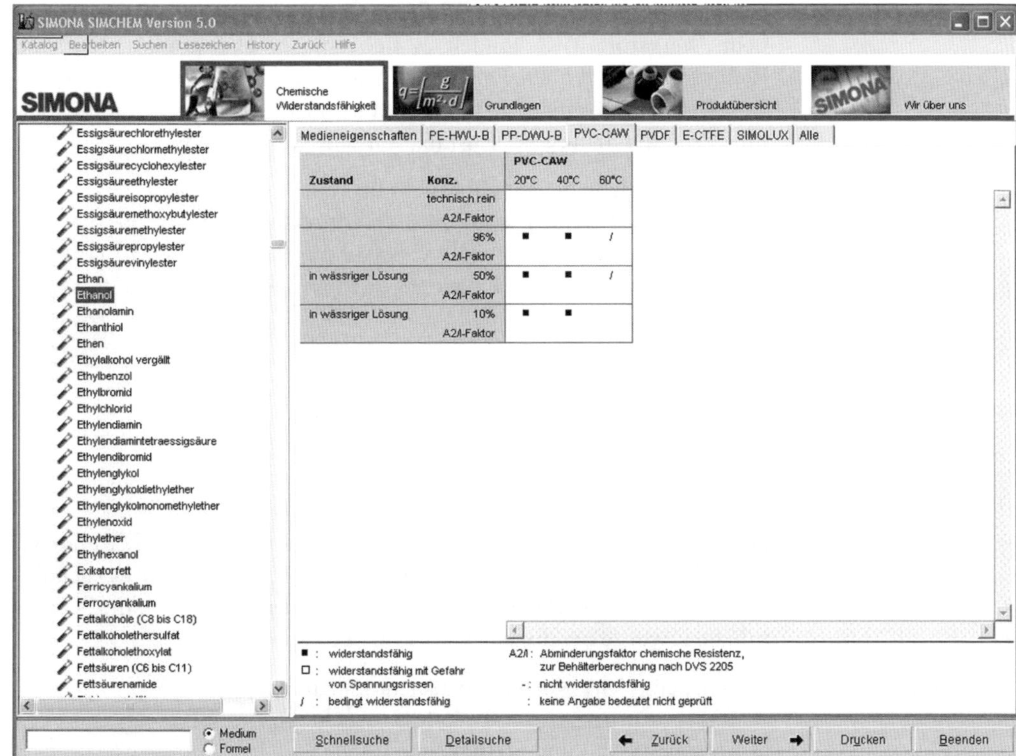


Bild 1.20 Beständigkeitstabellen als Softwareanwendung (Quelle: Firma Simona, Kirn)

damit ein entsprechender – möglichst optimaler – Werkstoff ausgewählt werden kann.

**Kunststoffe**

Die Materialbreite der Kunststoffe in der Trinkwasserversorgung ist sehr groß. Deshalb sollen hier nur einige Vertreter genannt werden, die sich durch besondere Eigenschaften auszeichnen. Unabhängig von der Art des Kunststoffs haben diese Werkstoffe alle Gemeinsamkeiten, die dem Installateur bekannt sein müssen. Jeder Kunststoff ist in der Lage, einer bestimmten Dauertemperatur standzuhalten. Diese Temperatur ist jedoch sehr stark vom Betriebsdruck abhängig, d.h., mit steigendem Druck wird die Temperaturbelastung geringer (s. auch Bild 1.19). Gleichzeitig wird durch die höhere Druckbelastung auch die Standzeit (Lebensdauer des Rohres) kleiner. Diesen Zustand erfassen die Hersteller in Temperatur-Zeitstand-Diagrammen, wie Bild 1.21 veranschaulicht. Diese Diagramme sollten bei der Auswahl eines Werkstoffes immer Berücksichtigung finden.

*PVC-C (chloriertes Polyvinylchlorid)*

Beim Werkstoff PVC handelt es sich um ein Thermoplast, das eine Reihe von Zusätzen wie Farbmittel, Stabilisatoren usw. enthalten kann. Der Werkstoff verfügt über eine Reihe von *Eigenschaften*, die für den Einsatz in der Trinkwasserinstallation sehr günstig sind:

**Eigenschaften**

- Normen (siehe Normenübersicht im Anhang)
- Temperaturbereich $t = 10 \ldots 100$ °C (drucklos),
- Temperaturbelastung $t = 60$ °C bei 10 bar (Lebensdauer 50 Jahre),
- ausgezeichnete Beständigkeit gegen Säuren und Laugen (s. Beständigkeitstabellen),
- geringe Eigenmasse,
- keine Korrosion,
- keine Kalkablagerung, keine Inkrustation,
- schweiß- oder klebbar.

*PVC-hart (auch PVC-U)*

Der Werkstoff PVC-hart basiert auf der gleichen chemischen Grundlage wie PVC (allgemein). Durch die Beigabe von Zusatzstoffen werden die *Werkstoffeigenschaften* jedoch etwas modifiziert. Vor allem die Schlagzähigkeit wurde bei diesem Werkstoff verbessert.

**Eigenschaften**

- Normen (Siehe Normenüberscicht im Anhang)
- Temperaturbereich $t = 0 \ldots 60$ °C (drucklos),
- hohe Festigkeit und Steifigkeit,
- beständig gegen eine Vielzahl aggressiver Medien (s. Beständigkeitstabellen Bild 1.20),
- geringe Eigenmasse,
- keine Korrosion,
- keine Kalkablagerung, keine Inkrustation,
- schweiß- oder klebbar.

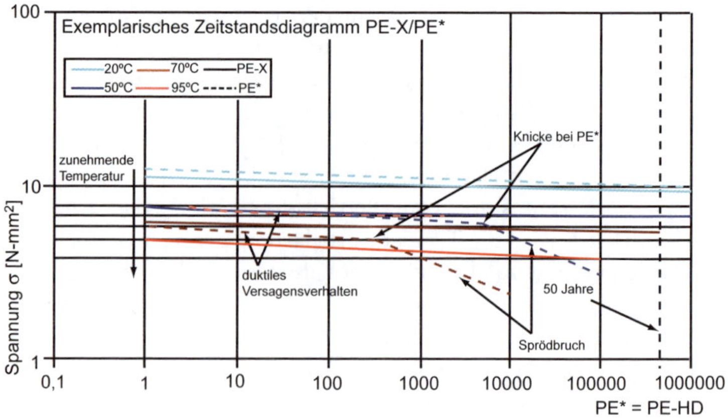


Bild 1.21 Temperatur-Zeitstand-Diagramm (Quelle: Firma Hewing)

*Polypropylen (PP)*
Beim Werkstoff PP handelt es sich ebenfalls um ein Thermoplast. Der Werkstoff zeichnet sich vor allem in seiner höheren Temperaturbelastbarkeit aus. Bei Temperaturen unter 0 °C besteht jedoch Bruchgefahr.

**Eigenschaften**

- ❑ Normen (s. Normenübersicht im Anhang),
- ❑ gute chemische Widerstandsfähigkeit,
- ❑ hohe Spannungsrissbeständigkeit gegenüber organischen und anorganischen Medien,
- ❑ schweißbar,
- ❑ keine Korrosion,
- ❑ keine Kalkablagerung, keine Inkrustation.

*Polyethylen (PE-HD) (high Density, hohe Dichte)*
Beim Werkstoff PE-HD handelt es sich auch um ein Thermoplast. Der Vorteil des Werkstoffes besteht vor allem in seiner Schlagzähigkeit, die Betriebstemperaturen weit unter 0 °C zulässt. Außerdem besticht dieser Werkstoff durch eine weitere Reihe günstiger Eigenschaften.

**Eigenschaften**

- ❑ Normen (s. Normenübersicht im Anhang),
- ❑ Temperaturbereich $t = -50\ldots 80$ °C (drucklos),
- ❑ Temperaturbelastung bis 80°C (kurzfristig Belastung) möglich,
- ❑ schweißbar,
- ❑ gute chemische Widerstandsfähigkeit,
- ❑ Spannungsrissbeständigkeit gegenüber vielen organischen und anorganischen Medien,
- ❑ normal entflammbar,
- ❑ keine Korrosion,
- ❑ keine Kalkablagerung, keine Inkrustation,
- ❑ hohe Beständigkeit gegenüber UV-Strahlen,
- ❑ quetschbar.

*Polybuten (PB)*
Beim Werkstoff Polybuten handelt es sich um ein Thermoplast aus der Gruppe der Polyolefine. Die Gefügestruktur ist teilkristallin, woraus sich eine Reihe guter Eigenschaften vor allem beim Einsatz im Trinkwassernetz ergeben.

**Eigenschaften**

- ❑ Normen (s. Normenübersicht im Anhang),
- ❑ Temperaturbereich $t = -50\ldots 80$ °C (drucklos),
- ❑ Temperaturbelastung bis 100 °C (kurzfristig Belastung) möglich,
- ❑ bei Temperaturbelastung von 70 °C Dauertemperatur und Dauerbetriebsdruck von 10 bar 50 Jahre Lebensdauer,
- ❑ schweißbar,

- korrosionsbeständig,
- gute chemische Widerstandsfähigkeit,
- beständig gegen UV-Strahlung,

**Längenausdehnungskoeffizienten**

Zusammenfassend kann man feststellen, dass die erwähnten Kunststoffe alle sehr gute Eigenschaften für die Trinkwasserinstallation besitzen. Jedoch haben alle Kunststoffe einen entscheidenden Nachteil gegenüber metallischen Werkstoffen: Sie haben einen sehr großen Längenausdehnungskoeffizienten. Bei Wärmeeintrag ins Rohr kommt es zu einer Verlängerung, die sich in Rohrachsrichtung als Verschiebung auswirkt. Werden diese Verschiebungen durch die Montageanordnung nicht berücksichtigt, können im Rohr sehr hohe Spannungen entstehen, die zur Zerstörung des Rohres führen können.

Um diese Längenausdehnungen bei Kunststoffrohren zu minimieren, wurden Rohre entwickelt, die die positiven Eigenschaften von Kunststoffen mit den kleineren Längenausdehnungen von Metallrohren vereinen.

### Verbundwerkstoffe

**Eigenschaften**

- Vereinigung von metallischen und Kunststoffeigenschaften in einem Rohr,
- Medienrohr Kunststoff → je nach Kunststoffart gelten die bekannten Eigenschaften,
- Schichtenaufbau i.d.R. Kunststoff / Metall / Kunststoff → entsprechende Eigenschaften (s. Bild 1.22),
- je nach Konstruktion der Rohrsystems unterschiedliche Fügetechnologien (Pressen / Schweißen / Stecken).

Bild 1.22 Verbundrohrsystem (Firma Viega, Attendorn)

### Kupfer

Bei diesem Werkstoff handelt es sich historisch bedingt um einen sehr weit verbreiteten Werkstoff. Durch seine gute Beständigkeit und leichte Verarbeitbarkeit ist er als Installationsmaterial sehr beliebt.

**Lochfraßkorrosion**

Durch das Auftreten von Mischwassern (mehrere Anbieter speisen in ein und dieselbe Trinkwasseranlage ein) kann jedoch der pH-Wert weit in den sauren Bereich < 5 gelangen. Dadurch kann am Kupferrohr Lochfraßkorrosion auftreten, die zu einer örtlichen, sehr schnellen Zerstörung des Rohres führt. Aus diesem Grund sollte vor jeder Werkstoffentscheidung für Kupferrohr eine Wasseranalyse beschafft und ausgewertet werden. Wenn dieses nicht möglich ist, sollte aus fachlicher Sicht auf den Einsatz von Kupferrohr verzichtet werden.

**Eigenschaften**

- Herstellung nach DIN 1754,
- Temperaturbereiche $t = -60...200$ °C (abhängig vom Fügeverfahren [Lot]),
- gute Korrosionsbeständigkeit,
- leichte Verarbeitbarkeit,
- lötbar,
- hydraulisch glatt.

> *Planungsgrundsatz 1.9*
> Durch zulässige schwankende Trinkwasserqualitäten besteht die Möglichkeit der schnellen Zerstörung des Kupferrohres. Mit Hilfe eines Standards (s. Normenübersicht im Anhang) können Systemparameter untersucht werden, damit man klare Aussagen zum Einsatz von Kupferrohr in der Trinkwasserinstallation treffen kann.

### Glas

Bei diesem Werkstoff handelt es sich um einen ❶ amorphen Werkstoff mit hervorragenden Festigkeits- und Temperatureigenschaften. Gleichzeitig kann festgestellt werden, dass Glas gegen fast alle Chemikalien beständig ist und somit vor allem in Labors zum Einsatz kommt. Der Werkstoff selbst ist für Temperaturen bis 250 °C problemlos belastbar, jedoch lässt das Fügesystem (Dichtungen) eine solche Betriebstemperatur nicht zu.

❶ *gestaltlos, nicht kristallin*

**Eigenschaften**

- sehr fest,
- spröde,
- schlechte Wärmeleitung,
- säure- und laugenbeständig,
- Temperaturbereich $t = 10...120$ °C (dichtungsabhängig),
- zulässiger Temperaturschock 120 K.

## 1.4.2 Auswahlalgorithmen

Durch solide Kenntnis der Werkstoffeigenschaften muss der Meister oder Fachplaner in der Lage sein, anhand der Wassereigenschaften (Wasseranalyse) einen optimalen Werkstoff für das jeweilige Projekt auszuwählen. Unter Verwendung eines Algorithmus gelangt man sehr schnell zu einer Entscheidungsfindung – vor allem, wenn es sich um größere Bauvorhaben handelt, wo möglicherweise mehrere Werkstoffe – Steigleitungen/Etagenleitungen – zum Einsatz kommen.

Bei der Arbeit mit dem Algorithmus wird in zwei Stufen vorgegangen. Als Ausgangsbasis werden alle Werkstoffe untersucht, die dem Bearbeiter bekannt sind. Dabei beginnt man mit einem beliebigen Werkstoff und vergleicht seine Einsetzbarkeit in bezug auf die im Algorithmus aufgeführten Fragen. Erfüllt ein Werkstoff eine Frage nicht, muss im Algorithmus mit dem nächsten Werkstoff neu begonnen werden.

**Betriebsparameter und Randbedingungen**

① *Anderen Werkstoff wählen und Neustart*

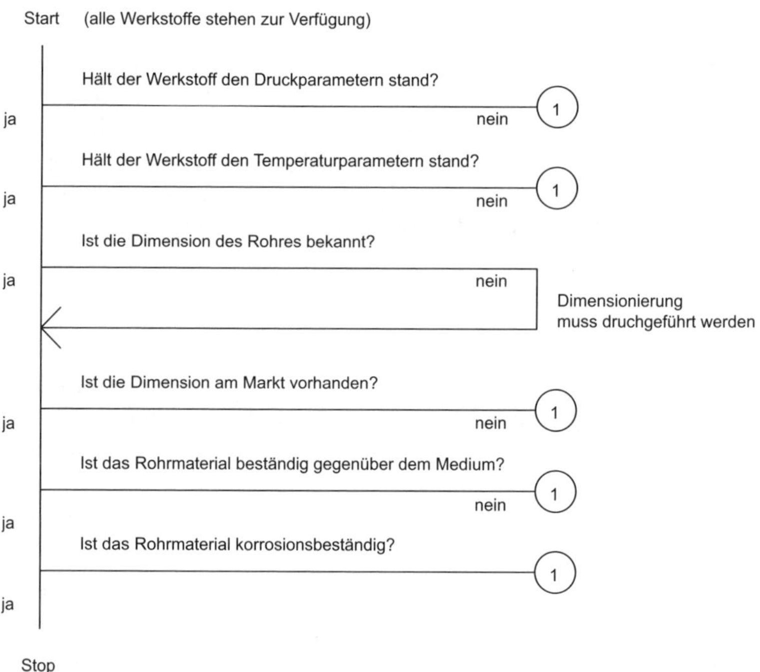


Bild 1.23 Algorithmus 1, Betriebsparameter und Randbedingungen

Ergebnis am Ende:
Werkstoff einsetzbar, weiter mit dem nächsten Werkstoff !!!

## Zusammenfassung

Alle Werkstoffe, die von den Materialeigenschaften den Algorithmus 1 positiv durchlaufen haben, werden weiter untersucht, um für das spezielle Projekt den optimalen Werkstoff zu finden. Dabei werden fachspezifische Eigenschaften und Erfahrungswerte des einzelnen Planers in die Untersuchung mit eingeschlossen.

## Spezielle Bedingungen für Planung und Montage

*② Werkstoff streichen und mit nächstem Werkstoff starten*

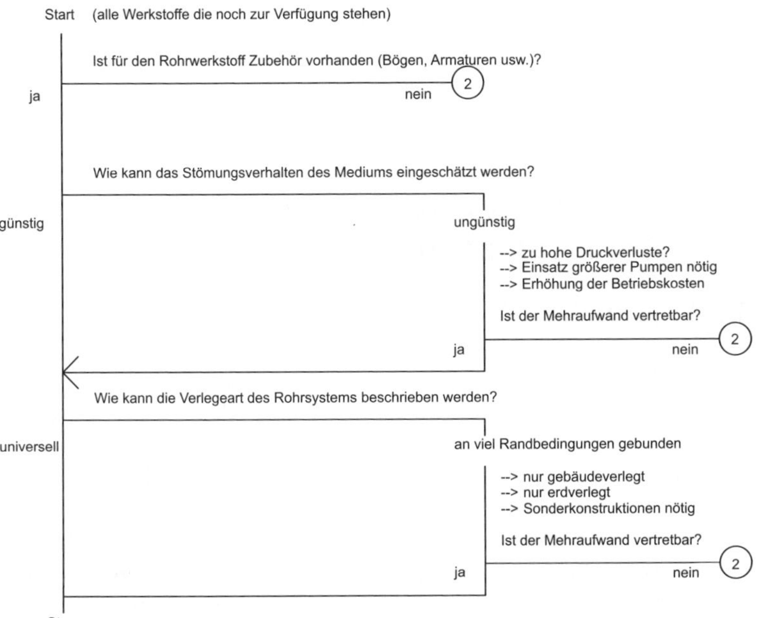


Bild 1.24 Algorithmus 2, spezielle Bedingungen für Planung und Montage

Ergebnis: Werkstoff ist einsetzbar, weiter mit dem nächsten Werkstoff!

## Zusammenfassung

Alle Werkstoffe, die diesen Algorithmus 2 bestehen, müssen nun weiterbearbeitet werden.

An dieser Stelle der Bearbeitung kann es möglich sein, dass immer noch eine Reihe von Werkstoffen zum Einsatz kommen können. Aus diesem Grund werden nun die Preise und Kosten zur weiteren Entscheidungsfindung herangezogen. Hierbei sollte eine allgemeine Addition reichen, den kostengünstigsten Werkstoff zu finden.

In der Praxis werden an dieser Stelle vor allem die Einkaufbedingungen der einzelnen Firma in Bezug auf bestimmte Werkstoffe in den Vordergrund rücken, so dass hier nur eine allgemeine Aussage möglich ist.

### 1.4.3 Preise und Kosten

Folgende Kategorien sind für Preis- und Kostenermittlung einzubeziehen:

Rohrpreis
+ Zubehörpreis
+ Montagepreis
+ Betriebskosten/Wartung

Gesamtpreis

## 1.5 Technische Forderungen an Trinkwasseranlagen

### 1.5.1 Grundlagen

Bei der Planung von Trinkwasseranlagen müssen viele Randbedingungen durch den Planer beachtet werden. Dabei gilt der oberste Grundsatz, dass das Trinkwasser nicht verschmutzt werden darf, solange es sich im Leitungssystem befindet. Dies gilt für mechanische Verschmutzung genauso (Korrosion, Rückstände bei Reparaturen usw.) wie für bakterielle Verschmutzung. Aus diesen Gründen sind eine Reihe von Forderungen, die durch eine fachgerechte Planung einzuhalten sind, standardisiert (s. Normenübersicht im Anhang). Parallel dazu müssen die Leitungssysteme in jedem Betriebszustand den Betriebsparametern entsprechen, damit ein einwandfreier Betrieb einer Anlage gewährleistet werden kann.

### 1.5.2 Forderungen für die Planung

**Betriebsparameter Temperatur und Druck**

Rohrleitungssysteme sind so zu wählen, dass alle Bauteile einer Trinkwasseranlage die Anforderungen für Druckprüfungen nach den örtlichen und nationalen Gesetzen oder Vorschriften einhalten. Der Prüfdruck hat dem 1,5-fachen des höchsten Systembetriebsdruckes zu entsprechen. Die Standzeit der Anlagen wird nach DIN EN 806-2 auf 50 Jahre festgelegt, die durch fachgerechte Planung und Wartung erreicht werden kann.

Diese Forderungen werden durch Aufstellen von 2 Anwendungsklassen temperaturbezogen weiter unterstützt. Eine Anlage nach Anwendungsklasse 1 wird für den besagten Zeitraum auf eine Auslegungstemperatur von 60 °C geplant. Bei der Anwendungsklasse 2 beträgt die Auslegungstemperatur 70 °C.

## 1.5.3 Sicherheitstechnik

Wie in Abschnitt 1.5.1 erläutert, darf das Trinkwasser im Leitungssystem nicht verschmutzt werden. Die größte Gefahr, dass so eine Möglichkeit eintritt, besteht überall dort, wo Trinkwasser für den weiteren Gebrauch gespeichert wird. In der Praxis findet man dazu viele Beispiele:

- ❑ Speicherung des Trinkwassers im WC-Spülkasten,
- ❑ Füllen einer Badewanne,
- ❑ Wasserspeicherung in einem Warmwasserbereiter (Boiler),
- ❑ Speicherung des Trinkwassers im Zwischenbehälter einer Druckerhöhungsanlage.

In all diesen Beispielen darf es nicht passieren, dass das Wasser in die Trinkwasseranlage zurückfließt. Die Wahrscheinlichkeit, dass dieser Fall eintritt, ist zwar gering, aber es besteht die Möglichkeit. An einem Beispiel wird diese Möglichkeit geschildert.

*Beispiel* **Beispiel**

Ein Bewohner lässt sich eine Badewanne ein. Damit das Wasser nicht so spritzt, benutzt er den Brauseschlauch, so dass dieser im Badewasser liegt. Zur gleichen Zeit reißt auf der Straße vor dem Haus die Trinkwasserleitung (wegen Überalterung). Dadurch entsteht im Gebäude in der Kaltwasserzuleitung ein Unterdruck. Aufgrund des Unterdrucks wird nun das Wasser aus der Badewanne gesaugt, und das Badewasser kann in die Trinkwasserleitung gelangen. Auch wenn diese beschriebene Variante in der Praxis kaum eintritt: es besteht die theoretische Möglichkeit. Aus dieser Möglichkeit ergibt sich für die Praxis Planungsgrundsatz 1.10:

> *Planungsgrundsatz 1.10*
> Sobald theoretisch die Möglichkeit eines Ereignisses besteht, muss es anlagentechnisch abgesichert und ausgeschlossen werden.

## Schutz vor Rückfließen des Wassers

In der Praxis bezeichnet man diese Sicherheitsmaßnahmen als Schutz vor Rückfließen des Wassers. Dieser Schutz kann mit einer Reihe von unterschiedlichen Armaturen realisiert werden, die in einem Standard zusammengefasst sind (s. Normenübersicht im Anhang).

## Rückflussverhinderer

Durch einen Rückflussverhinderer (Bild 1.25) wird ein Zurückströmen von Wasser entgegen der Fließrichtung verhindert. Dabei schließt der Mechanismus i.d.R. durch eine Federkraft. Das Öffnen der Armatur erfolgt automatisch, wenn Wasser in der Hauptflussrichtung transportiert wird (z.B. Wasserentnahme).

Diese Armaturen sind so einzubauen, dass sie in regelmäßigen Abständen überprüft werden können.

Bild 1.25
Rückflussverhinderer

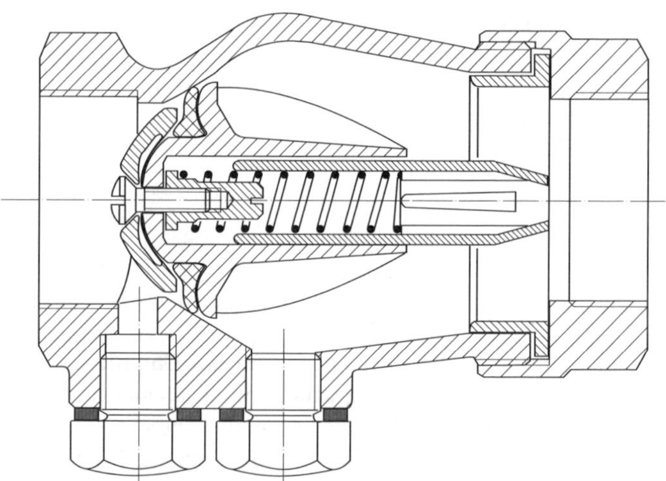

Bild 1.26 Rohrbelüfter

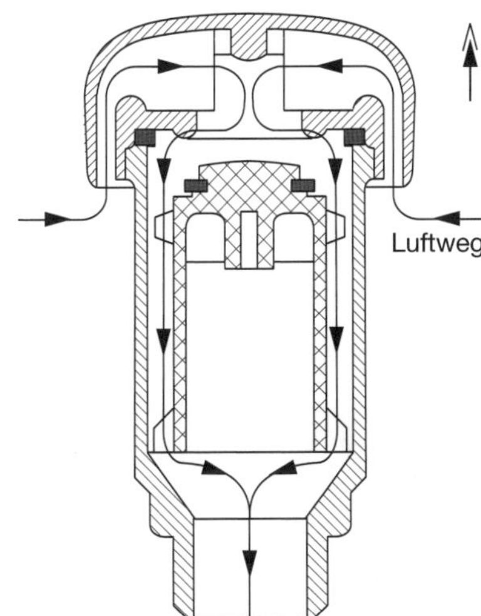


## Rohrbelüfter

Durch den Einsatz von Rohrbelüftern (Bild 1.26) wird ein Unterdruck in der Rohrleitung und damit ein Zurücksaugen des Wassers in die Leitung verhindert. Durch den Aufbau der Armatur ist es möglich, Luft für den Druckausgleich in die Leitung einströmen zu lassen.

Diese Armaturen sind so einzubauen, dass sie in turnusmäßigen Abständen überprüft werden können.

## Rohrtrenner

Ein Rohrtrenner (Bild 1.27) spricht an, wenn der Druck am Armatureingang nur noch 0,5 bar über dem höchstmöglichen Druck am Ausgang liegt. Durch das Ansprechen des Rohrtrenners wird die Leitung sichtbar «getrennt», d.h., der Medienfluss wird unterbrochen. Diese beiden Betriebszustände sind in Bild 1.27 veranschaulicht.

*Planungsgrundsatz 1.11*
Bei der Installation eines Rohrtrenners sind in Fließrichtung vor dem Rohrtrenner folgende Armaturen anzuordnen:

- ❑ Absperrarmatur,
- ❑ Schmutzfänger,
- ❑ Manometer (absperrbar).

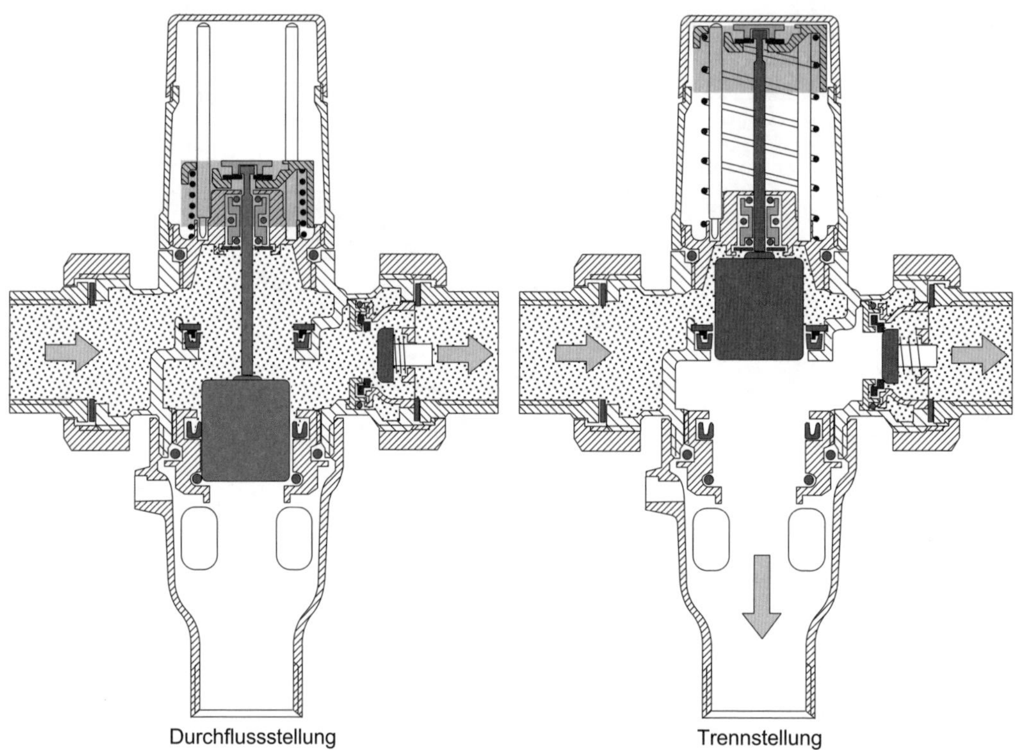


Bild 1.27 Rohrtrenner (Firma Honeywell Braukmann, Mosbach)

Welche Armaturen im Einzelfall zum Einsatz kommen, entscheidet der Planer. Dabei gibt es im Standard DIN EN 1717 Auswahltabellen als Auswahlhilfen (s. Normenübersicht im Anhang).

## 1.5.4 Armaturen

Armaturen stellen einen wichtigen Bestandteil einer Trinkwasseranlage dar. Für den Einsatz sollten nur strömungsgünstige Armaturen eingebaut werden, um die Druckverluste im gesamten Leitungssystem möglichst gering zu halten.

**Absperrarmaturen**

Absperrarmaturen kommen in der gesamten Anlage dort zum Einsatz, wo der Medienstrom zeitweise für Wartung oder Reparaturen unterbrochen werden muss, ohne die gesamte Anlage zu entleeren. Bild 1.28 zeigt eine Absperrarmatur.

*Planungsgrundsatz 1.12*
Vor und hinter jedem Bauteil, das automatisch arbeitet und somit gewartet werden muss, sollte eine Absperrarmatur eingebaut werden.

Bei der Armaturenauswahl sollten Bauteile mit einem geringen Druckverlust gewählt werden, damit als Vorzugsarmaturen Kugelhähne oder Schrägsitzventile (Bild 1.28) zum Einsatz kommen können.

Die Druckverluste werden mit Hilfe von $\zeta$-Werten (Zetawerte) angegeben, die die Armaturenhersteller für ihre Bauteile angeben. In Tabelle 1.7 sind für ausgewählte Armaturen $\zeta$-Werte in Abhängigkeit der Nennweiten aufgeführt.

Tabelle 1.7 $\zeta$-Werte in Abhängigkeit der Nennweiten

| **Armatur** | **bis DN 15** | **bis DN 25** | **bis DN 40** |
|---|---|---|---|
| Kugelhahn | 0,45 | 0,6 | 0,8 |
| Schrägsitzventil | 3,5 | 2,5 | 2,0 |
| Geradsitzventil | 10 | 8,0 | 6,0 |
| Eckventil | 6,0 | 2,0 | 2,0 |

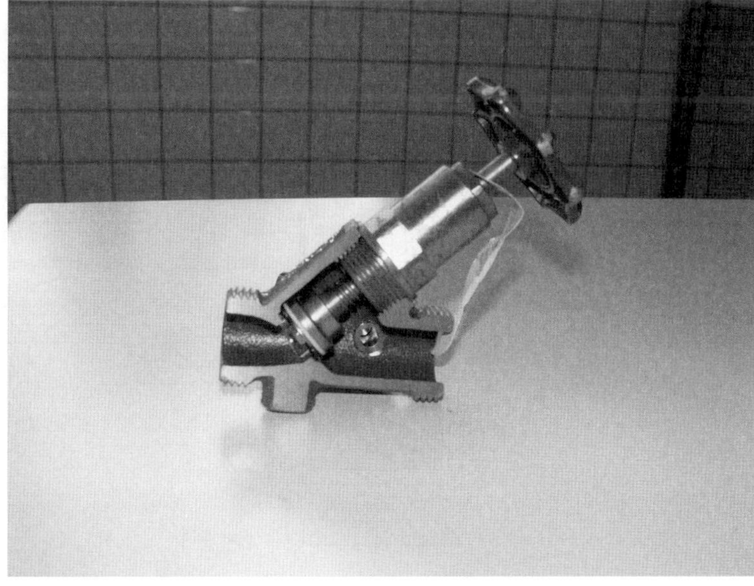

Bild 1.28
Schnittmodell
Schrägsitzventil

## Druckminderer

Mit Hilfe eines Druckminderers (Bild 1.29) wird ein anliegender Vordruck auf ein gewünschtes Maß reduziert. Gleichzeitig wird durch den Druckminderer erreicht, dass Druckschwankungen im Netz abgefangen werden, d. h., der am Druckminderer eingestellte Nachdruck ist immer konstant. Dadurch wird die Anlagensicherheit erhöht.

**Membran-Federkraft-Vergleichssystem**

Mit Hilfe eines Membran-Federkraft-Vergleichssystems wird ein Gleichgewichtssystem erzeugt. Bei einer Wasserentnahme sinkt der Ausgangsdruck und damit der Druck auf die Membrane. Dadurch wird der Gegendruck aus der Federkraft größer, die Armatur öffnet anteilmäßig in Abhängigkeit des Vor- und Nachdruckes.

## Filter

Mit dem Einbau von Trinkwasserfiltern (Bild 1.30) sollen vor allem die nachfolgenden Armaturen (Auslaufarmaturen usw.) vor Schmutzpartikeln geschützt werden.

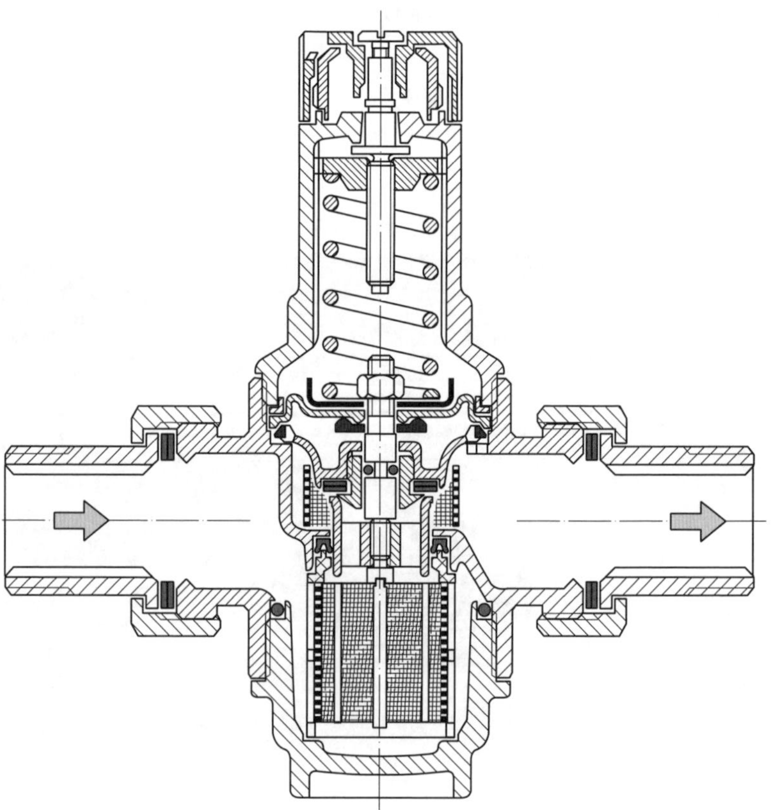

Bild 1.29
Druckminderer
(Firma Honeywell Braukmann, Mosbach)

Die Mechanik der Auslaufarmaturen ist in den vergangenen Jahren immer präziser geworden, weil aufgrund des Wassersparens feinere Dosierungen notwendig geworden sind.

Mit Hilfe der Filter können die Verunreinigungen aus dem Wasser entfernt und somit die Auslaufarmaturen geschützt werden.

Das Grundprinzip der Filterung besteht darin, die Verunreinigungen durch Maschensysteme (Bild 1.31), die durchflossen werden, zurückzuhalten.

**Rückspülung**

Über die Standzeit des Filters setzen sich die Maschen mit den herausgelösten Verunreinigungen zu. Dadurch verringert sich die Filterqualität nicht, jedoch erhöht sich der Druckverlust in der Armatur wesentlich.

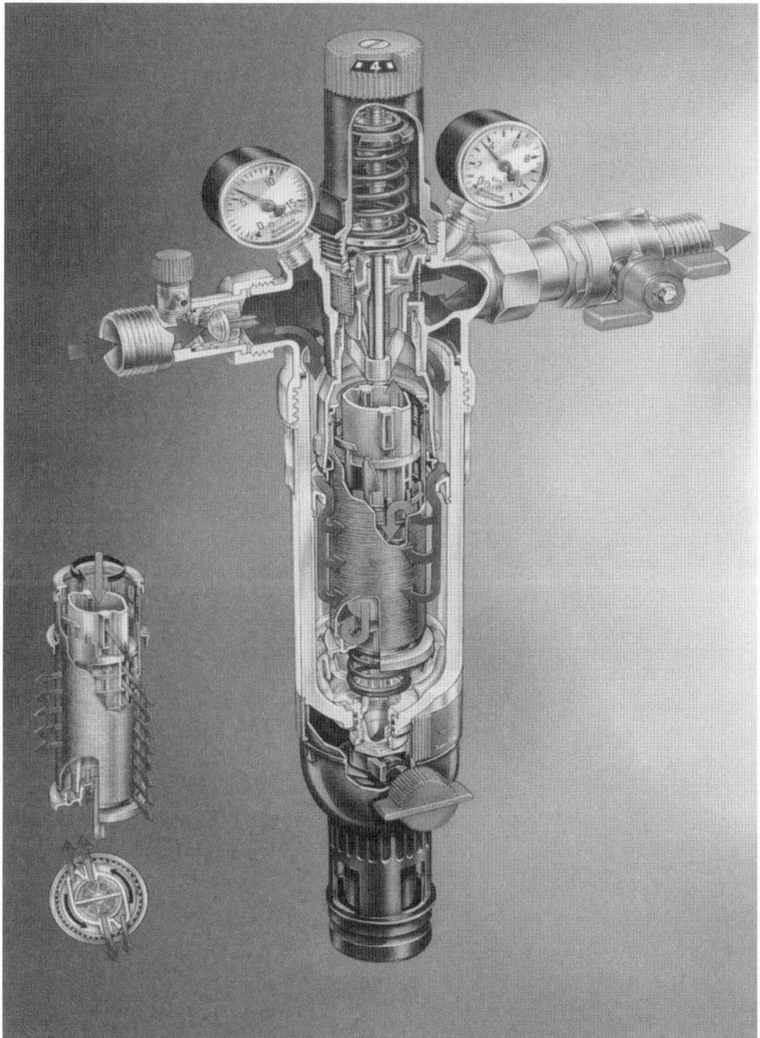

Bild 1.30 Schnittdarstellung eines Trinkwasserfilters mit Rückspülung (Firma Honeywell Braukmann, Mosbach)

Durch eine Rückspülung ist es möglich, den Filter in entgegengesetzter Richtung durchströmen zu lassen. Dabei werden die Verunreinigungen vom Maschensystem abgelöst. Die Verunreinigungen werden mit dem Spülwasser dem Abwasser zugeführt.

**Betriebssicherheit**

Durch diese Rückspülungen wird insgesamt die Betriebssicherheit erhöht. Aus diesem Grund bieten eine Reihe von Herstellern Zusatzbauteile (Bild 1.32) für die Filter an, durch die diese Rückspülungen automatisiert werden. Mit Hilfe von Mikrorechnern ist das Einstellen von beliebigen Zeitintervallen zwischen den Filterspülungen möglich.

### Auslaufarmaturen

**Kalt- und Mischwasserarmaturen**

Auslaufarmaturen verhindern ein unkontrolliertes Austreten des Wassers aus der Anlage. Gleichzeitig wird durch den Aufbau der Armaturen gewährleistet, dass ein bestimmter (geforderter) Durchsatz realisiert wird. Eine prinzipielle Unterteilung kann man zunächst vornehmen, indem man Kalt- und Mischwasserarmaturen unterscheidet.

Bild 1.31 Filtermaschen (Firma Honeywell Braukmann, Mosbach)

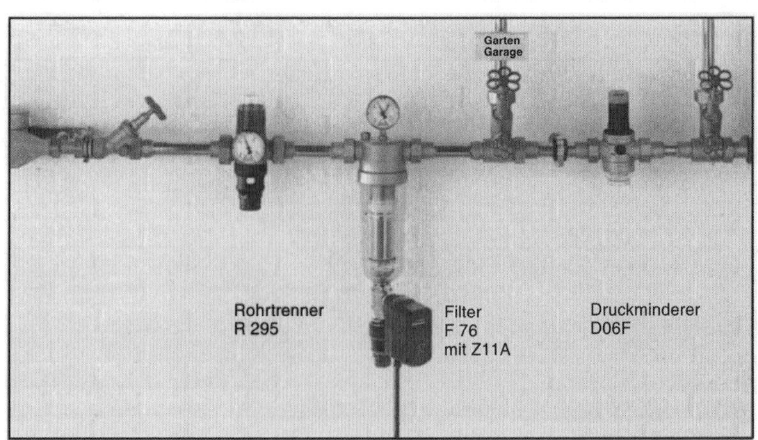


Bild 1.32 Filterbaugruppe mit automatischer Rückspüleinheit (Firma Honeywell Braukmann, Mosbach)

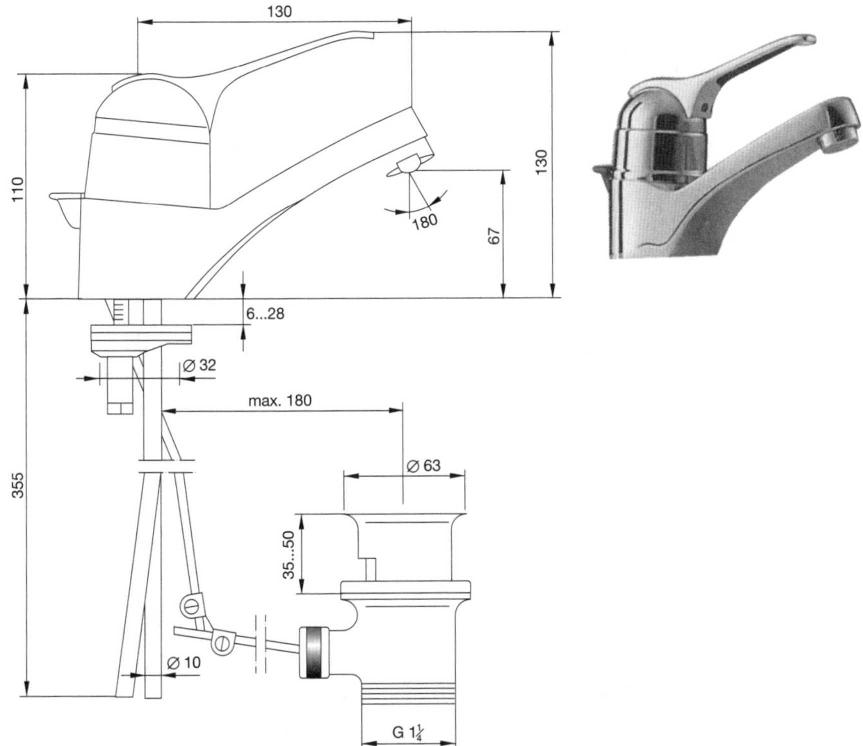


Bild 1.33 Einhebelmischer (Hansa Metallwerke AG, Stuttgart)

**Auslaufventil**

Die klassische Form einer Auslaufarmatur im Sanitärbereich ist das Auslaufventil, das in der Praxis fälschlicherweise als Wasserhahn bezeichnet wird. Diese Armaturen findet man z. B. als Waschmaschinenanschluss oder bei Waschbecken mit lediglich Kaltwasseranschluss.

**Einhebelmischer**

Aufgrund der steigenden Komfortnachfrage in der Sanitärtechnik sind in den letzten Jahren im Bereich der Auslaufarmaturen eine Reihe von Neuerungen auf den Markt gelangt. Dabei stellen die Einhebelmischer die wichtigste Innovation dar. Bei dieser Technik ist eine Zuordnung im klassischen Sinne (Wasserhahn, Auslaufventil usw.) nicht möglich. Der Steuermechanismus (Bild 1.33) realisiert alle Forderungen an eine Auslaufarmatur. Durch die Einhandbedienbarkeit wird die Handhabung der Armatur sehr erleichtert. Einhebelmischer gibt es als Stand-, Wand- und Unterputzarmaturen.

**Thermostateinsatz**

Eine weitere Verbesserung dieser Armaturen stellt die Erweiterung mit einem Thermostateinsatz (Bild 1.34) dar. Durch diese Technik wird erreicht, dass unabhängig vom Vordruck in der Kalt- oder Warmwasserleitung (Schwankungen des Druckes infolge weiterer Wasserentnahmen

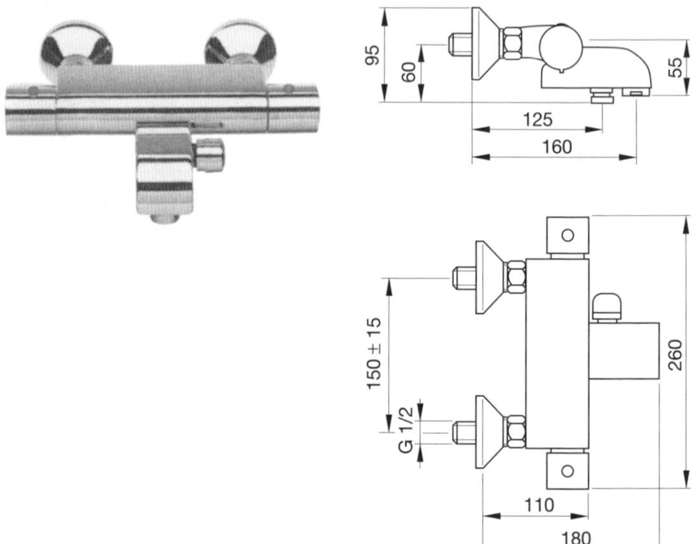


Bild 1.34 Armatur mit Thermostateinsatz (Hansa Metallwerke AG, Stuttgart)

im Strang) die Entnahmetemperatur konstant bleibt. Diese Systemtechnik wird vorrangig bei Duscharmaturen eingesetzt, damit die Temperatur nur einmal eingestellt werden muss. Gleichzeitig sind diese Thermostate mit einer Temperatursperre versehen. Dadurch wird ein wirksamer Verbrühungsschutz realisiert, was vor allem bei Kindereinrichtungen und Altenheimen von Vorteil ist.

### Brauseköpfe

Damit Wasser beim Duschen kraftvoll, aber sparsam aus der Rohrleitung fließt, werden Brauseköpfe (Bild 1.35) eingesetzt.

Aufgrund dieser Konstruktion wird eine sehr gute Wasserverteilung erreicht, d. h., der Wasserstrahl weist eine bestimmte Auffächerungsbreite (Bild 1.36) auf.

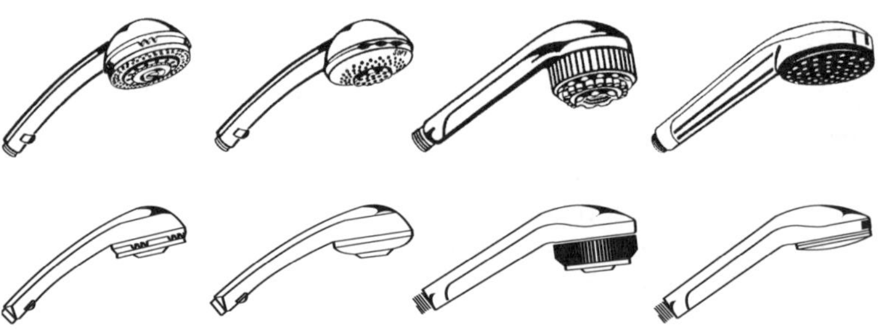

Bild 1.35 Brauseköpfe (Hansa Metallwerke AG, Stuttgart)

Bild 1.36
Formen des Wasserstrahls (Hansa Metallwerke AG, Stuttgart)

1 Flächenpulsatorstrahl
2 Softstrahl
3 Nadelstrahl
4 Massagestrahl

**Brauseköpfe**

Mit innovativer Technik hat man in der Vergangenheit Brauseköpfe sehr stark weiterentwickelt. Der Einbau verschiedener Düsen ermöglicht es, den Wasserstrahl in seiner Intensität und Form (Bild 1.36) zu variieren. Man kann einen Punktstrahl oder einen pulsierenden Strahl erzeugen, der auf der Haut eine entsprechend massierende Wirkung erzielt, und Lichtelemente im Brausekopf lassen den Duschvorgang mit verschiedenen Farbspielen zum Erlebnis werden.

## 1.5.5 Schallschutz

Das Verlangen nach Ruhe und Ungestörtheit bei den Menschen ist sehr groß. Aus diesem Grund kommt dem Schallschutz eine wesentliche Bedeutung zu. Durch eine entsprechende Ruhe in der eigenen Wohnung kann der Mensch entspannen, was sich sehr vorteilhaft auf das Wohlbefinden auswirkt.

**Schall**

Unter Schall versteht man in der Technik mechanische Schwingungen und Wellen, die durch elastische Stoffe hervorgerufen und transportiert werden. Dabei sind vor allem Schwingungen im Bereich des menschlichen Hörens interessant, die im Bereich von 16 Hz bis 16 kHz liegen.

**Schallpegel**

Wird Luft zu Schwingungen angeregt, so erzeugt sie einen Wechseldruck, der den normalen atmosphärischen Druck der Luft überlagert. Dieser Wechseldruck wird als Schalldruck bezeichnet. Der Schalldruck ist mit Schallpegelmessern messbar.

Unter dem Schallpegel (Schalldruckpegel) versteht man die Stärke eines Schalls in Abhängigkeit vom Schalldruck. Die Einheit ist 1 Dezibel (1 dB).

**Lautstärkepegel**

Der Lautstärkepegel ist in seiner Bewertung eine subjektive Größe, d.h., jeder Mensch empfindet gleiche Lautstärkepegel unterschiedlich. Der Lautstärkepegel wird in der Einheit «phon» erfasst.

Für messtechnische Auswertungen spielt der Lautstärkepegel [phon] eine untergeordnete Rolle, vielmehr wird für messtechnische Betrachtungen der Schallpegel [dB] genutzt. Um jedoch eine einheitliche Auswertung (frei von subjektiven Einflüssen) durchführen zu können, werden die beiden Größen (Lautstärkepegel [phon] und Schallpegel [dB]) so erfasst und grafisch dargestellt, dass sie bei einer Frequenz von 1000 Hz übereinstimmen, d.h., z.B. 40 dB = 40 phon.

Um die subjektive Betrachtung für eine technische Bewertung auf ein einheitliches Level zu bringen, bedient man sich des weiteren der Tatsache, dass beim Menschen einheitlich laute Töne bei hohen Frequenzen störender als laute Töne bei niedrigen Frequenzen empfunden werden.

**A-Schalldruckpegel**

Aufgrund dieser Tatsache wurde eine Bewertungsmatrix entwickelt, die als A-bewerteter Schallpegel bezeichnet wird. Der A-Schalldruckpegel in dB ist das Maß für die Stärke eines Störgeräusches, wobei die Eigenart des menschlichen Ohres, niedrige Töne weniger laut zu empfinden als höhere Töne, in der Auswertung Berücksichtigung findet. Aus diesem Grund werden die Schallpegel bei bestimmten Frequenzen minimiert (Bild 1.37).

Die im Diagramm an der Kurve aufgeführten negativen Zahlen sind die der entsprechenden Frequenz abzuziehenden Werte in dB (z.B. bei einer Frequenz von 100 Hz wird der gemessene Wert um 19 dB verringert).

Bei entsprechenden Messgeräten, ist diese in Bild 1.37 aufgeführte Kurve entsprechend integriert, d.h., das Messgerät zeigt sofort den korrigierten Wert an.

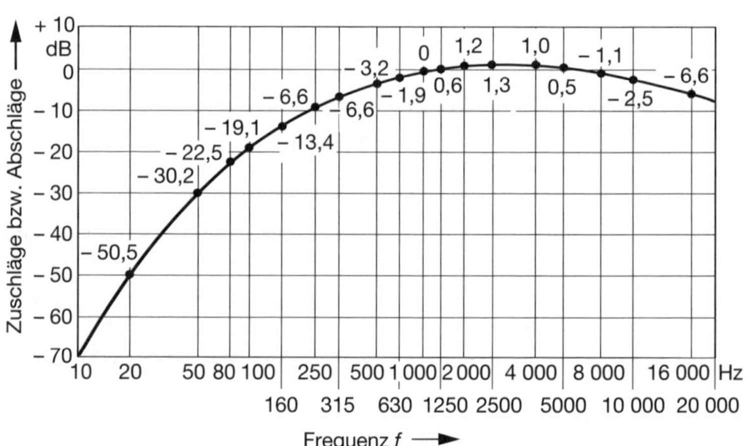


Bild 1.37
Bewertungskurve A

**Schallschutz**

Der Begriff des Schallschutzes umfasst alle Maßnahmen zur Verhinderung der Schallentstehung und Schallübertragung. Man unterscheidet zwei Arten des Schalls: Luftschall und Körperschall.

Durch ❶ **Luftschall** werden Wände und andere Bauteile in Schwingungen versetzt. Diese Schwingungen werden in den Körpern als Körperschall weitergeleitet. Am besten kann man diesen Effekt in leeren Räumen nachvollziehen.

❶ *Das Erzeugen von Geräuschen durch Sprache oder Musik*

Eine Minderung der Luftschallübertragung wird erreicht, wenn Gegenstände die direkte Schallausbreitung verhindern oder reduzieren. Durch das Aufstellen von Möbeln, Pflanzen oder anderen Gegenständen wird die Schallausbreitung wesentlich beeinflusst und damit vermindert. Die gleiche Wirkung erzielt man durch Auslegeware oder Teppiche auf dem Fußboden.

*Planungsgrundsatz 1.13*
Je elastischer die Materialien sind, desto besser ist die schallschluckende (absorbierende) Wirkung.
Je unelastischer der Baustoff ist, desto geringer ist der Abbau der Schwingungen.

Die Ursache für ❷ Körperschall kann Luftschall sein. Gleichzeitig kann durch schwingende Bauteile Körperschall entstehen. In der Sanitärtechnik könnten diese Ursachen folgende sein:

❷ *Das Weiterleiten von Schwingungen in festen Körpern*

- Strömungen in Rohrleitungsbauteilen (Bögen, T-Stücke),
- Strömungen in Armaturen (Querschnittsveränderungen),
- Schwingungen von Pumpen (Zirkulationspumpen usw.),
- Einspülung von Wasser in Abwasseranlagen.

Die Schwingungen bauen sich beim Weiterleiten in den Körpern ab, wobei folgender Grundsatz besteht: Für die Umsetzung des Schallschutzes in der Praxis finden im haustechnischen Bereich mehrere Richtlinien Anwendung.

Dabei sind die DIN 4109 und die VDI 4100 als wichtigste Normen zu nennen (s. Normenübersicht im Anhang ). Vor allem schutzbedürftige Räume, die durch die Standards beschrieben werden, müssen die geforderten Schallschutzparameter erfüllen. Als schutzbedürftige Räume können eingeordnet werden:

**Schutzbedürftige Räume**

- Wohnräume,
- Schlafräume einschließlich Übernachtungsräume,
- Bettenräume in Krankenhäusern, Sanatorien und Herbergen,
- Unterrichtsräume in Schulen, Hochschulen und ähnlichen Einrichtungen,
- Büroräume, Praxisräume, Sitzungsräume und ähnliche Arbeitsräume.

**Schwingungsabbau**

Um den Körperschall zu verringern, gibt es verschiedene Möglichkeiten. Der Schwingungsabbau ist am wirkungsvollsten, wenn zwischen Ursache und Weiterleitungssystem ein elastischer Werkstoff eingesetzt wird. In der Praxis werden aus diesem Grund vor allem bei Rohrleitungsschellen und Wandscheiben Einlagemanschetten eingesetzt. Weitere Varianten:

- *Dämmen (Isolieren) der Rohrleitungen*
  Dadurch werden vor allem die Fließgeräusche minimiert. Vorbeugend gegen zu starke Fließgeräusche wäre gleichzeitig eine Verringerung der Fließgeschwindigkeit. Durch diese Fließgeschwindigkeitsminimierung kann jedoch der Durchmesser des Rohres größer werden, was erhöhte Kosten zur Folge hätte. Man kann eine Optimierung aus Fließgeschwindigkeit und Rohrdurchmesser in Abhängigkeit der Geräuschbelastung durchführen.
- *Einbau von Kompensatoren in die Rohrleitungen*
  Dadurch können vor allem mögliche Schwingungen im Rohr kompensiert werden.
- *Spezialrohre verwenden*
  *(hohe Eigenmasse oder Schichtenverbundwerkstoffe)*
  Durch die hohe Eigenmasse (z.B. SML-Rohr) wird die schallabsorbierende Wirkung ausgenutzt, die Schallausbreitung wird damit minimiert. Ein möglicher Schichtenaufbau des Rohres erreicht, dass auch hier eine schallabsorbierende Wirkung eintritt, gleichzeitig ergibt sich eine Reflexion im Innenrohr, so dass wiederum die Schallausbreitung minimiert wird.
- *hydraulisch günstige Armaturen wählen*
- Schallschutzmanschette zwischen Sanitärkeramik und Wänden (Bild 1.38)
- *Verwenden von Rohrschelleneinlagen*
  Dadurch wird erreicht, dass die relativ starre Unterstützungskonstruktion, die fest mit dem Baukörper verbunden ist, und das Rohr selbst elastisch getrennt werden. Damit wird die Schallausbreitung wesentlich minimiert.
- *Verwenden von Puffern bei Rohrhängungen (Bild 1.39)*
  Damit wird eine elastische Entkopplung zwischen Rohrschellenhalterung und Unterstützungskonstruktion erreicht.

### 1.5.6 Brandschutz

Ein weiterer wichtiger Punkt, der bei der Planung Berücksichtigung finden muss, ist der Brandschutz. Dabei definieren die Landesbauordnungen (LBO/BO) der Bundesländer die Anforderungen. Diese beziehen sich vor allem auf die Bauhülle (Wände, Decken usw.), aber auch auf versorgungstechnische Anlagen.

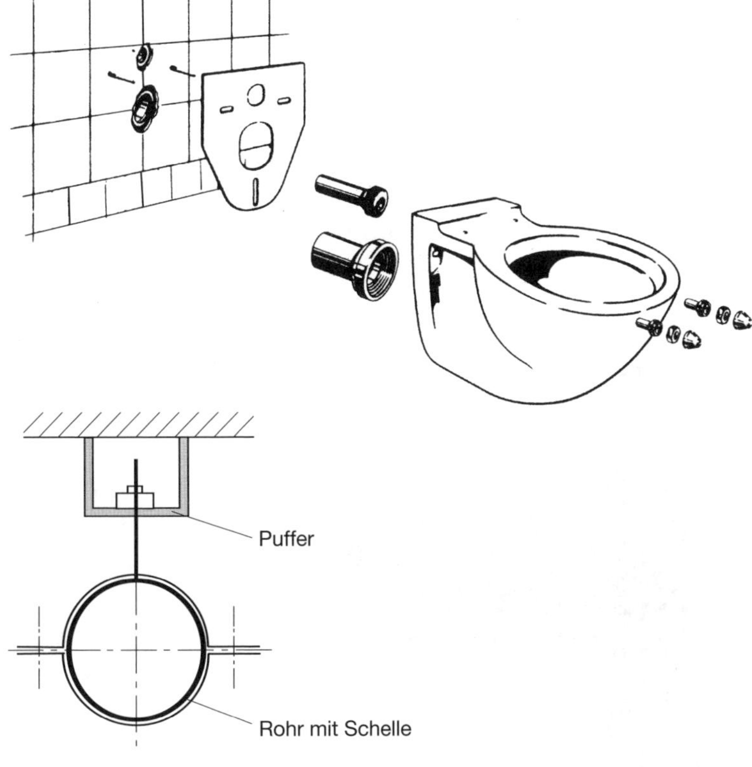


Bild 1.38
Schallschutzmanschette

Bild 1.39
Verwendung von Puffern bei Rohrhängungen

**Feuerwiderstandsklassen**

Das Brandverhalten von Baustoffen wird in der DIN 4102 definiert. Durch die Einteilung in Baustoffklassen wird eingeschätzt, ob ein Werkstoff brennbar oder nicht brennbar ist. Aus dieser Einteilung heraus ergeben sich die Feuerwiderstandsklassen F, R und I. Der Buchstabe F steht für allgemeine Baustoffe, R für Rohrleitungen und I für Isolier-Werkstoffe. Die Einteilung erfolgt bei allen Kategorien in 30er-Schritten, z.B. in R30, R60, R90, R120 usw. Dabei steht der Zahlenwert für die Mindestdauer in Minuten, die ein Werkstoff bei einem eventuellen Brand die Brandausbreitung verhindern muss. Aus dieser Definition heraus können durch die Planung und durch den Einsatz geeigneter Systemlösungen Vorkehrungen getroffen werden, die eine Brandübertragung (Brandausbreitung) verzögern bzw. verhindern.

Folgende Lösungen im Bereich der Sanitärinstallation haben sich in der Praxis bewährt:

**Lösungen für Sanitärinstallationen**

- Rohrabschottungen
  (Absperrvorrichtungen nach DIN 4102/11 geprüft),
- Rohrummantelungen
  (Mineralwolle, Gipskarton usw. nach DIN 4102/11 geprüft),

- ❑ Unterputzverlegung mit mindestens 15 mm Überdeckung,
- ❑ Installationsschächte (Bild 1.40).

**Einteilung in Brandabschnitte**

Bei der Objektplanung wird ein Objekt – in Abhängigkeit der jeweiligen Bauordnung – in verschiedene Brandabschnitte eingeteilt. Die Brandabschnitte müssen jeweils als separater Abschnitt behandelt werden, d.h., ein Feuerübergriff darf erst nach der vorgeschriebenen Feuerwiderstandsdauer erfolgen. Aus diesem Grund ist an den gefährdeten Stellen (Deckendurchbrüche, Rohrleitungen usw.) eine entsprechende Systemtechnik (z.B. Brandschutzmanschette, Bild 1.41) vorzusehen.

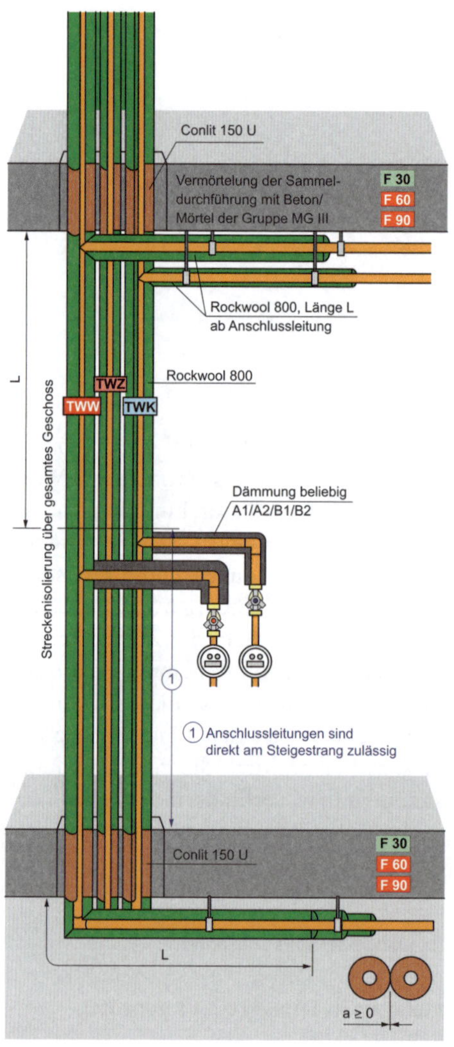


Bild 1.40 Installationsschacht

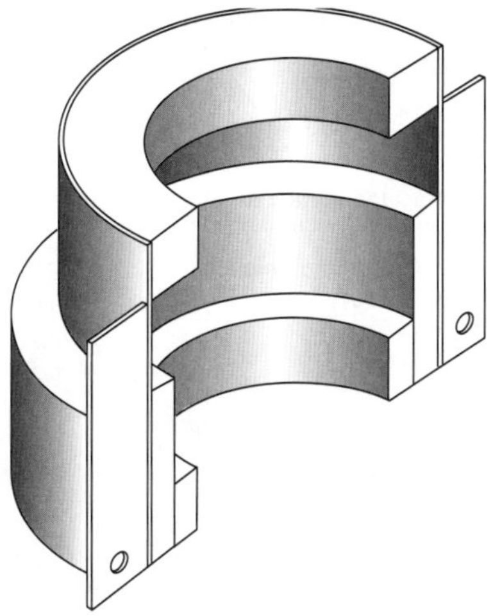

Bild 1.41
Brandschutzmanschette

## 1.6 Berechnungen von Trinkwasseranlagen

### 1.6.1 Grundlagen

Für die Auslegung von Sanitäranlagen ist der Druckverlust in den Leitungen die Berechnungsgrundlage. Mit dieser Annahme ist man in der Lage, alle Rohrleitungen so zu dimensionieren, dass bei einem vorgegebenen (bekannten) Anlagendruck an jeder Entnahmestelle der entsprechende (notwendige) Druck anliegt. Damit wird garantiert, dass an jeder Entnahmearmatur die geforderte Auslaufmenge (l/s) zur Verfügung steht. Dabei wird realisiert, dass in jeder Leitung der Druckverlust so gewählt ist, dass alle Leitungen gleichmäßig versorgt werden.

Die Grundgleichung 1.7 für die Berechnung des Druckverlustes ist wie folgt definiert:

$$\Delta p = \lambda \cdot \frac{l}{d} \cdot \frac{v^2 \cdot \varrho}{2} \qquad \text{(Gl. 1.7)}$$

$\Delta p$ Druckverlust der Rohrleitung
$l$ Rohrreibungsbeiwert [–]
$l$ Länge der Röhrleitung [m]
$d$ Innendurchmesser des Rohres [m]
$\varrho$ Dichte des Mediums [kg/m³]
$v$ Strömungsgeschwindigkeit des Mediums[m/s]

Bild 1.42 Wahl des Berechnungsverfahrens

Für die Dimensionierung von Trinkwasseranlagen stehen dem Planer 2 Verfahren zur Verfügung, die in unterschiedlichen Normen standardisiert sind (s. Normenübersicht im Anhang). Mit Hilfe der Norm DIN EN 806-3 wird ein Berechnungsverfahren beschrieben, mit dem der Planer in der Lage ist, einfache Trinkwasseranlagen zu berechnen. Gleichzeitig wird empfohlen, bei größeren und komplizierten Anlagen auf die nationalen differenzierten Berechnungsverfahren zurückzugreifen. Für die Praxis lässt sich die Übersicht von Bild 1.42 und der Planungsgrundsatz 1.14 ableiten.

*Planungsgrundsatz 1.14*
Da für den Planer verschiedene Berechnungsverfahren für die Dimensionierung von Trinkwasserrohrleitungen zur Verfügung stehen, sollte der Planer immer mit dem Auftraggeber vereinbaren, welches Berechnungsverfahren nach welcher Norm zur Anwendung kommt.

*Planungsgrundsatz 1.14* erklärt, warum ein Planer in der Lage sein muss, beide Berechnungsverfahren fachgerecht anzuwenden.

## 1.6.2 Vereinfachtes Berechnungsverfahren

In der DIN EN 806-3 werden Trinkwasseranlagen beschrieben, die mit dem vereinfachten Berechnungsverfahren dimensioniert werden können. Es gibt allerdings eine Reihe von Einschränkungen, die folgendermaßen zusammengefasst werden können:

- Der maximale Entnahmearmaturendurchfluss darf nicht größer als 1,5 l/s sein.
- Es dürfen in der Anlage keine Armaturen vorhanden sein, die länger als 15 min geöffnet sind (keine Dauerverbraucher).
- Der Ruhedruck an der Entnahmestelle darf maximal 500 kPa haben.
- Der Fließdruck an der Entnahmestelle muss mindestens 100 kPa betragen.
- Fließgeschwindigkeiten sind definiert für Sammelzuleitungen, Steigleitungen und Stockwerksleitungen mit maximal 2 m/s und für Einzelzuleitungen mit max. 4 m/s (Leitungsbezeichnungen s. Bild 1.43).
- Berechnungen von Zirkulationsleitungen sind mit diesem Verfahren nicht möglich.

Anhand der Einschränkungen kann der erfahrene Planer erkennen, dass es nicht möglich ist, jede beliebige Trinkwasseranlage mit diesem Berechnungsverfahren auszulegen.

Für die Dimensionierung einer Trinkwasseranlage benötigt man deshalb eine Reihe von Angaben, die die Anlage eindeutig beschreiben. Sind alle Entnahmestellen (z.B. Waschbecken, Badewannen, WC usw.) bekannt, ist es hilfreich, ein Strangschema zu erstellen.

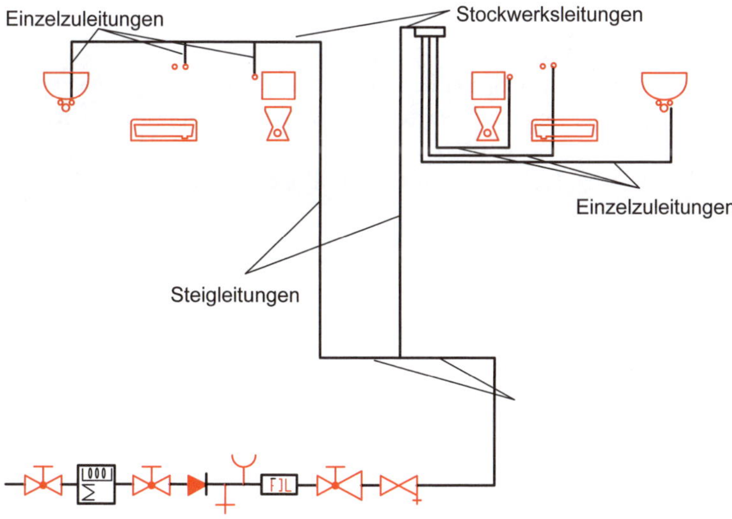


Bild 1.43
Zuordnung der Leitungssysteme

*Planungsgrundsatz 1.15*
Das Strangschema einer Trinkwasserinstallation stellt die Grundlage jeder Dimensionierung dar, das alle gegebenen und ermittelten Werte sowie die Ergebnisse der Dimensionierung übersichtlich vermittelt.

Bild 1.44 veranschaulicht so ein Strangschema, das den Erfassungsstand vor der Berechnung dokumentiert.

**Belastungswert *LU***

Im Berechnungsverfahren wird nun jeder dieser Entnahmestellen ein **Belastungswert *LU*** zugeordnet. Belastungswerte erhält man aus der DIN EN 806/3 Tabelle 3.

Die Einträge von Belastungswerten der einzelnen Entnahmestellen können direkt im Strangschema erfolgen. Der Autor hat ein Symbol entwickelt, das für diesen Eintrag eingesetzt werden kann (Bild 1.45).

Bild 1.44 vermittelt ebenfalls, dass die Wahl des Rohrwerkstoffes eine entscheidende Rolle spielt. Und zwar deshalb, weil in Abhängigkeit vom Rohrwerkstoff die Werte bezüglich Dimensionierung und Belastungsfähigkeit für Rohrleitungen in DIN EN 806/3 Tabelle 3 und DIN 1988/3 Tabelle 1 erfasst sind. Der Eintrag des Werkstoffes erfolgt ebenfalls ins Strangschema, wie Bild 1.44 erkennen lässt.

Nach der Auswahl des Werkstoffes aus der entsprechenden Tabelle beginnt man nun in der Etage mit der Entnahmestelle, die am weitesten von der Steigleitung entfernt ist. Nach der Ermittlung des *LU*-Wertes kann die Rohrleitungsdimension aus der entsprechenden Tabelle direkt abgelesen werden. Dieses Ergebnis wird am jeweiligen Rohrabschnitt im Strangschema angetragen.

*Planungsgrundsatz 1.16*
Sind in der jeweiligen Spalte der Tabelle maximale Rohrlängen angegeben, muss der Planer diese Rohrlängen mit den wahren Längen aus der Zeichnung (Grundrisszeichnung) vergleichen. Dabei muss die Forderung $L_{vorhanden} < L_{max.}$ immer erfüllt werden.

Bild 1.45
Symbol für die Erfassung von *LU*-Werten (Entwurf Autor)

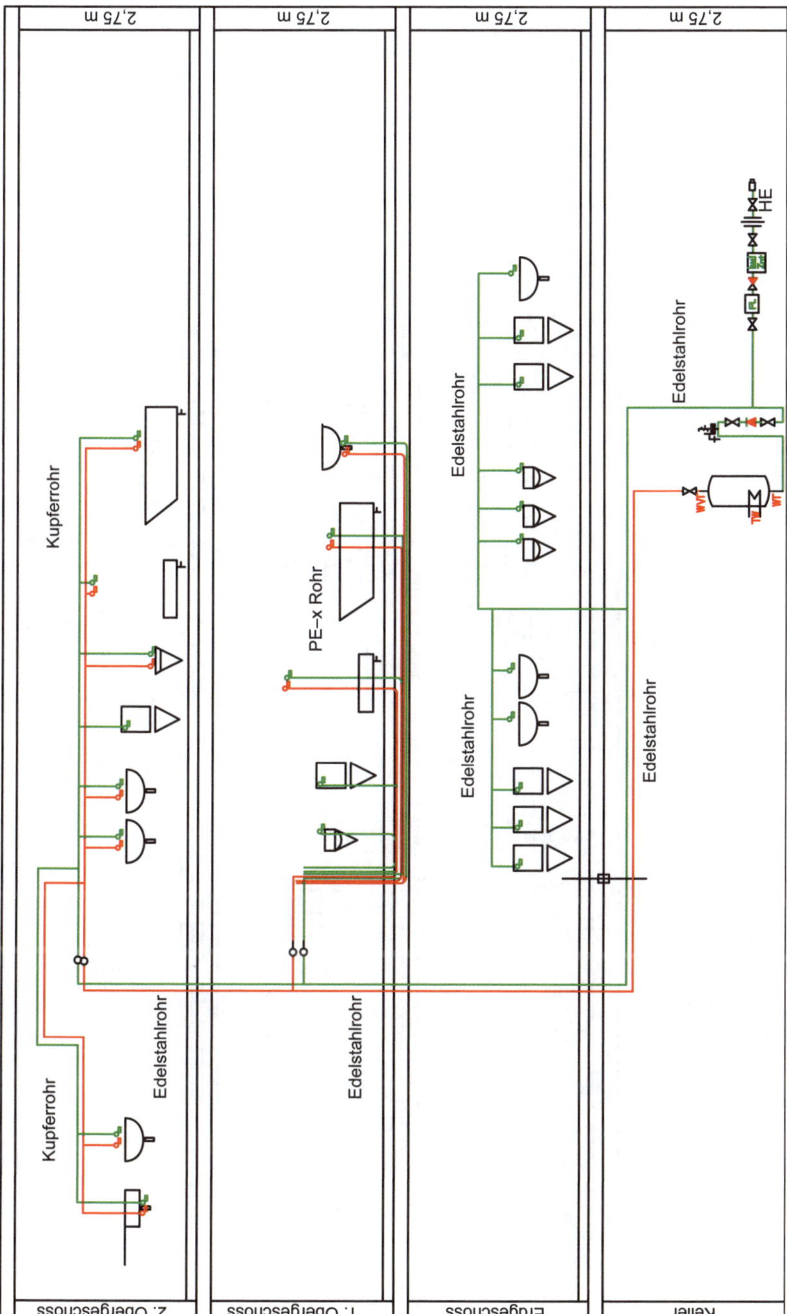


Bild 1.44 Strangschema einer Trinkwasserinstallation

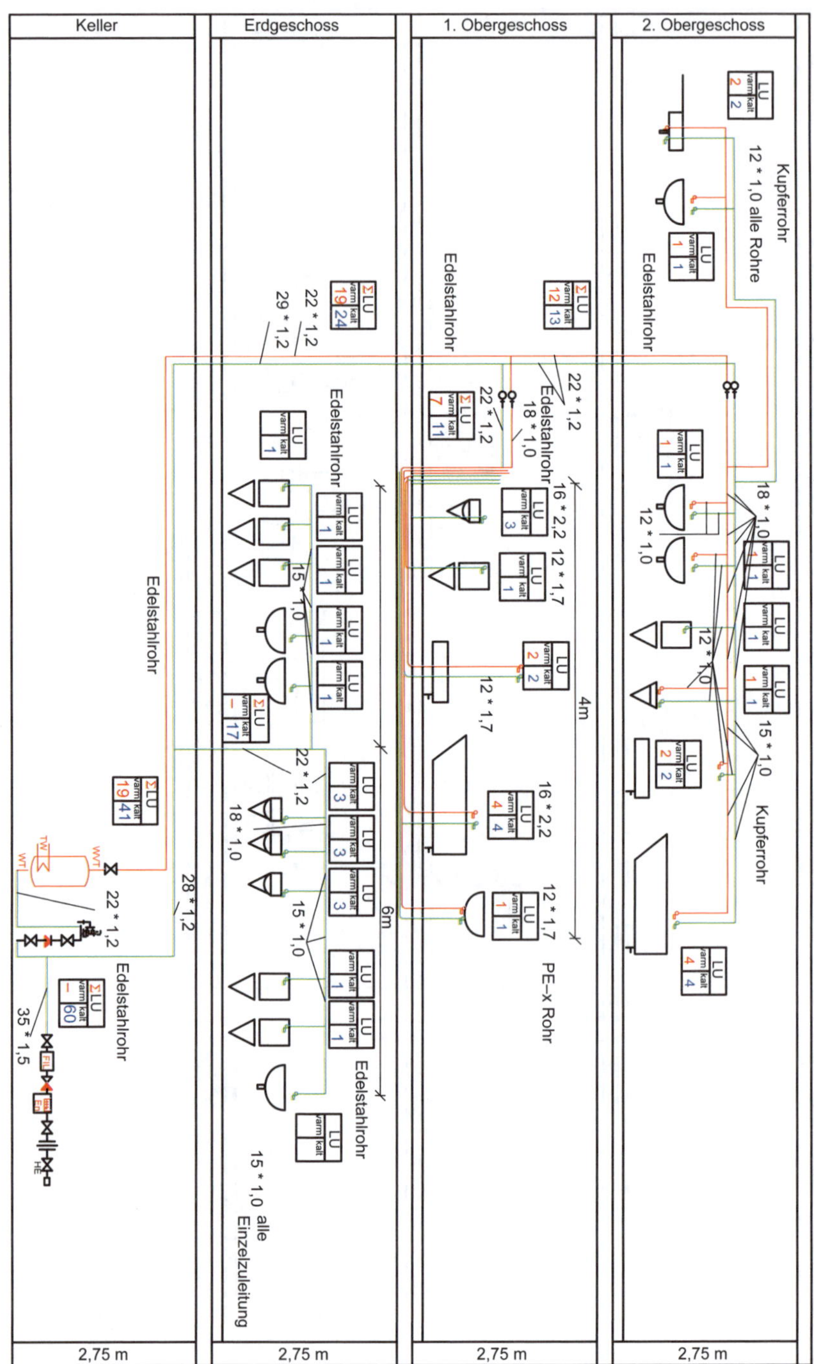


Bild 1.46 Vollständig berechnetes Strangschema

Kommt es bei Rohrleitungen zu Verzweigungen (in Richtung der Steigleitungen), so werden die *DU*-Werte addiert. Mit dem Ergebnis wird erneut aus der entsprechenden Tabelle die Rohrleitungsdimension ermittelt, so dass auch diese im Strangschema angetragen werden kann.

Die gleiche Verfahrensweise erfolgt, wenn in eine Steigleitung mehrere Stockwerksleitungen einbinden. Auch dann werden die einzelnen Werte addiert und die Rohrleitungsdimensionen auf die gleiche Weise ermittelt. Diese Berechnungen erstrecken sich auf alle Leitungen, bis man an der Zulaufleitung zum Gebäude (Hausanschlussraum / Anbohrschelle) angekommen ist. Bild 1.46 veranschaulicht ein vollständig berechnetes Strangschema.

### 1.6.3 Grundlagen des differenzierten Berechnungsverfahrens

Die für das differenzierte Verfahren definierten Begriffe mit den dazugehörenden Formelzeichen sind DIN 1988/3 Tabelle 11 zu entnehmen. Mit diesen Begriffen muss sich der Planer vertraut machen, da alle Formblätter der DIN 1988 für Berechnungen mit diesen Begriffen arbeiten.

*Planungsgrundsatz 1.17*
Bei technischen Anwendungen gibt es in der Praxis immer wieder verschiedene Formelzeichen für ein und denselben Begriff. Wichtig für den Bearbeiter ist der sichere Umgang mit Begriffen und Einheiten, damit bei Berechnungen keine Fehler entstehen.

Für das differenzierte Berechnungsverfahren gilt als theoretische Grundlage Gl. 1.7. Der Druckverlust in den Rohrleitungen ist abhängig von:

- der Rohrleitungslänge,
- dem Rohrwerkstoff,
- dem Volumenstrom / Massenstrom in der Rohrleitung.

Als Ziel der Berechnung gilt, dass an jeder Entnahmestelle (bei gleichzeitiger Benutzung) genügend Wasser aus der Leitung entnommen werden kann. Beim differenzierten Verfahren stehen dem Bearbeiter wiederum 2 Berechnungsverfahren zur Verfügung, die als **vereinfachter Berechnungsgang** und **differenzierter Berechnungsgang** bezeichnet werden. Bild 1.47 beschreibt die Abläufe dieser Verfahren allgemein.

**Vereinfachter Berechnungsgang**

**Differenzierter Berechnungsgang**

Auf der Grundlage von Bild 1.47 wurde Tabelle 1.8 entwickelt, die den Bearbeiter bei der Anwendung des Berechnungsablaufes entsprechend führt. In der Spalte Bemerkung findet man wichtige Arbeits- und Quellenverweise.

Bild 1.47
Berechnungsalgorithmus
nach DIN 1988/3

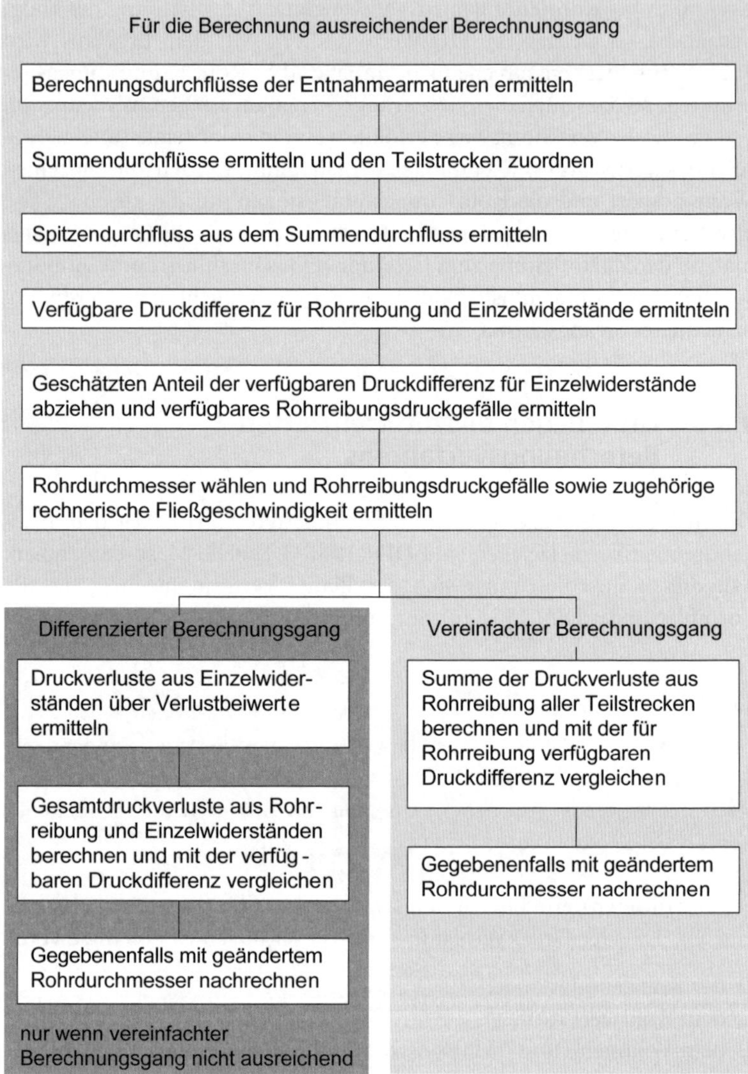

Tabelle 1.8 Unterstützung des Berechnungsablaufs

| Arbeitsschritt | Vorgang | Bemerkung |
|---|---|---|
| 1 | Aufstellen des Strangschemas, Einteilung der einzelnen Steigeleitungen in Stränge. | Handzeichnung, CAD |
| 2 | Antragen der bekannten Werte an die Teilstrecken des Strangschemas. | Teilstreckennummer, Längen der Teilstrecken |
| 3 | Ermittlung der Berechnungsdurchflüsse und der Summendurchflüsse. | DIN 1988/3 Tabelle 12 |
| 4 | Ermittlung des Spitzendurchflusses. | Formblätter nach DIN 1988 |
| 5 | Ermittlung des verfügbaren Rohrreibungsdruckgefälles. Der kleinste Wert des verfügbaren Rohrreibungsdruckgefälles wird für die Weiterrechnung benötigt. | Formblätter Formular A3 DIN 1988 **strangweise** ausfüllen. |
| 6 | Wahl des Berechnungsganges (vereinfacht oder differenziert). | |
| 7 | Ermittlung der Rohrdurchmesser aus dem Spitzenvolumenstrom in Abhängigkeit des gewählten Werkstoffes. | Formblätter nach DIN 1988 |
| 8 | Übertrag der Dimensionen der Rohrleitungen an die einzelnen Teilstrecken im Strangschema. | |

## 1.6.4 Anwendung des differenzierten Berechnungsganges

Die Anwendung des Berechnungsganges erfolgt auf Basis der Tabelle 1.8. Dabei werden die einzelnen Arbeitsschritte 1…8 ausführlich beschrieben und notwendige Planungsgrundsätze definiert.

*Arbeitsschritt 1:* **Aufstellen des Strangschemas**
Auch bei differenzierten Verfahren liefert das Strangschema (Bild 1.48) die Berechnungsgrundlage. Dabei kann die Aufstellung aus den Grundrissen erfolgen.

*Arbeitsschritt 2:*
**Antragen der bekannten Werte an die Teilstrecken des Strangschemas**
Dieser Vorgang wird in Bild 1.49 dargestellt. Dabei gibt es für die Vergabe der Teilstrecken keine Regeln in Bezug auf die Reihenfolgen. Es darf jedoch keine Teilstreckennummer doppelt vergeben werden!

Bild 1.48
Strangschema
(Ausschnitt)

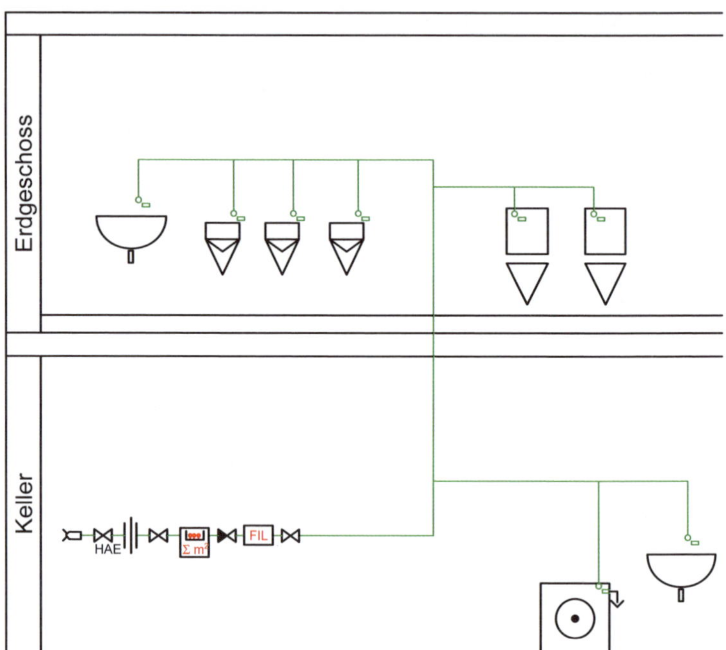


Bild 1.49
Strangschema mit Teilstreckennummern und Rohrleitungslängen

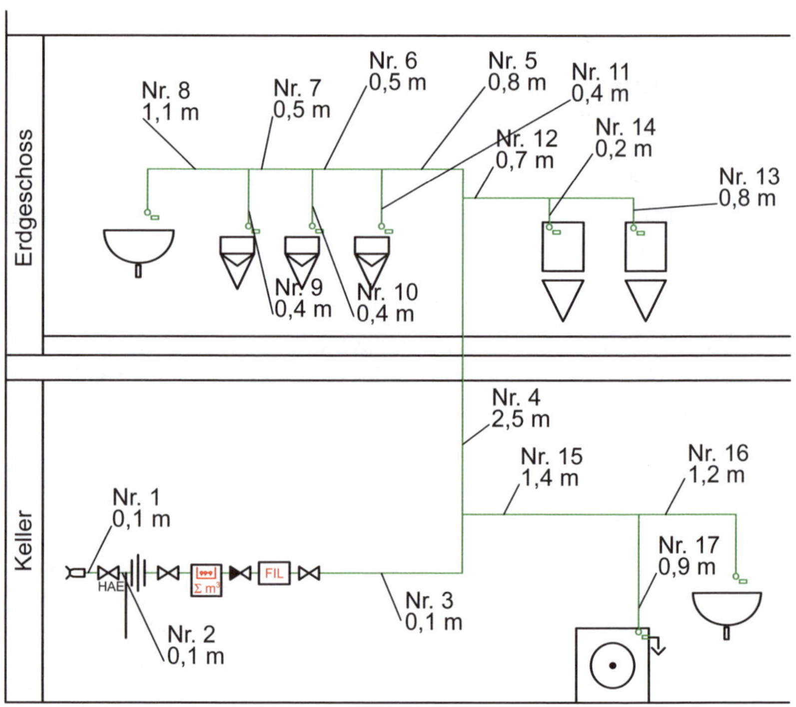

*Planungsgrundsatz 1.18*
In der Praxis beginnt man i.d.R. am Hausanschluss mit der Teilstreckennummer 1. Danach wählt man einen Steigestrang und vergibt die Teilstreckennummern der Reihe nach.

*Arbeitsschritt 3*:
**Ermittlung der Berechnungsdurchflüsse und der Summendurchflüsse**
Hierbei kommt Tabelle 11 der DIN 1988/3 zur Anwendung. Dabei kann jeder Entnahmearmatur ein Berechnungsdurchfluss zugeordnet werden. Gleichzeitig kann der Mindestfließdruck dieser Tabelle entnommen werden. Die ermittelten Werte werden in das Formblatt A1 der DIN 1988 eingetragen.

Man beginnt am Ende eines Rohrleitungsweges und erfasst die Entnahmestellen der Reihe nach, entgegen der Fließrichtung des Wassers. Für Bild 1.49 könnte somit der Beginn der Erfassung mit dem Waschtisch an der Teilstrecke Nr. 8 beginnen. Danach folgen die Urinale usw. Sind in einem Stockwerk alle Entnahmearmaturen erfasst, wird aus allen Berechnungsdurchflüssen ein Summendurchfluss mittels Addition berechnet und ebenfalls in das Formblatt eingetragen. Ein Beispiel dieser Erfassung in Formblatt A1 der DIN 1988 vermittelt Bild 1.50.

*Arbeitsschritt 4*: **Ermittlung des Spitzendurchflusses**

**Gleichzeitigkeit**

Bei jeder Trinkwasseranlage kann man davon ausgehen, dass nicht alle Entnahmestellen gleichzeitig benutzt werden. In der Praxis wird dafür der Fachbegriff **Gleichzeitigkeit** benutzt.

Die Faktoren für Gleichzeitigkeiten sind abhängig von der Gebäudeart. So wird die Wahrscheinlichkeit, dass mehrere Entnahmestellen zur

**Bauvorhaben:**
**Firma:** **Bearbeiter:** **Datum:** **Blatt:**

| Strang | Geschoss | Anzahl | Entnahmearmatur | Mindestfließdruck | Berechnungsdurchfluss | | | Summendurchfluss | | | |
|---|---|---|---|---|---|---|---|---|---|---|---|
| | | | | | | | Mischwasser | Stockwerksleitung | | Steigleitung | |
| | | | | | TW | TWW | $\Sigma \dot{V}_R$ | TW | TWW | TW | TWW |
| | | | | (mbar) | $\dot{V}_R$ (l/s) | $\dot{V}_R$ (l/s) | (l/s) | $\Sigma \dot{V}_R$ (l/s) | $\Sigma \dot{V}_R$ (l/s) | $\Sigma \dot{V}_R$ (l/s) | $\Sigma \dot{V}_R$ (l/s) |
| 1 | OG | 1 | WT | 1,0 | 0,07 | | | | | | |
| | | 1 | Urinal | 0,5 | 0,30 | | | | | | |
| | | 1 | Urinal | 0,5 | 0,30 | | | | | | |
| | | 1 | Urinal | 0,5 | 0,30 | | | | | | |
| | | | | | | | | 0,97 | | | |

Bild 1.50 Datenerfassung mit dem Formblatt A1 der DIN 1988

gleichen Zeit benutzt werden, in einem Hotel viel größer sein als in einem Wohngebäude.

Grundsätzlich wird die Gleichzeitigkeit berücksichtigt, indem aus dem vorhandenen Summendurchfluss der Spitzendurchfluss berechnet wird. Je nach Gebäudeart gibt es dafür verschiedene Faktoren. Für den Planer werden zur schnellen Wertermittlung Tabellen zur Verfügung gestellt, die je nach Gebäudeart die entsprechende Werteermittlung ermöglichen (DIN 1988/3 Tabelle 12).

> *Planungsgrundsatz 1.19*
> In den Tabellen zur Ermittlung des Spitzendurchflusses aus dem Summendurchfluss wird unterschieden, welche Einzelentnahmemenge pro Rohrleitungsstrang definiert wird.
> Je nach der Bedingung $\dot{V}_R < 0{,}5\ l/s$ oder $\dot{V}_R \geq 0{,}5\ l/s$ muss die entsprechende Spalte in der Tabelle benutzt werden.

*Arbeitsschritte 5 und 6:*
**Ermittlung des verfügbaren Rohrreibungsdruckgefälles**
Für diesen Berechnungsschritt kommt Formblatt A3 der DIN 1988 zum Einsatz. Dabei werden strangweise die einzelnen Daten erfasst. Parallel erfolgt eine Trennung der Stränge in Warm- und Kaltwasser. Bild 1.51 zeigt einen Ausschnitt aus diesem Formblatt.

Für die Berechnung der einzelnen Zeilen werden die wichtigsten Eingabeparameter näher erläutert. Dazu wurden den wichtigsten Zeilen Nummern (1...10) zugeordnet, um die Zuordnung exakt festzulegen.

(1)
Der Mindestversorgungsdruck wird durch den Planer bei zuständigen Wasserversorgungsunternehmen erfragt. In der Praxis liegt dieser Wert zwischen 4...5 bar. Bei ausgangsseitigem Druck nach einem Druckminderer oder einer Druckerhöhungsanlage werden die Werte, die durch die Hersteller vorgegeben werden, verwendet.

(2)
Der Druckverlust aus dem geodätischen Höhenunterschied ergibt sich aus der Höhe zwischen dem Hauswasseranschluss und der höchstgelegenen Entnahmearmatur (i.d.R. Brauseschlauch in der obersten Etage). Die geodätischen Höhen können im Strangschema angetragen werden.

> *Planungsgrundsatz 1.20*
> Der Umrechnungsfaktor für m WS in bar kann in der Praxis mit 0,1 angenommen werden. 10 m WS = 1 bar = 1000 mbar

| Bauvorhaben:Firma: | Bearbeiter: | Datum: | Blatt: |
|---|---|---|---|

Angaben zur Anlage: a) Anschluss an die Versorgungsleitung unmittelbar / mittelbar

Trinkwasser: kalt / warm
b) zentraler Trinkwassererwärmer
dezentraler Trinkwassererwärmer

| Benennung | Zeichen | Einheit | Strangbezeichnung | | | | | | |
|---|---|---|---|---|---|---|---|---|---|
| | | | Strang I | | | | | | |
| Mindestversorgungsdruck oder ausgangsseitiger Druck nach Druckminderer oder Druckerhöhungsanlage (1) | $p_{min,V}$ | mbar | | | | | | | |
| Druckverlust aus geodätischem Höhenunterschied (2) | $\Delta p_{geo}$ | mbar | | | | | | | |
| Druckverlust Hauswasserzähler (3) | $\Delta p_{WZ}$ | mbar | | | | | | | |
| Filter (4) | $\Delta p_{FL}$ | mbar | | | | | | | |
| Enthärtungsanlage | $\Delta p_{EH}$ | mbar | | | | | | | |
| Dosiereinrichtung | $\Delta p_{DOS}$ | mbar | | | | | | | |
| Gruppentrinkwassererwärmer | $\Delta p_{TWE}$ | mbar | | | | | | | |
| Stockwerkswasserzähler (3) | $\Delta p_{WZ}$ | mbar | | | | | | | |
| Mindestfließdruck (5) | $p_{min,FL}$ | mbar | | | | | | | |
| Druckverlust der Stockwerks- und Einzelzuleitungen (6) | $\Delta p_{St}$ | mbar | | | | | | | |
| Summe der Druckverluste (7) | $\Sigma\Delta p$ | mbar | | | | | | | |
| Verfügbarer Druckverlust für Rohrreibung und Einzelwiderstände (8) | $\Delta p_{verf}$ | mbar | | | | | | | |
| Geschätzter Anteil für Einzelwiderstände bei ........ % (9) | – | mbar | | | | | | | |
| Verfügbarer Druckverlust für Rohrreibung (10) | – | mbar | | | | | | | |
| Leitungslänge | $l_{ges}$ | m | | | | | | | |
| Verfügbares Rohrreibungsdruckgefälle | $R_{verf}$ | mbar/m | | | | | | | |

Bild 1.51 Auszug aus dem Formblatt A3 der DIN 1988

(3)
Der Druckverlust für den Hauswasserzähler wird mit Gl. 1.8 berechnet:

$$\Delta p_{WZ} = \Delta p \cdot \frac{\dot{V}_S^2}{\dot{V}_G^2} \qquad \text{(Gl. 1.8)}$$

$\dot{V}_S$ Spitzendurchfluss [m³/h] (s. Arbeitsschritt 3)

$\dot{V}_G = \dot{V}_{max}$ maximaler Durchfluss im Wasserzähler [m³/h] (nach DIN 1988/3 Tabelle 9)

$\Delta p$ Druckverlust für den Zähler bei $\dot{V}_{max}$ [bar] (nach DIN 1988/3 Tabelle 3 oder nach Herstellerangaben, s. auch Bild 1.52)

Bild 1.52 lässt deutlich erkennen, dass sich die Hersteller bei ihren Produkten exakt an die Tabellenwerte (max. Durchfluss und Nenndurchfluss) halten.

(4)
Der Druckverlust durch den Filter kann nach Gl. 1.9 berechnet werden. Der Druckverlust bei maximalem Durchfluss kann den Herstellerunterlagen entnommen werden.

| Nenndurchmesser DN | | mm | 15 | 20 | 25 | 32 | 40 | 50 |
|---|---|---|---|---|---|---|---|---|
| | | Zoll | ½ | ¾ | 1 | 1¼ | 1½ | 2 |
| max. Durchfluss | $Q_{max}$ | m³/h | 3 | 5 | 7 | 12 | 20 | 30 |
| Nenndurchfluss | $Q_n$ | m³/h | 1,5 | 2,5 | 3,5 | 6 | 10 | 15 |

Bild 1.52 Herstellerdaten für Wasserzähler

$$\Delta p_{FIL} = \Delta p \cdot \frac{\dot{V}_S^2}{\dot{V}_G^2} \qquad \text{(Gl. 1.9)}$$

$\dot{V}_S$ Spitzendurchfluss [m³/h]

$\dot{V}_G = \dot{V}_{max}$ maximaler Durchfluss im Filter [m³/h]

$\Delta p$ Druckverlust für den Filter bei $\dot{V}_{max}$ [bar]

*Planungsgrundsatz 1.21*
Für die Praxis wird empfohlen, bei Filtern für die Berechnung immer 200 mbar als Druckverlust zu wählen.

*Planungsgrundsatz 1.22*
Es ist prinzipiell besser Filter in Hauswasserinstallationen einzubauen. Vor allem der Schutz der Armaturen (Einhebelmischer, Motorstellventile usw.) muss hier im Vordergrund stehen.

Druckverluste für Enthärtungsanlagen, Dosiereinrichtungen und Gruppentrinkwassererwärmer sind den Unterlagen der Hersteller zu entnehmen.

(5)
Der Mindestfließdruck bezieht sich auf die Entnahmestelle mit dem höchsten Wert im Strang aus Tabelle 11 der DIN 1988/3.

(6)
Für die der Berechnung der Druckverluste in Stockwerks- und Einzelzuleitungen muss man zunächst nach den verschiedenen Installationsarten unterscheiden. Bild 1.53 beschreibt diese Installationsmöglichkeiten.

Bei der Kupferrohrvariante (Variante A) handelt es sich um die T-Stück-Installation. Bei der PE-x-Rohrvariante (Variante B) werden alle Entnahmestellen einzeln an einen Verteiler angeschlossen.

Je nach Variante kommen bei der Berechnung verschiedene Tabellen zum Einsatz. Für die Variante A steht Tabelle 6 aus DIN 1988/3 zur Verfügung.

Aus den Skizzen in der Tabelle kann der Planer entscheiden, welche Art der T-Stück-Installation gewählt wurde. Hierbei gilt es genau zu beachten, wie die Zuordnung der Leitungsabschnitte (1...4) bzw. (a...e) erfolgt.

Für die Variante B stehen ebenfalls Tabellen zur Verfügung (DIN 1988/3 Tabelle 7 und Tabelle 8).

(7)
Bei der Summenbildung der Druckverluste werden nun alle bisher ermittelten Druckverluste von (2)...(6) addiert.

(8)
Um den verfügbareren Druckverlust für die Rohrreibung und die Einzelwiderstände zu ermitteln, wird der ermittelte Wert unter (7) vom Mindestversorgungsdruck (1) subtrahiert.

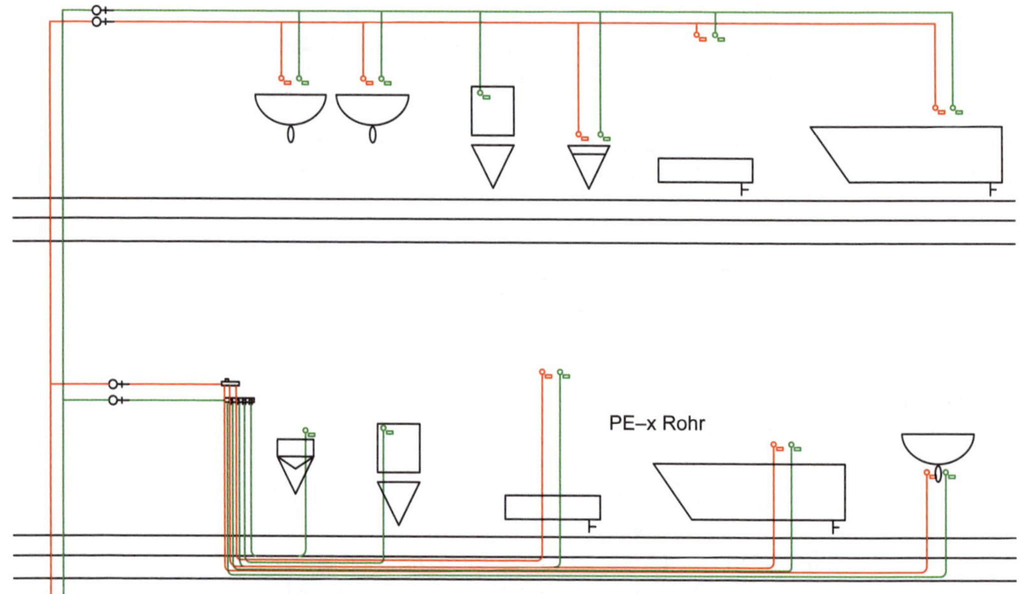


Bild 1.53 Möglichkeiten der Installation

(9)
Wie in Bild 1.47 veranschaulicht, hat an dieser Stelle der Bearbeiter die Möglichkeit zwischen dem vereinfachten und dem differenzierten Berechnungsgang zu wählen. Beim vereinfachten Berechnungsgang wird der Anteil für Einzelwiderstände, die sich aus Armaturen, Bögen und T-Stücken ergeben, geschätzt. In der Praxis werden hier zwischen 40...60% des verfügbaren Druckverlustes aus der Rohrreibung (8) gewählt.

Beim differenzierten Berechnungsgang werden alle Einbauteile mit ihren $\zeta$-Werten einzeln erfasst.

Die $\zeta$-Werte beschreiben den strömungstechnischen Charakter eines Bauteils. Der Wert geht als Betrag in die Gleichung zur Berechnung des Druckverlustes ein und wird mit Gl. 1.10 berechnet:

$$\Delta p_{\text{Bauteil}} = \zeta \cdot \frac{v^2 \cdot \varrho}{2} \qquad \text{(Gl. 1.10)}$$

$v$ Strömungsgeschwindigkeit [m/s]
$\varrho$ Dichte des Mediums [kg/m³]

*Planungsgrundsatz 1.23*
Bei kleinen und mittleren Trinkwasseranlagen verwendet man in der Praxis den vereinfachten Berechnungsgang. Dabei hat sich ein Wert von 50% des verfügbaren Druckverlustes aus der Rohrreibung bewährt.

Für große oder sehr stark verzweigt Trinkwasseranlagen ist der differenzierte Berechnungsgang heranzuziehen, der in der Praxis jedoch ausschließlich mit Hilfe von Computerprogrammen errechnet wird.

(10)
Um nun den verfügbaren Druckverlust für die Rohrreibung zu ermitteln, subtrahiert man den Wert aus (9) vom Wert aus (8).

Damit erhält man einen Druckverlust in mbar. Für die weitere Berechnung ist es aber wichtig zu wissen, wie der zur Verfügung stehende Druck über den Rohrstrang abgebaut wird. Das wird über die Ermittlung der Länge des Berechnungsstranges (Längen werden aus dem Strangschema entnommen, Bild 1.49 erreicht). Somit kann die letzte Zeile von Formblatt A3 der DIN 1988 (Bild 1.51, verfügbares Rohrreibungsdruckgefälle) berechnet werden.

Dabei wird der verfügbare Druckverlust für die Rohrreibung (10) mit der ermittelten Rohrleitungslänge dividiert.

Nach der Berechnung aller Teilstränge ist Formblatt A3 der DIN 1988 vollständig ausgefüllt. Die weitere Berechnung erfolgt nun zunächst mit dem kleinsten Wert des verfügbaren Rohrreibungsdruckgefälles.

***Arbeitsschritt** 7:*
Die weitere Berechnung wird mit Formblatt A4 der DIN 1988 ausgeführt, was Bild 1.54 auszugsweise veranschaulicht.

Zunächst wird der Tabellenkopf ausgefüllt. Wie schon erwähnt, wird mit dem Strang begonnen, der den **kleinsten Wert** des verfügbaren Rohrreibungsdruckgefälles aufweist. Der Strang kann nun mit allen Teilstrecken in die Tabelle übertragen werden. Dabei wird in Fließrichtung des Wassers gearbeitet.

Für die einzelnen Teilstrecken können die Länge (Strangschema) und der Summendurchfluss (Formblatt A1, DIN 1988) bestimmt sowie in Abhängigkeit der Gebäudeart der Spitzendurchfluss ermittelt werden. Mit dem Ergebnis des Spitzenvolumenstroms wird es möglich, für den gewählten Werkstoff die Abmessungen der Rohre (Nennweiten) zu bestimmen (DIN 1988/3 Tabellen 18...26).

Parallel zur Nennweite ermittelt man mit den Tabellen die Fließgeschwindigkeit und somit den Druckverlust aus der Rohrreibung. Alle Einzeldruckverluste werden als Summe zusammengefasst und mit dem

Ermittlung der Rohrdurchmesser, vereinfachtes Verfahren

| Bauvorhaben:Firma: | Bearbeiter: | Datum: | Blatt: |
|---|---|---|---|

Strang: TW/TWW Rohrart: nach DIN
Verfügbarer Druckverlust für Rohrreibung: ........................................................................ _____ mbar
Verbraucht in den Teilstrecken (TS): bis ........................................................................ _____ mbar
Verfügbarer Druckverlust für Rohrreibung für die TS ........ bis ............................................ _____ mbar
Leitungslänge der TS bis = m
Verfügbares Rohrreibungsdruckgefälle für die TS...... bis ...................................................... _____ mbar/m

| aus dem Rohrplan | | | | gewählter Rohrdurchmesser | | | |
|---|---|---|---|---|---|---|---|
| Teilstrecke<br><br>TS | Länge<br><br>$l$ (m) | Summen-durchfluss<br>$\Sigma \dot{V}_R$<br>(l/s) | Spitzen-durchfluss<br>$\dot{V}_S$<br>(l/s) | Nennweite<br>*DN*<br>(mm) | Rechnerische Fließ-geschwindigkeit $v$<br>(m/s) | Rohr-reibungs-druck-gefälle $R$<br>(mbar/m) | Druck-verlust aus Rohr-reibung $R \cdot l$<br>(mbar) |
| | | | | | | | |
| | | | | | | | |
| | | | | | | | |
| | | | | | | | |
| | | | | | | | |
| | | | | | | | |
| | | | | | | | |
| | | | | | | | |
| | | | | | | | |
| | | | | | | | |
| | | | | | | | |
| | | | | | | | |
| | | | | | | | |
| | | | | | | | |
| | | | | | | | |
| | | | | | | | |
| | | | | | | | |
| | | | | | | | |
| | | | | | | | |
| | | | | | | | |
| | | | | | | | |
| | | | | | | | |
| $\Sigma l$ = | | | | | | $\Sigma (R \cdot l)$ = | |

Bild 1.54 Formblatt A4 zur Ermittlung der Rohrdurchmesser

verfügbaren Druckverlust für die Rohrreibung verglichen. Dabei muss die Summe kleiner sein als der verfügbare Druckverlust. Ideal wäre es, wenn beide Werte möglichst den gleichen Betrag ausweisen.

*Planungsgrundsatz 1.24*
Ist die Differenz zwischen beiden Werten zu groß, kann eine Nachdimensionierung erfolgen. Dabei können Teilstrecken verkleinert werden → höhere Fließgeschwindigkeit → höherer Druckverlust.

Die Fortführung der Dimensionierung besteht nun darin, alle weiteren Stränge zu berechnen. Für jeden Strang wird ein Formblatt A4 nach DIN 1988 benutzt, der Tabellenkopf entsprechend ausgefüllt. Teilstrecken, die schon dimensioniert sind, müssen nun von den Strängen «druckmäßig» abgezogen werden. Dafür sind die Zeilen im Tabellenkopf zu benutzen. Das Berechnungsverfahren wird wie beschrieben weiter durchgeführt, bis alle Teilstrecken erfasst sind.

***Arbeitsschritt** 8*:
Zum Abschluss der Berechnung trägt man alle Ergebnisse im Strangschema an. Dabei kommt i.d.R. ein Standardraster zum Einsatz, das die in Bild 1.55 dargestellten Bezeichnungen enthält.

Mit dieser Vervollständigung des Strangschemas erhält man das Endergebnis, das Bild 1.56 wiedergibt.

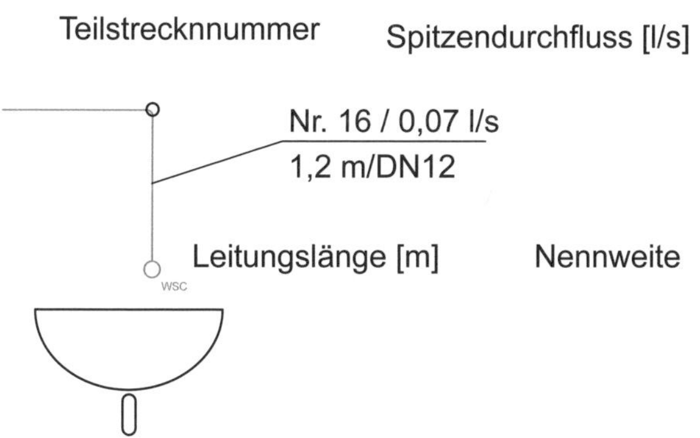


Bild 1.55
Raster für den Ergebniseintrag im Strangschema.

Bild 1.56 Vollständiges Strangschema nach der Berechnung

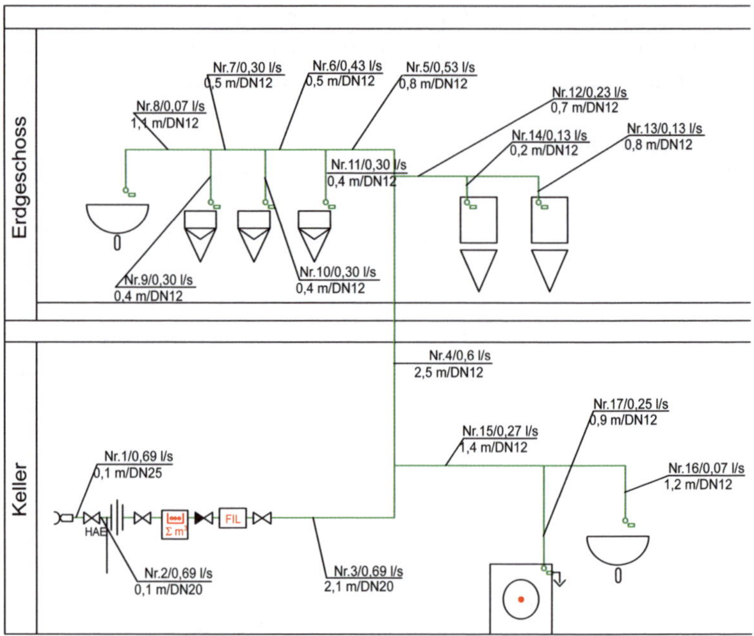

# 2 Abwassertechnik

- ❑ Werkstoffe
- ❑ Technische Forderungen an Abwasseranlagen
- ❑ Berechnungsgrundlagen
- ❑ Sonderanlagen

Abwässer entstehen an den unterschiedlichsten Orten durch menschlichen bzw. ohne menschlichen Eingriff. Nach DIN 4045 wird definiert, dass Abwässer durch unterschiedliche Zusätze verunreinigt und somit für eine weitere Nutzung unbrauchbar gemacht wurden. Abwässer müssen deshalb aus hygienischen Gründen und der Gefahr der Verseuchung des Grund- und Oberflächenwassers abgeführt und geklärt werden.

**Kläranlagen zur Unterstützung der Natur**

In der Natur findet man eine Reihe von Selbstreinigungsmechanismen, die für Verschmutzungen, die nicht durch den Menschen verursacht wurden, hervorragend funktionieren. Wenn jedoch der durch den Menschen verursachte Schmutzeintrag den natürlichen Schmutzeintrag um ein Vielfaches übersteigt, ist eine Unterstützung der Natur durch entsprechende Anlagentechnik (Kläranlagen) notwendig.

Ein weiteres Problem der Abwassertechnik besteht darin, dass jeder Mensch ungehinderten Zugriff zur Abwasseranlage besitzt. Es ist also möglich (und später nicht mehr nachweisbar), alle möglichen Verunreinigungen der Abwasseranlage zuzuführen. Dieser Zustand ist nicht abstellbar, so dass die Anlagensysteme auf solche Fälle (Einleiten von Chemikalien, Einleiten von zu heißen Medien usw.) ausgelegt sein müssen. Das erfordert eine genaue Planung, aber auch Entscheidungskompetenz bei der Auswahl der Werkstoffe.

Zusätzlich kommt eine weitere Schwierigkeit bei der Planung der Abwasseranlagen zum Tragen. Die zu transportierenden Abwässer treten nicht kontinuierlich auf, d. h., das Abwasser wird in Stoßmengen der Abwasserleitung zugeführt. Zudem wird über das Abwassersystem das Regenwasser abgeführt. Aufgrund der unterschiedlichen Niederschlagsmengen (täglich, wöchentlich, monatlich usw.) ist eine genaue Dimensionierung der Leitungen nicht möglich. Um eine ständige Überflutung der Leitungen zu vermeiden, ist es notwendig, die Leitungssysteme mit einer entsprechend großen Sicherheit auszulegen.

Um die geforderten Sicherheiten dieser Anlagen zu gewährleisten, gibt es eine Reihe von Gesetzen, Verordnungen und Normen, die durch den Planer beachtet und angewendet werden müssen.

- ❑ Wasserhaushaltsgesetz,
- ❑ Abwasserabgabengesetz,
- ❑ Entwässerungssatzungen der Gemeinden und Abwasserverbände,
- ❑ Europäische Normen und Nationale Restnormen (s. Normenübersicht im Anhang).

**Begriffe**

Aufgrund der Vielschichtigkeit der Aufgaben eines Abwassersystems ist eine genaue Begriffsbestimmung und -abgrenzung notwendig.

**Abwasser** ist durch Gebrauch verändertes abfließendes Wasser und jedes in die Kanalisation gelangende Wasser.

Der **Einwohnergleichwert** ist ein Umrechnungswert aus dem Vergleich von gewerblichem oder industriellem Schmutzwasser mit häuslichem Schmutzwasser, ermittelt aus dem täglichen Anfall von Schmutzwasser- oder Abwasserinhaltsstoffen.

**Kanalisation** ist die Anlage zur Sammlung und Ableitung von Abwasser.

Den **Anschlusskanal** bildet die Rohrleitung zwischen dem öffentlichen Abwasserkanal und der Grundstücksgrenze bzw. der ersten Reinigungsöffnung auf dem Grundstück.

**Kleinkläranlage** nennt man eine Anlage zur Behandlung häuslicher Schmutzwasser mit begrenztem Anschlusswert.

**Mischsystem** ist die Bezeichnung des Kanalnetzes, das im Mischverfahren betrieben wird, d.h., Schmutzwasser und Regenwasser werden gemeinsam abgebeitet.

Als **Trennsystem** wird das Kanalnetz bezeichnet, das im Trennverfahren betrieben wird, d.h., Schmutzwassser und Regenwasser werden getrennt abgebeitet.

**Häusliches Abwasser** nennt man Abwasser aus Küchen, Waschküchen, Badezimmern, Toiletten und ähnlichen Räumen.

**Industrielles Abwasser** bezeichnet Abwasser, das nach industriellem oder gewerblichem Gebrauch verändert und verunreinigt ist, einschließlich Kühlwasser.

**Grauwasser** nennt man fäkalienfreies Abwasser.

**Schwarzwasser** ist fäkalienhaltiges Abwasser.

## 2.1 Grundlagen der Abwassersysteme

**Hauptkategorien der Abwässer**

Abwässer werden in zwei Hauptkategorien unterteilt, die in Tabelle 2.1 aufgezeigt werden. Dabei handelt es sich um Niederschlagswasser und um verbrauchtes Trinkwasser, das durch Schadstoffeintrag zu Schmutz-

Tabelle 2.1 Abwasserarten

| Verbrauchtes Trinkwasser | Niederschlagswasser |
|---|---|
| - im Haushalt<br>- Waschbecken<br>- Waschmaschine + Schmutz, Chemikalien<br>- Spülmaschine + Schmutz, Fette<br>- WC + Fäkalien | - Regenwasser<br>- Schmelzwasser<br>- Sickerwasser |
| - industrielle Schmutzwasser<br>- Haushalt<br>- Abwasser aus Produktionsprozessen<br>z. B.<br>* Färberei<br>* Wäscherei<br>* Kühlwasser usw. | |
| kalkulierbare Größen | schlecht kalkulierbare Größen |

wasser geworden ist. Die Unterteilung ergibt sich auch durch die Kalkulierbarkeit der zu transportierenden Wassermengen.

Das größte Problem bei der Auslegung von Abwasseranlagen stellen damit die nicht kalkulierbaren Größen dar. Hinzu kommt die Gefahr der Verstopfung der Anlagen, indem grundsätzlich die Möglichkeit für **jedermann** besteht, in die Abwasseranlagen einzuleiten. Außerdem besteht die Möglichkeit, dass Chemikalien aller Art eingeleitet werden, die einzeln im Abwasser bedeutungslos sind, jedoch durch zufälliges Mischen mit anderen Abwässern und Chemikalien ganze Leitungen zerstören können.

## 2.2 Werkstoffe

Damit zu jeder Zeit eine hohe Betriebssicherheit in den Abwasseranlagen realisiert werden kann, ist es wichtig, die einzelnen Leitungsabschnitte genau zu planen und auszuführen. Das gilt sowohl für die Dimension als auch für die eingesetzten Werkstoffe. Aus diesem Grund sind die einzelnen Leitungsabschnitte einer Abwasseranlage namentlich sehr genau definiert:

**Grundleitung**
Entwässerungsleitung, die innerhalb eines Gebäudes oder in der Erde unter den Fundamenten verlegt ist, an die Schmutzwasserfallleitungen oder Entwässerungsgegenstände direkt im Kellerbereich angeschlossen sind.

**Sammelleitung**
Liegende Leitung zur Aufnahme des Abwassers von Fall- und Anschlussleitungen, die nicht im Erdreich oder unter der Grundplatte verlegt ist.

**Anschlussleitung**
Entwässerungsrohr, das Entwässerungsgegenstände mit einer Fall- oder Grundleitung verbindet.

**Fallleitung**
Senkrecht verlaufende Leitung.

**Einzelanschlussleitung**
Leitung vom Entwässerungsgegenstand bis zur weiterführenden Leitung. Bei Entwässerungsgegenständen ohne Geruchverschluss beginnt die Einzelanschlussleitung am Abflussstutzen des Entwässerungsgegenstandes (z.B. Flachdachablauf).

**Sammelanschlussleitung**
Leitung zur Aufnahme des Abwassers mehrerer Einzelanschlussleitungen bis zur weiterführenden Leitung oder bis zu einer Abwasserhebeanlage.

**Verbindungsleitung**
Leitung zwischen Ablaufstelle und Geruchverschluss.

**Regenfallleitung**
innen- oder außen liegende lotrechte Leitung, gegebenenfalls mit Verziehung, zum Ableiten des Regenwassers von Dachflächen, Balkonen und Loggien.

In Bild 2.1 werden die einzelnen Leitungssysteme illustriert.

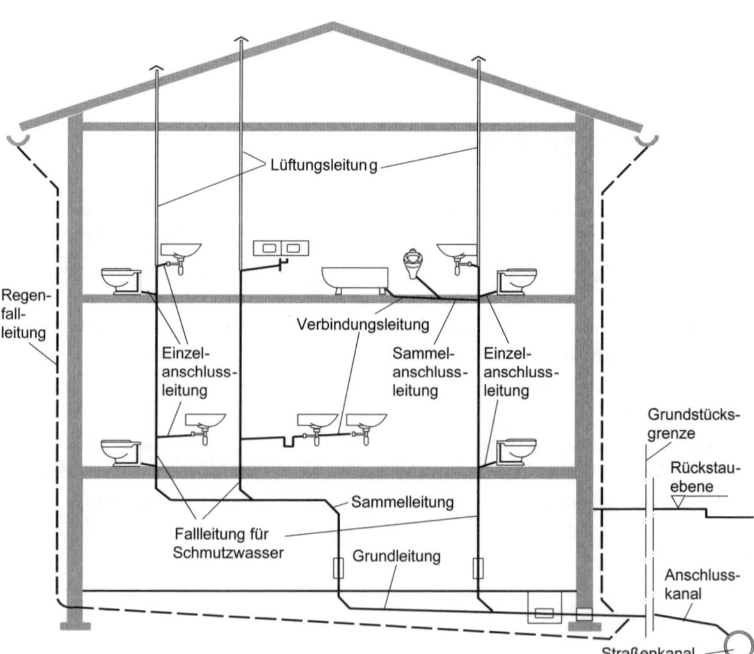


Bild 2.1
Leitungssysteme einer Abwasseranlage

Nach Bild 2.1 werden die Abwasserleitungen durch Lüftungsleitungen ergänzt. Auch bei diesen Leitungen gibt es verschiedene Systeme, wobei Planungsgrundsatz 2.1 immer Gültigkeit hat.

*Planungsgrundsatz 2.1*
In Lüftungsleitungen wird immer nur Luft transportiert. Abwasserleitungen können sowohl Wasser als auch Luft transportieren.

Folgende Lüftungssysteme (s. auch Bild 2.6) sind definiert:

**Hauptlüftung**
Verlängerung einer senkrechten Schmutzwasserfallleitung, deren Ende zur Atmosphäre hin offen ist, oberhalb der letzten Anschlussleitung des letzten Anschlusses.

**Sekundärlüftungsleitung** (Nebenlüftungsleitung)
Senkrechte Lüftungsleitung, die mit einer Schmutzwasserfallleitung verbunden ist, zur Begrenzung der Druckschwankungen innerhalb der Schmutzwasserfallleitung.

**Umlüftungsleitung**
Die Umlüftungsleitung ist in der gleichen Nennweite auszuführen, wie die damit belüftete Sammelanschlussleitung an der Einmündung in die Fallleitung, höchstens jedoch in DN 70. Der Leitungsquerschnitt bis zum Beginn der Umlüftung ist ebenfalls in dieser Nennweite auszuführen.

**Belüftungsventil**

Ventil, das Luft in die Entwässerungsanlage einlässt, aber nicht wieder heraus, um Druckschwankungen innerhalb der Entwässerungsanlage zu begrenzen.

Die gleiche Sorgfalt bei der Zuordnung der einzelnen Leitungsabschnitte gilt auch für die Auswahl der eingesetzten Rohrwerkstoffe. Dabei gibt es für die Auswahl des jeweiligen Werkstoffes eine Reihe von Kriterien. Vorrang bei der Werkstoffwahl hat dabei Planungsgrundsatz 2.2. Anforderungen an Werkstoffe für Abwasserrohre sind:

- Aufnahme von Luftschall,
- Aufnahme von Körperschall,
- Korrosionsbeständigkeit gegenüber inneren und äußeren Medien,
- Temperaturbeständigkeit (mind. 60 °C, kurzzeitig bis 95 °C),
- gute Verarbeitbarkeit,
- gasdicht gegen Überdruck,
- wasserdicht.

*Planungsgrundsatz 2.2*
Entwässerungsanlagen müssen gegenüber den auftretenden Betriebsdrücken ausreichend wasser- und gasdicht sein. Aus Leitungsanlagen innerhalb von Gebäuden dürfen keine Gerüche und Kanalgase in das Gebäude austreten.

Eine weitere Planungshilfe ist DIN 1986/4 Tabelle 1 für die Werkstoffauswahl. Aus der Forderung von Planungsgrundsatz 2.2 kommt der Verbindungstechnologie der Werkstoffe eine wichtige Rolle zu. Die Industrie bietet verschiedene Systeme dazu an.

In der Hausinstallation findet man zum einen das klassische Stecksystem, bei dem die Rohre mit Muffen versehen sind (Bild 2.2). Die Abdichtung übernimmt ein Dichtsystem, das in die Muffe integriert ist. Diese Verbindungstechnologie kann man bei allen Werkstoffen finden.

Bild 2.2
Muffenrohre mit Dichtungssystem (Quelle: Firma Omniplast)

Bild 2.3
Rohrverbinder (Quelle: Firma Walraven)

Eine weitere Variante, die vor allem bei Gussrohren in der Hausabwasserinstallation zum Einsatz kommt, sind Rohrverbinder, die Rohre «stumpf» miteinander verbinden. Dabei sind mehrere Systeme der Verbinder möglich (Bild 2.3).

Die Rohrenden werden in den Verbinder eingelegt. Mittels Schrauben kann der Verbinder zusammengezogen werden, was die Festigkeit der Verbindung garantiert. Eingelegte Dichtelemente garantieren die Dichtheit der Verbindung.

## 2.3 Systemanforderungen an eine Abwasseranlage

### 2.3.1 Leitungssysteme

Eine Abwasseranlage leitet alle Abwasser und Regenwasser in bzw. an einem Gebäude ab. Es gilt Planungsgrundsatz 2.3.

*Planungsgrundsatz 2.3*
Bei Mischsystemen sind Regen- und Schmutzwasser über getrennte Fall-, Sammel- oder Grundleitungen aus dem Gebäude herauszuführen. Grund- bzw. Sammelleitungen dürfen erst außerhalb des Gebäudes zusammengeführt werden, möglichst nahe dem Anschlusskanal an der Grundstücksgrenze (Bild 2.4).

Aus dem Planungsgrundsatz folgt, dass es bei der Gebäudeentwässerung 2 Systeme gibt: zum einen die Schwerkraftentwässerungsanlagen innerhalb von Gebäuden und zum anderen die Dachentwässerung.

Bei der Planung einer Abwasseranlage ist man gut beraten, das System in Fließrichtung des Abwassers anzulegen. Dabei kann im Bild 2.1 festgestellt werden, welche einzelnen Leitungsabschnitte das Abwasser der Reihe nach durchfließt. Parallel dazu gilt Planungsgrundsatz 2.4.

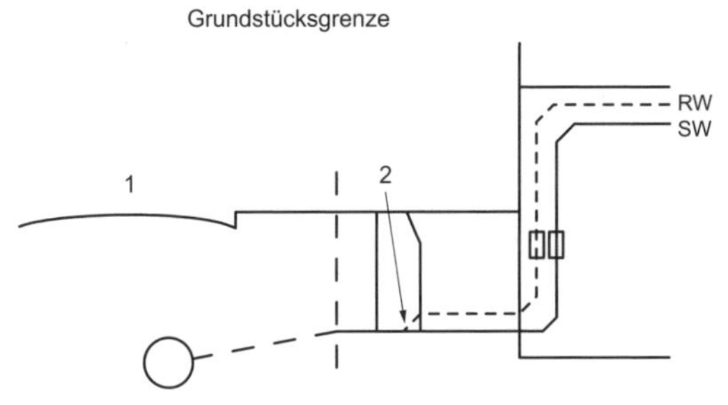


Bild 2.4
Leitungsführung bei Mischsystemen

*Planungsgrundsatz 2.4*
Alle über der Rückstauebene liegenden Ablaufstellen (Entwässerungsgegenstände) sind mit natürlichem Gefälle zu entwässern (Schwerkraftprinzip)

**Rückstauebene**

Die **Rückstauebene** kann durch die örtliche Behörde festgelegt werden. Wenn keine Reglungen getroffen wurden, kann die Höhe der Straßenoberkante (s. Bild 2.5) angenommen werden.

### Ablaufstellen

❶ *Der Beginn einer Entwässerungsanlage*

Bei der ❶ Ablaufstelle handelt es sich in der Regel um Entwässerungsgegenstände (Waschbecken, WC usw.). Diese Entwässerungsgegenstände haben in Bezug auf die Abwasseranlage eine Reihe von Schutzfunktion zu erfüllen:

Bild 2.5 Rückstauebene

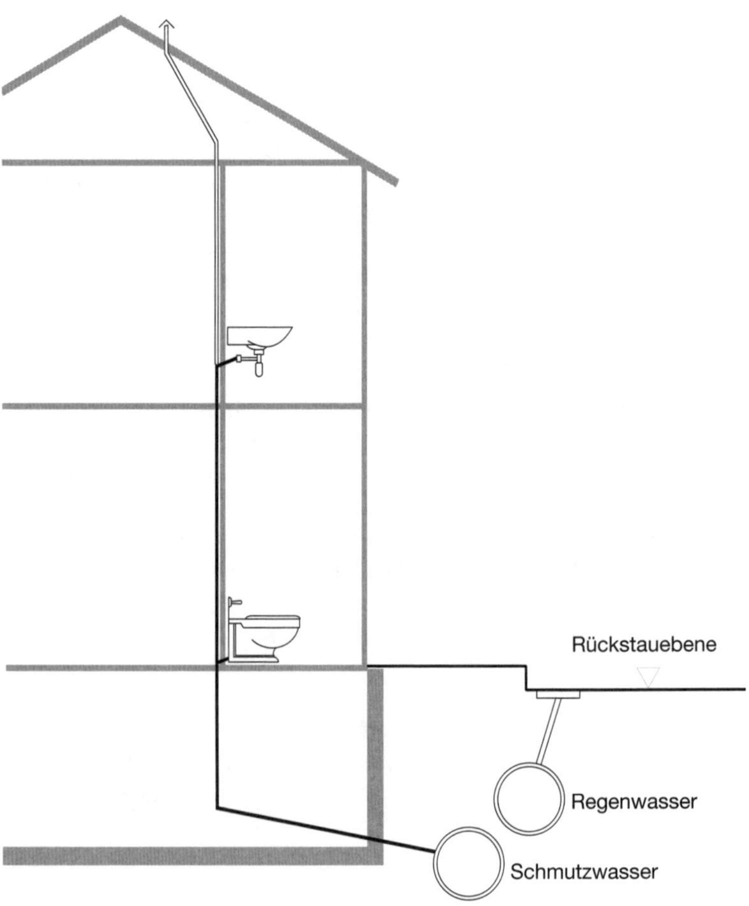

**Schutzfunktionen von Entwässerungsgegenständen**

- ❑ automatische Dosierung,
- ❑ Ausfilterung von Grobstoffen,
- ❑ Verhinderung von Gasaustritt in den Raum,
- ❑ Unfallschutz.

> *Planungsgrundsatz 2.5*
> Jede Ablaufstelle ist mit einem Geruchsverschluss zu versehen. Dabei können mehrere Ablaufstellen gleicher Art (z.B. Reihenanschlüsse in Duschen) einen gemeinsamen Geruchsverschluss besitzen.

Für die einzelnen Leitungsabschnitte sind durch den Planer verschiedene Bedingungen zu realisieren, die in den jeweiligen Aufzählungen aufgeführt werden:

Die **Einzelanschlussleitung** stellt das Bindeglied zwischen Geruchsverschluss und der ersten Verzweigung (weitere Einbindung in das Rohrsystem) dar.

**Forderungen an Einzelanschlussleitungen**

- ❑ temperaturbeständig bis 95 °C,
- ❑ immer im Gefälle verlegt,
- ❑ selbstreinigend,
- ❑ Leitung muss immer leerlaufen können.

Die **Sammelanschlussleitung** verbindet mehrere Einzelanschlussleitungen mit der Fallrohrleitung.

**Forderungen an Sammelanschlussleitungen**

- ❑ temperaturbeständig bis 95 °C,
- ❑ immer im Gefälle verlegt,
- ❑ selbstreinigend,
- ❑ Leitung muss immer leerlaufen können.

Die **Fallrohrleitung** ist die im Gebäude senkrecht verlegte Rohrleitung. Alle Einzel- und Sammelanschlussleitungen führen in diese Leitung ein. Die Fallrohrleitung bindet in der Regel die Grundleitung ein.

**Forderungen an Fallrohrleitungen**

- ❑ temperaturbeständig bis 95 °C,
- ❑ erhöhter Schallschutz durch gezielte Werkstoffwahl realisieren,
- ❑ bei langen Falleitungen besondere Bestimmungen nach DIN 1986-100 beachten,
- ❑ beim Übergang in die Sammelleitung 90°-Bögen vermeiden.

Die **Sammelleitung** stellt die waagerechte Leitung nach der Fallleitung im Gebäude dar. Es ist jedoch denkbar, dass sich an die Falleitung sofort die Grundleitung anschließt.

**Forderungen an Sammelleitungen**

- ❑ temperaturbeständig bis 95 °C,
- ❑ keine 90°-Bögen, sondern immer zwei 45°-Bogen mit Beruhigungsstrecke verwenden.

Bild 2.6
Lüftungsleitungssysteme

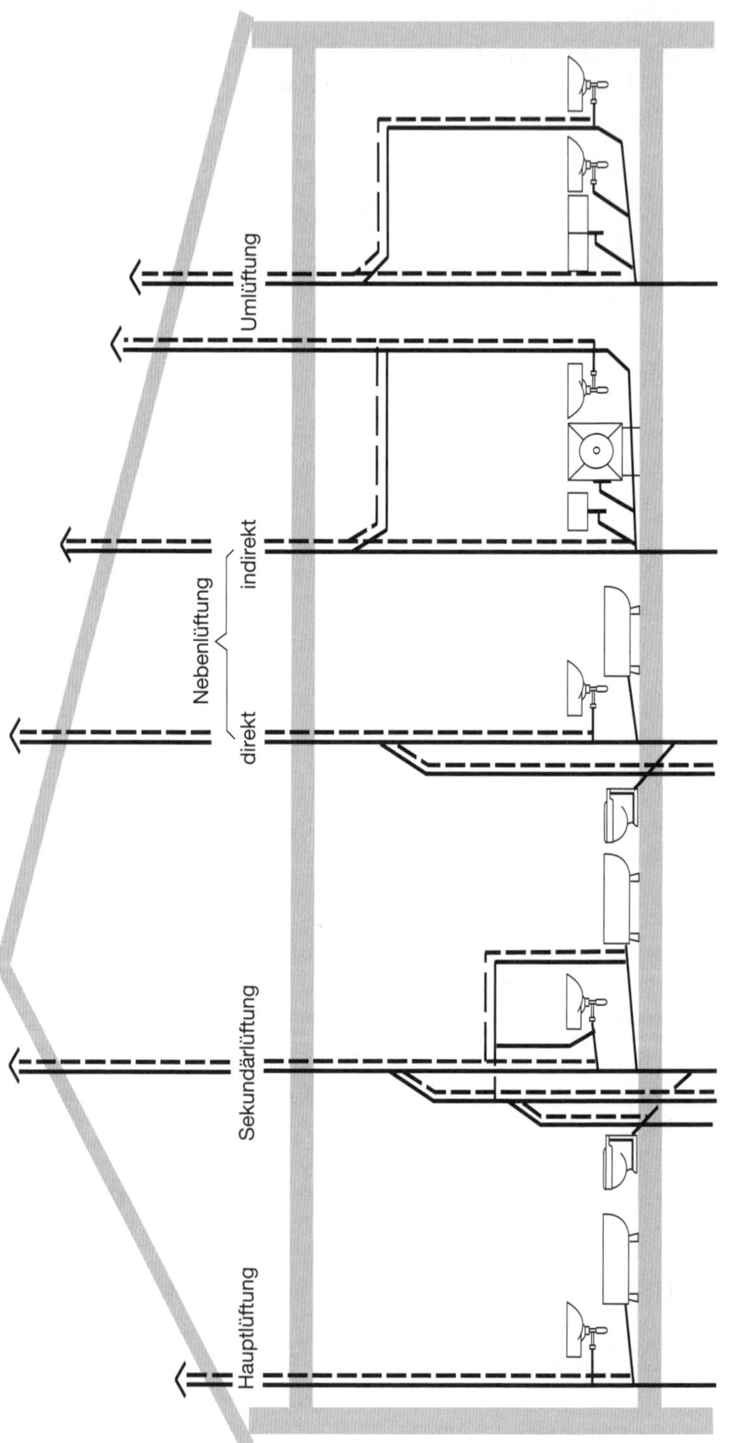

Die **Grundleitung** wird im Erdreich verlegt. In diese Leitung können alle o.g. Leitungen münden, wobei das von der jeweiligen Objektstruktur abhängt. In der Regel bindet man die Sammelleitung in die Grundleitung ein.

**Forderungen an Grundleitungen**

- temperaturbeständig bis 45 °C,
- keine 90°-Bögen, sondern immer zwei 45°-Bögen,
- immer im Gefälle verlegt.

Bei der Einspülung in ein Fallrohr werden ca. 10% Wasser aber 90% Luft mitgerissen, weshalb sich im Leitungssystem Über- und Unterdrücke bilden können. Unverzichtbar in Abwassersystemen sind deshalb Lüftungsleitungen. Nach Bild 2.1 gehört zu jeder Abwasseranlage auch eine Lüftungsanlage, die Be- und Entlüftungsfunktionen übernimmt und für den notwendigen Druckausgleich im Leitungssystem sorgt.

*Planungsgrundsatz 2.6*
Je besser ein Leitungssystem belüftet wird, desto höher ist seine Betriebssicherheit.

Aus diesem Grundsatz könnte man schließen, dass jeder Entwässerungsgegenstand einzeln zu belüften ist. Dies ist jedoch für die Praxis nicht vertretbar. Bild 2.6 veranschaulicht die möglichen Lüftungsarten, die mit den wichtigsten Planungsoptionen beschrieben werden.

**Hauptlüftung**

Die **Hauptlüftung** (Bild 2.6) stellt das einfachste und preisgünstigste Lüftungssystem dar. Das Fallrohr wird dabei über den letzten Zulauf bis über das Dach weitergeführt. Aufgrund dieser Konstruktion sind große Nennweiten notwendig.

**Nebenlüftung**

Die direkte **Nebenlüftung** (Bild 2.6) wird eingesetzt, wenn kurze Einzelanschlussleitungen an die Falleitung heranführen. Dabei sind die Abmessungen der Leitung kleiner DN 100. Gleichzeitig kann dieses System eingesetzt werden, wenn die Falleitungen verzogen (Abtreppung) werden müssen.

**Indirekte Nebenlüftung**

Die **indirekte Nebenlüftung** (Bild 2.6) wird angewandt, wenn sehr lange Sammelleitungen vorhanden sind. Das kann zum Beispiel in Bürohochhäusern oder Laborgebäuden der Fall sein. Ebenfalls ist der Einsatz sinnvoll, wenn im Betrieb der Anlage mit sehr hohen Gleichzeitigkeiten gerechnet werden muss. Hierfür könnten Schwimmbäder oder Sportstätten allgemein genannt werden.

**Umlüftung**

Die **Umlüftung** (Bild 2.6) findet Anwendung, wenn lange Sammelanschlussleitungen vorhanden sind. Durch den Einbau einer Umlüftung wird die Anlage sicherer in Bezug auf die Abflussleistung. Gleichzeitig wird die Umlüftung angewandt, wenn ein Teilstrang eines Gebäudes saniert wird, der Rest der Anlage jedoch in Betrieb bleiben soll.

**Sekundärlüftung**

Bei der **Sekundärlüftung** (Bild 2.6) wird jeder einzelne Entwässerungsgegenstand direkt an das Lüftungssystem angeschlossen. Damit wird natürlich die größtmögliche Betriebssicherheit realisiert. Diese Lösung ist die teuerste Lüftungsvariante. Für die Praxis ist dieses System nicht notwendig. Aus diesem Grund wird die Sekundärlüftung auch nur für Labor- und Vergleichszwecke eingesetzt.

### 2.3.2 Spezielle Einbauteile

#### Reinigungsöffnungen

**Konstruktionen**

Abwasserleitungen können sich im Laufe der Standzeit durch Kalkablagerungen, organische Rückstände (z.B. Fettbestandteile) und andere Stoffe im Abwasser zusetzen. Der verkleinerte Querschnitt birgt die Gefahr einer Verstopfung. Zudem können Gegenstände in die Anlage gelangen, die die Fünktionstüchtigkeit beeinträchtigen. Aus diesen Gründen ist es notwendig, dass an den gefährdeten Stellen die Möglichkeit der Reinigung besteht. Um in die Rohrleitung zu gelangen, gibt es mehrere Konstitutionen:

- Rohrendverschlüsse,
- Reinigungsverschlüsse,
- Reinigungsrohr mit runder oder rechteckiger Öffnung.

**Wahl des Einbauortes und Anforderungen an Reinigungsöffnungen**

Die Wahl des Einbauortes ist sehr wichtig, denn von der Rohröffnung aus muss es möglich sein, an die verstopften Stellen zu gelangen. In der Praxis haben sich folgende Einbauorte bewährt:

- Reinigungsverschlüsse und Rohrendverschlüsse am oberen Ende der Sammelanschlussleitung von Reihenanlagen,
- Reinigungsrohre in Falleitungen und im lotrechten Teil der Sammelleitungen vor dem Übergang in eine Sammel- oder Grundleitung,
- als Reinigungsrohre oder Reinigungsverschlüsse in Grund- und Sammelleitungen.

Beim Einbau Reigungsöfnungen gibt es eine Reihe Forderungen, die der Erhöhung der Betriebssicherheit dienen.

- Reinigungsöffnungen mit rechteckiger Öffnung können für alle Leitungen verwendet werden.
- Reinigungsöffnungen mit runder Öffnung sind nur für Anschluss-, Fall- und Sammelleitungen zu verwenden.
- In Grund- und Sammelleitungen sind Reinigungsöffnungen mindestens alle 20 m vorzusehen.
- Für Grundleitungen DN 150 und größer kann der Mindestabstand zwischen Reinigungsöffnungen auf 40 m erhöht werden, wenn zwischen diesen Reinigungsöffnungen keine Richtungsänderung vorliegt.
- Reinigungsöffnungen müssen ständig zugänglich sein, gegebenenfalls ist ein Schacht anzuordnen.
- Keine Reinigungsöffnung darf angebracht sein in Räumen, in denen Lebensmittel gelagert werden, wie Bäckereien, Fleischereien, Konditoreien.

### Schächte

Sie dienen wie die Reinigungsöffnung als Zugang zum Abwassersystem, um im Havariefall an das Rohrleitungssystem heranzukommen.

**Anforderungen an Schächte**

- Rohrleitungen oder Kabel dürfen die Schächte nicht kreuzen.
- Die Abdeckungen sind vor unbefugtem Entfernen zu sichern.
- Schächte und Abdeckung müssen die Verkehrslast tragen können.
- Innerhalb von Gebäuden sind Abwasserleitungen geschlossen mit Reinigungsöffnung durch die Schächte zu führen.
- Bei Schächten außerhalb von Gebäuden mit weniger als 5 m Entfernung zu Fenstern oder Türen von Aufenthaltsräumen muss das Austreten von Kanalgasen verhindert werden.
- Die Sohle der Schächte mit offenem Durchfluss darf nicht tiefer als die abgehende Leitung sein.
- Liegt die Abdeckung *über* der Rückstauebene ⇒ *offener* Durchfluss.
- liegt die Abdeckung *unter* der Rückstauebene ⇒ *geschlossener* Durchfluss (Deckel gegen Austritt und Abheben sichern).

> *Planungsgrundsatz 2.7*
> Bei der Einmündung von Druckrohrleitungen in Schächte muss für eine wirksame Energieumwandlung gesorgt werden. Dadurch sollen Auswascherscheinungen (Bild 2.7) an den Schachtwänden vermieden werden. Eine Möglichkeit ist dabei der Einsatz von Prallwänden, Prallplatten oder Hosenstücken.

## Abwasserhebeanlagen

Diese Anlagen (Bild 2.8) sind eine Ergänzung der allgemeinen Abwasseranlage. Der Einbau wird erforderlich, wenn:

**Einbau von Abwasserhebeanlagen**

- ❑ die eingebauten Rückstauverschlüsse nicht als sicherer Schutz gelten,
- ❑ WC oder Urinalanlagen im Rückstaubereich liegen,
- ❑ Abläufe unterhalb der Kanalebene liegen.

Verfahrensweise und Anforderungen der Anlage sind aus Bild 2.8 ableitbar. Man erreicht damit eine hohe Betriebssicheheit.

### Anlagenbeschreibung

**Verfahrensweise und Anforderungen an die Anlage**

- ❑ Pumpe fördert das Wasser über Druckleitung über Rückstauebene,
- ❑ Abfluss durch natürliches Gefälle,
- ❑ Druckleitung wird mit einem Rückflussverhinderer gesichert,
- ❑ ab DN 100 für Zu- und Ablauf Einbau von Schiebern erforderlich (Reparaturen),
- ❑ bei Ablaufleitung: Falls das Volumen der Leitung kleiner als das Volumen des Behälters ist ⇒ kann der Schieber entfallen,
- ❑ Rückflussverhinderer mit Anlüftvorrichtung oder andere Entleerungsmöglichkeit,
- ❑ geruchsdichter Behälter (bei Fäkalien),
- ❑ bei zu bedienenden Teilen (Armaturen) mind. 60 cm Abstand,
- ❑ Behälternutzvolumen ≥ 20 l,
- ❑ Pumpensumpf sinnvoll,
- ❑ Belüftung über Dach erforderlich,
- ❑ bei Anlagen mit Dauerbetrieb ⇒ Einbau einer Reservepumpe.

*Planungsgrundsatz 2.8*
Kein Anschluss von Entwässerungsgegenständen an eine Druckleitung!
Druckleitungen dürfen nicht an Schmutzwasser-Falleitungen angeschlossen werden.

Bild 2.7
Verhinderung von Auswascherscheinungen durch eine Prallplatte

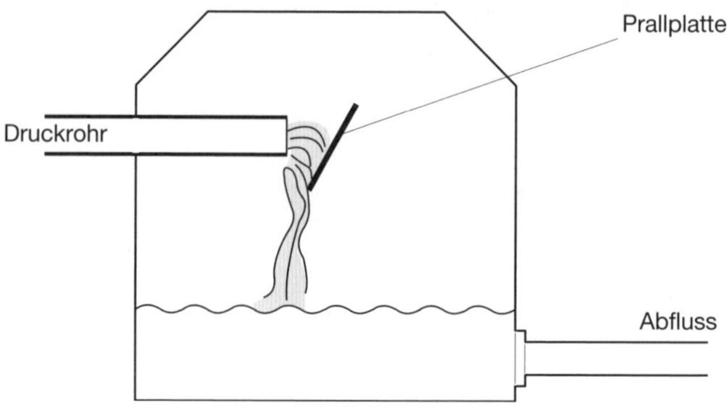

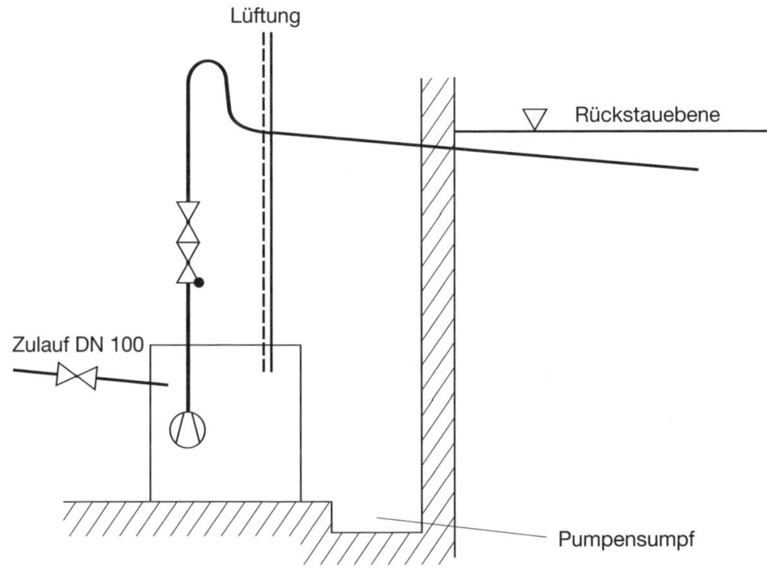


Bild 2.8
Abwasserhebeanlage

## 2.4 Grundlagen der Berechnung von Abwassersystemen

Die richtige Bemessung der Abwasseranlage ist sehr wichtig für die Betriebssicherheit. Gleichzeitig sollen eine Reihe von möglichen Nebenerscheinungen vermieden werden. So wird bei richtiger Bemessung erreicht, dass es nicht zu lauten Abfließgeräuschen (Einhaltung des Schallschutzes) kommt. Ebenfalls ist ein Leersaugen eines Geruchsverschlusses unmöglich, wenn Leitungen richtig dimensioniert sind.
Als Grundlage für die Dimensionierung kommen DIN EN 12 056/2 mit der Ergänzung von DIN 1986-100 zum Einsatz. Es ist festzustellen, dass für die Auslegung einer Abwasseranlage 4 Systeme genormt sind:

**System I**
*Einzelfallleitungsanlage mit teilbefüllten Anschlussleitungen*
Sanitäre Entwässerungsgegenstände werden an teilbefüllte Anschlussleitungen angeschlossen, die für einen Füllungsgrad von 0,5 (50%) ausgelegt und an eine einzelne Schmutzwasserfallleitung angeschlossen sind.

**System II**
*Einzelfallleitungsanlage mit Anschlussleitungen geringer Abmessung*
Sanitäre Entwässerungsgegenstände werden an Anschlussleitungen geringer Abmessung angeschlossen, die einen Füllungsgrad bis 0,7 (70%) aufweisen und an eine einzelne Schmutzwasserfallleitung angeschlossen sind.

**System III**
*Einzelfallleitungsanlage mit vollgefüllten Anschlussleitungen*
Sanitäre Entwässerungsgegenstände, die über Anschlussleitungen angeschlossen sind, werden vollgefüllt betrieben. Die vollgefüllten Anschlussleitungen weisen einen Füllungsgrad von 1,0 (100%) auf, und jede Anschlussleitung ist für sich getrennt an eine einzelne Schmutzwasserfallleitung angeschlossen.

**System IV**
*Anlage mit getrennten Schmutzwasserfallleitungen*
Die Anlagenarten der Systeme I, II und III können auch aufgeteilt werden in eine Schmutzwasserfallleitung, die Abwasser von Klosetts und Urinalen ableitet, und eine Schmutzwasserfallleitung, die Abwasser von allen anderen Entwässerungsgegenständen ableitet.

*Planungsgrundsatz 2.9*
Bei der Auslegung von Abwasseranlagen kommt in Deutschland System I zur Anwendung.

Damit eine fachgerechte Auslegung der Abwasseranlage möglich wird, sind eine Reihe von Fachbegriffen und Berechnungsgrößen definiert.

**Anschlusswert (*DU*)**
Durchschnittlicher Wert des Schmutzwasserabflusses aus einem sanitären Entwässerungsgegenstand, gemessen in Litern pro Sekunde (l/s).

**Abflusskennzahl (*K*)**
Kennzahl, die die Benutzungshäufigkeit von sanitären Entwässerungsgegenständen in Betracht zieht (dimensionslos).

**Schmutzwasserabfluss ($Q_{ww}$)**
Gesamtschmutzwasserabfluss aus sanitären Entwässerungsgegenständen in eine Entwässerungsanlage oder einen Teil einer Entwässerungsanlage, gemessen in Litern pro Sekunde (l/s).

**Nennweite (*DN*)**
Kenngröße, die eine angemessene runde Zahl angibt, die ungefähr gleich dem Durchmesser der Rohrleitung in mm.

**Sperrwasser**
Bezeichnung vom momentan vorhandenen Wasserstand oberhalb des Wassersackes eines Geruchsverschlusses, wenn kein Wasserabfluss erfolgt.

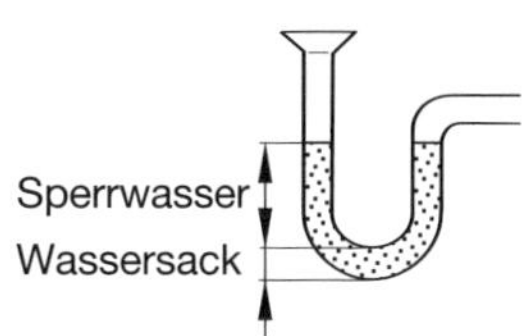


Bild 2.9
Geometrie am Geruchsverschluss

**Sperrwasserverlust**

Begriff für die unterschiedliche Wasserspiegelhöhe, gemessen in der Ruhelage vor und nach

- einem Abflussvorgang,
- dem Abklingen der Pendelwirkung infolge Über- und Unterdruck im Leitungssystem
- der Verdunstung.

**Wassersack**

Terminus für die im Geruchsverschluss nicht mehr wirksame Restwassermenge unterhalb der Tauchwand (Bild 2.9).

Für die Darstellung der Dimensionierung soll der Fließweg des Abwassers vom Entwässerungsgegenstand bis zum Anschlusskanal (Bild 2.1) benutzt werden. Aus Bild 2.1 lässt sich der Fließweg des Abwassers wie folgt beschreiben:

Entwässerungsgegenstand → Einzelanschlussleitung → Sammelanschlussleitung → Fallleitung → Sammelleitung → Grundleitung → Anschlusskanal

Als Grundlage aller Leitungsdimensionierungen dient Gl. 2.1:

$$Q_{ww} = K \cdot \sqrt{\Sigma(DU)} \qquad \text{(Gl. 2.1)}$$

$Q_{ww}$ Schmutzwasserabfluss [l/s]
$K$ Abflusskennzahl nach DIN EN 12 056/2 Tabelle 3
$\Sigma DU$ Summe der Anschlusswerte nach DIN EN 12 056/2 Tabelle 2

Den Gesamtschmutzwasserabfluss ermittelt Gl. 2.2:

$$Q_{tot} = Q_{ww} + Q_c + Q_p \qquad \text{(Gl. 2.2)}$$

$Q_{tot}$ Gesamtschmutzwasserabfluss (l/s)
$Q_{ww}$ Schmutzwasserabfluss (l/s)
$Q_c$ Dauerabfluss (l/s)
$Q_p$ Pumpenförderstrom (l/s)

*Planungsgrundsatz 2.10*
Der zulässige Schmutzwasserabfluss eines Rohres ($Q_{max}$) muss mindestens dem größeren Wert von entweder

- ❑ dem berechneten Schmutzwasserabfluss ($Q_{ww}$) oder
- ❑ dem Gesamtschmutzwasserabfluss ($Q_{tot}$) oder
- ❑ dem Schmutzwasserabfluss des Entwässerungsgegenstandes mit dem größten Anschlusswert DIN EN 12 056/2 Tabelle 2 entsprechen.

**Geometrieanforderungen**

Durch die Wahl des jeweiligen Entwässerungsgegenstandes kann mit Hilfe DIN EN 12 056/2 Tabelle 2 direkt die Dimension der Einzelanschlussleitung ermittelt werden. Dabei müssen jedoch folgende **Geometrieanforderungen** erfüllt werden.

- ❑ max. Rohrlänge 4 m
- ❑ max. 3 Stück 90°-Bogen
- ❑ max. Absturzhöhe 1 m
- ❑ Mindestgefälle 1 cm/m

*Planungsgrundsatz 2.11*
Unter Geometrieanforderungen einer Abwasserrohrleitung versteht man bestimmte planerische Lösungen in Bezug auf die Länge der Leitung, die Anzahl der Einbauteile und Höhenunterschiede im Leitungssystem.

*Planungsgrundsatz 2.12*
Werden bei der Planung die geforderten Geometrieanforderungen überschritten, wird entweder die Dimension der entsprechenden Leitung erhöht oder die Leitung zusätzlich belüftet.

Bei der Bemessung der Sammelanschlussleitung müssen eine Reihe von Geometrieanforderungen beachtet werden. Es muss als erstes feststehen, welche Entwässerungsgegenstände an die Sammelanschlussleitung angeschlossen werden sollen.

Bild 2.10 beschreibt entsprechende Geometrieanforderungen. Daraus lassen sich eine Reihe von Forderungen aufstellen, die in Verbindung mit DIN 1986-100 Tabelle 5 formuliert werden können.

Zusammengefasst können Geometrieanforderungen an eine Sammelanschlussleitung wie folgt beschrieben werden:

- ❑ Einhaltung der geforderten Rohrleitungslänge in Abhängigkeit der Dimension,
- ❑ innerhalb der unbelüfteten Sammelanschlussleitung darf die Einzelanschlussleitung nicht länger werden als 4 m.

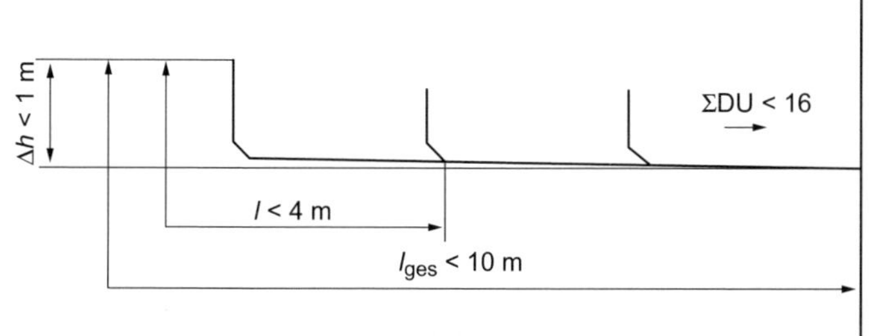

Bild 2.10 Geometrieanforderungen für Sammelanschlussleitungen

- ❑ Innerhalb eines Fließweges dürfen maximal drei 90° Bogen (ohne Anschlussbogen) vorhanden sein.
- ❑ Die Höhendifferenz zwischen einem Anschluss an einen Entwässerungsgegenstand und der Rohrsohle im Anschlussabzweig an die Fallleitung darf 1 m nicht überschreiten
- ❑ Das Mindestgefälle beträgt 1 cm/m.
- ❑ In einer unbelüfteten Sammelanschlussleitung darf die Summe der Anschlusswerte nicht größer als $\Sigma DU = 16$ sein.

Bei der Kontrolle der Einhaltung der geforderten Geometrieanforderungen gilt wieder Planungsgrundsatz 2.12.

Als nächster Leitungsabschnitt erfolgt die Dimensionierung der Fallleitung. Dabei wird nach Gl. 2.1 $Q_{ww}$ ermittelt und mit Planungsgrundsatz 2.10 verglichen. Mit dem gefundenen Wert für $Q_{max}$ kann man mit Hilfe DIN EN 12 056/2 Tabelle 11 oder 12 die Dimension der Fallleitung ermitteln.

Zusammengefasst sind Geometrieanforderungen an eine Fallleitung wie folgt beschrieben:

- ❑ Die Nennweite kann für Fallleitungen bei Verwendung von Klosettanlagen mit 4…6 l Spülwasservolumen mindestens DN 80 betragen.
- ❑ Anschlüsse an Fallleitungen mit Abzweigen von 88° und 45°-Einlaufwinkel (Bild 2.11) sind wie Abzweige mit Innenradius zu bewerten.
- ❑ Es dürfen nicht mehr als 4 Küchenablaufstellen an eine gesonderte Fallleitung DN 70 (Küchenstrang) angeschlossen werden.

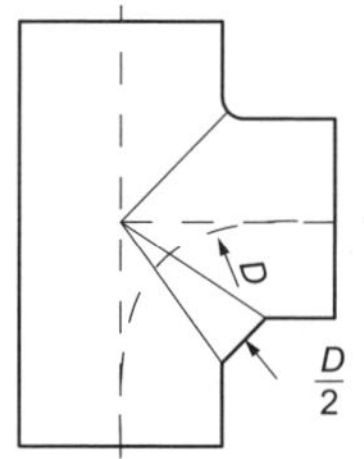

Bild 2.11 Abzweig 88° und 45°-Einlaufwinkel

**Füllungsgrad**

Wie Bild 2.1 veranschaulicht, geht die Fallleitung in die Sammelleitung über. Dabei wird die Schmutzwassermenge das Rohr nicht vollständig ausfüllen, sondern es wird sich immer eine Teilfüllung einstellen. Diese Teilfüllung wird als **Füllungsgrad** bezeichnet und definiert dass Verhältnis der Wassertiefe $h$ zum Innendurchmesser $d_i$. Durch den Füllungsgrad $< 1$ wird realisiert, dass die Luft zum Druckausgleich über dem Wasserspiegel strömen kann.

Innerhalb des Gebäudes sind Sammelleitungen für einen Füllungsgrad von $h/d_i = 0{,}5$ unter Berücksichtigung eines Mindestgefälles von 0,5 cm/m und einer Mindestfließgeschwindigkeit von 0,5 m/s zu bemessen.

Hinter der Einleitung eines Volumenstroms aus einer Abwasserhebeanlage kann die Sammelleitung für einen Füllungsgrad von $h/d_i = 0{,}7$ bemessen werden.

Die Dimensionierung der Sammelleitung wird mit Hilfe von Gl. 2.1 ermittelt und mit Planungsgrundsatz 2.10 verglichen. Der Wert für $Q_{max}$ wird für die Dimensionierung gleich $Q$ gesetzt. Danach erfolgt die Auswahl in DIN 1986-100 Tabelle A2 oder A3, wobei gleichzeitig das Gefälle der Sammelleitung bestimmt werden kann.

Als letzter Leitungsabschnitt folgt nun die Dimensionierung der Grundleitung. Auch hier wird der Schmutzwasserabfluss nach Gl. 2.1 ermittelt und mit Planungsgrundsatz 2.10 verglichen. Zur Dimensionierung können wieder Tabelle A2 oder A3 in DIN 1986-100 eingesetzt werden. Zusätzlich besteht die Möglichkeit bei einem Füllungsgrad von 1,0 die Tabelle A4 der DIN zu nutzen.

Zusammengefasst können Geometrieanforderungen an eine Grundleitung wie folgt beschrieben werden:

- Innerhalb des Gebäudes sind die Grundleitungen für einen Füllungsgrad von $h/d_i = 0{,}5$ unter Berücksichtigung eines Mindestgefälles von $J = 0{,}5$ cm/m und einer Mindestfließgeschwindigkeit von 0,5 m/s zu bemessen.
- Hinter der Einleitung eines Volumenstroms aus einer Abwasserhebeanlage kann die Grundleitung innerhalb des Gebäudes für einen Füllungsgrad von $h/d_i = 0{,}7$ bemessen werden.
- Bei der Bemessung von Grundleitungen für Schmutz- bzw. Mischwasser außerhalb des Gebäudes ist eine Mindestfließgeschwindigkeit von 0,7 m/s und eine Höchstgeschwindigkeit von 2,5 m/s zu berücksichtigen.
- Der zulässige Füllungsgrad beträgt hier $h/d_i = 0{,}7$ und das Mindestgefälle 1/DN. Hinter der Einleitung eines Volumenstroms aus einer Abwasserhebeanlage kann die Grundleitung außerhalb des Gebäudes, hinter einem Schacht mit offenem Durchfluss, für einen Füllungsgrad von $h/d_i = 1{,}0$ bemessen werden.

- ❑ Mischwasserleitungen ab DN 150 können hinter einem Schacht mit offenem Durchfluss für die Vollfüllung ohne Überdruck ($h/d_i$ = 1,0) bemessen werden.
- ❑ Die Grundleitung kann bis zum nächstgelegenen Schacht außerhalb vom Gebäude in der Mindestnennweite DN 80 ausgeführt werden, wenn die hydraulische Berechnung dies zulässt. Unabhängig davon ist aus Gründen der besseren Zugänglichkeit der Grundleitung für Inspektion und Reinigung und der Verfügbarkeit von geeigneten, verwendbaren Bauteilen, die Ausführung der Grundleitung in der Nennweite DN 100 zu empfehlen.

Wie die Bilder 2.1 und 2.6 erkennen lassen und im Planungsgrundsatz 2.12 formuliert wurde, gehören Lüftungsleitungen zu jedem Abwassersystem. Die grundlegende Dimensionierung kann nach Planungsgrundsatz 2.13. erfolgen.

*Planungsgrundsatz 2.13*
Lüftungsleitungen werden in der gleichen Nennweite wie die Einbindeleitung (Fallleitung) ausgelegt: $DN_{\text{Lüfungsleitung}} = DN_{\text{Fallleitung}}$

## 2.5 Dachentwässerung

### 2.5.1 Grundlagen

In den letzten Jahren hat sich das Klima wesentlich verändert. Dies bezieht sich nicht auf die Aussage der allgemeinen Klimabeschreibung, sondern vielmehr auf die Tatsache, dass die Extremwerte gestiegen sind. Frühjahrshochwasser durch die Schneeschmelze oder Sommerhochwasser durch gewaltige Niederschlagsmengen in kürzester Zeit sind nur einige Beispiele dafür.

Aus diesem Grund war es erforderlich, die Bemessung von Dachentwässerungen vollständig zu überarbeiten. Als Ergebnis entstand die DIN 12 056/3, die für alle Belange der Dachentwässerungsanlagen die Basis bildet.

Ein Teil der Norm (s. Normübersicht im Anhang) ist hauptsächlich für die Hersteller von Dachentwässerungen gedacht, während für den Planer und Anwender eine Reihe von Praxiswerten durch die nationalen Anhänge definiert werden.

## 2.5.2 Begriffe

**Dachentwässerung**

Diese Bezeichnung gilt für Rohrleitungen und Formstücke, die innerhalb und außerhalb des Gebäudes, fest mit dem Gebäude verbunden sind. Sie können auch, durch die Gebäudestruktur verlaufend, einschließlich Grundleitungen unter dem Gebäude bis zum Anschlusspunkt an die erdverlegte Rohrleitung (die zum Gebäude gehört), für die Beseitigung von Niederschlagswasser benutzt werden.

**Dach**
Die Größe der Dachfläche geht entscheidend in die Berechnung ein, da hier das anfallende Regenwasser gesammelt wird, das als Regenwasserabfluss zur Berechnung gehört.

**Dachrinne**
Sie besorgt das Aufnehmen und Ableiten der anfallenden Regenwassermengen, wobei ein Rinnenüberfluten bei normalen Regenereignissen ausgeschlossen werden soll.

**Dachrinnenablauf**
Bauteil zur Weiterleitung des Regenwassers in die Fallleitung.

**Fallrohr**
Senkrechte Rohrleitung zum Ableiten des Regenwassers aus der entsprechenden Dachrinne und Weiterleiten in die erdverlegten Leitungen.

**Lange Dachrinne**
Dachrinne, deren Entwässerungslänge größer ist als 50-mal die planmäßige Wassertiefe.

**Kurze Dachrinne**
Dachrinne, deren Entwässerungslänge nicht größer ist als 50-mal die planmäßige Wassertiefe.

**Vorgehängte Dachrinne**
Dachrinne und Entwässerungssystem sind außen am Gebäude angebracht.

**Innenliegende Dachrinne**
**Schwitzwasser** Rohrsysteme, die innen im Gebäude angebracht werden. In der Regel werden solche Systeme bei Flachdächern eingesetzt. Hierbei muss auf eine genaue Auslegung gegenüber einer Schwitzwasserbildung geachtet

werden. **Schwitzwasser** kann sich an Rohrleitungen bilden, wenn die Medientemperatur unter der Raumtemperatur liegt.

### 2.5.3 Berechnung

Mit Hilfe von Gl. 2.3 wird der Regenwasserabfluss berechnet.

$$Q = r \cdot A \cdot C \qquad \text{(Gl. 2.3)}$$

*Q* Regenabfluss (l/s)
*r* Berechnungsregenspende (Liter/(s · m²)
*A* wirksame Dachfläche (m²)
*C* Abflussbeiwert

Für Gl. 2.3 muss zunächst die Berechnungsregenspende *r* ermittelt. Da diese Daten regional sehr unterschiedlich sein können, unterteilt die Norm in statische und nicht statische Angaben zur Berechnung. Wenn keine genauen Wetterdaten für die Berechnung vorliegen, wird für die Auslegung eine Regenspende von $r = 0{,}03$ l/(s · m²) empfohlen.

> *Planungsgrundsatz 2.14*
> Wenn keine eindeutigen Wetterdaten für die Planung vorliegen, sollte man prinzipiell mit 0,03 l/(s · m²) rechnen, ohne nach Reduziermöglichkeiten zu schauen.

Für die Ermittlung der wirksamen Dachfläche *A* können wiederum ortsabhängige Wetterdaten (vor allem Windeinwirkung) in die Berechnung mit einfließen. Die Norm beschreibt dafür eine Reihe von Verfahren. Sind die Winddaten nicht bekannt, ist aus praktischer Sicht und normkonform die gesamte Dachfläche in die Berechnung einzubeziehen, die sich aus Trauflänge und Ortganglänge ergibt. Der Abflussbeiwert *C* wird nach DIN 1986-100 Tabelle 6 ermittelt.

Der Regenwasserabfluss muss von der Dachrinne aufgenommen und weitergeleitet werden. Dabei unterscheidet die Norm mehrere Möglich-

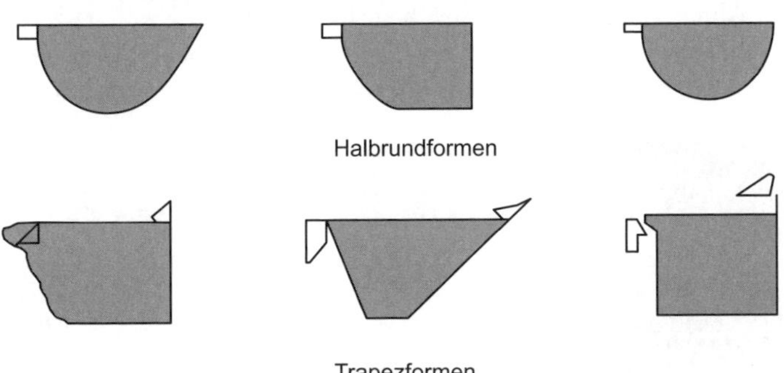


Bild 2.12 Darstellung von Rinnenarten

keiten der Berechnung, die sich vor allem auf verschiedene Rinnenarten beziehen. Bild 2.12 stellt eine Reihe von möglichen Rinnenarten vor.

Mit Hilfe von Tabelle 2.2 wird ein Verfahren für die Auslegung einer halbrunden, vorgehängten Rinne aufgezeigt, da dieser Anwendungsfall in der Praxis am häufigsten vertreten ist.

Tabelle 2.2 Berechnungsvorschrift für halbrunde Dachrinnen

| Vorgang | Formel | Bemerkung |
|---|---|---|
| Kontrolle, ob es sich um eine «kurze» Dachrinne handelt: | $L \leq 50 \cdot W$ (Gl. 2.4) | $L$ Dachrinnenlänge (m)<br>$W$ Sollwassertiefe |
| Bei «kurzer» Dachrinne gilt: | $Q_L = 0{,}9 \cdot Q_N$ (Gl. 2.5) | $Q_L$ Nennabflussvermögen (l/s) |
| | $Q_N = 2{,}78 \cdot 10^{-5} \cdot A_E^{1{,}25}$ (Gl. 2.6) | $A_E$ Gesamtquerschnitt der Dachrinne (mm²) |
| Bei «langen» Dachrinnen gilt: | $Q_L = 0{,}9 \cdot Q_N \cdot F_L$ (Gl. 2.7) | $F_L$ Ermittlung nach DIN EN 12 056/3 Tab. 6 |
| Vergleich von $Q$ mit $Q_L$: | Wenn $Q \leq Q_L$ gilt: | Dachrinne ist einsetzbar. |
| Bemessung des Dachrinnenablaufs: | Bei halbrunden Dachrinnen gilt: Einlauffläche doppelt so groß wie die Fläche der angeschlossenen Fallleitung:<br>$A_{Fallrohr} = A_{Dachrinnenablauf} : 2$ (Gl. 2.8)<br>Beachte:<br>Die Fläche des Ablaufs muss nicht kreisrund sein. | |

*Planungsgrundsatz 2.15*

Für industriell vorgefertigte Dachrinnen hat prinzipiell der Hersteller das Abflussvermögen anzugeben. Nach Planungsgrundsatz 2.15 braucht somit der Planer nicht die Berechnung nach Tabelle 2.2 durchzuführen, er kann die Abflussvermögen aus Planungsunterlagen der jeweiligen Hersteller entnehmen.

Bild 2.13 zeigt einen Auszug aus einer Planungsunterlage der Firma Marley, mit deren Hilfe die Auswahl der Dachrinne und des Fallrohres in Abhängigkeit der Dachfläche erfolgen kann.

Nach dem Fallrohr schließt sich in der Dachentwässerung die Sammel- oder Grundleitung an. Hier kann der Planer selbständig entschei-

Bild 2.13 Planungsunterlage (Quelle: Firma Marley, Auszug)

MARLEY
Impressum
made by Marketing Factory

Welche Dachrinne benötigen Sie für Ihr Haus?

| anzuschließende Dachgrundfläche/ Grundrissfläche in m² | Richtgröße (RG) für Dachrinnen, halbrund, Kastendachrinne und Duplex | Fallrohre Richtgröße (RG/DN) in mm |
|---|---|---|
| bis 25 m² | RG 70/10-teiling | DN 53 |
| bis 51 m² | RG 100/8-teiling | DN 75 |
| bis 100 m² | RG 125/7-teiling | DN 105 |
| bis 159 m² | RG 150/6-teiling | DN 105 |

den, ob er für die Bemessung einen Füllungsgrad von 0,5 oder 0,7 annimmt. Nach der Festlegung des Füllungsgrades erfolgt die Bemessung der Leitungen nach DIN 1986-100 Tabellen A2 und A3.

*Planungsgrundsatz 2.16*
Bei Dachentwässerungen sind keine Gleichzeitigkeiten (Abflusskennzahl) vorhanden, d.h., die Volumenströme aus mehreren Fall- oder Sammelleitungen müssen immer addiert werden.

## 2.6 Anlagen zum Rückhalten schädlicher Stoffe

In einer Reihe von technischen Prozessen werden technologisch bedingt Abwässer erzeugt, die starke Verunreinigungen aufweisen können. Eine Reihe dieser Stoffe (vor allem Öle und Fette) können auf die Abwasseranlagen sehr negative Einflüsse haben. Durch die nachfolgend beschriebene Systemtechnik ist es möglich, diese Stoffe aus dem Abwasser zu trennen, bevor die Zuleitung in das Kanalsystem erfolgt. Damit wird gleichzeitig erreicht, dass die Reinigung in der Kläranlage weniger technischen Aufwand benötigt. Dadurch wird der Reinigungsgrad der gesamten Abwässer verbessert.

### 2.6.1 Abscheider für Leichtflüssigkeiten

#### 2.6.1.1 Benzinabscheider

1 Liter Öl kann 1 Million Liter Trinkwasser ungenießbar machen! Aber auch ölbelastetes Abwasser stellt ein großes Problem dar, weil das Öl nicht oder nur gering wasserlöslich ist. Aus diesem Grund ist die Aufbereitung von ölhaltigen Abwässern technisch aufwendig.

Deshalb wird mit geeigneter Systemtechnik schon vor der Einleitung versucht, dass das Abwasser nicht durch Öle und Fette belastet wird.

Mit Hilfe der Benzinabscheider ist es möglich, Flüssigkeiten mit einer Dichte $\varrho < \varrho_{\text{Wasser}}$ vom Abwasser zu trennen. Diese Systeme sind nicht geeignet für Fette oder Öle pflanzlichen Ursprungs. Aus dieser Einschränkung ergeben sich folgende Einsatzbereiche:

**Anwendungsgebiete von Benzinabscheidern**

- Kfz-Werkstätten,
- Tankstellen,
- Fuhrparks,
- Kasernen.

In Bild 2.14 wird der Aufbau eines Benzinabscheiders gezeigt.

**Anforderungen an Benzinabscheider**

- ❑ Einbau in Sandbett, Fundament ist nicht erforderlich,
- ❑ gelenkige Rohranschlüsse (erhöhte Sicherheit),
- ❑ Einlaufstellen **ohne** Geruchsverschluss,
- ❑ Größe der Anlage ist abhängig von der Durchflussmenge.

**Funktionsprinzip des Benzinabscheiders**

Das Funktionsprinzip der Anlage kann wie folgt beschrieben werden: Das Abwasser wird dem Schlammfang zugeleitet, dort verringert sich die Fließgeschwindigkeit, die Feststoffe (Sand, Schlamm) setzen sich ab. Anschließend wird das Abwasser dem Abscheider zugeleitet, die Fließgeschwindigkeit verringert sich nochmals; durch die Wirkung der Schwerkraft trennen sich Öl ↑ und Wasser ↓.

Eine Schwimmerarmatur steuert den möglichen Wasserabfluss. Die Dicke der abgeschiedenen Ölschicht nimmt bei fortwährendem Anlagenbetrieb zu. Ein optisches oder akustisches Signal meldet, wenn das System gereinigt werden muss.

### 2.6.1.2 Koaleszenzabscheider

Die geforderte Abscheidewirkung von 97 % ist bei manchen Abwasseranlagen-Betreibern – oder auch territorial bedingt (Wassereinzugsgebiete o. Ä.) – nicht ausreichend. In diesen Fällen werden Systeme für erhöhte Anforderungen eingesetzt.

Bild 2.14 Aufbau eines Benzinabscheiders

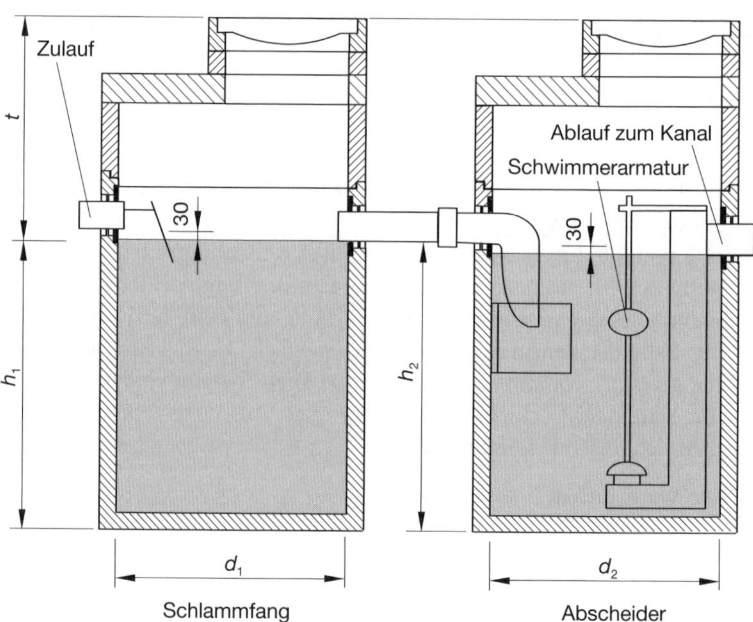

Forderung: Restölgehalt im Abwasser $\leqq 5$ mg/l!

Diese Forderung kann durch das Nachschalten eines Koaleszenzabscheiders (Bild 2.15) erreicht werden. Zur Verbesserung der Abscheidewirkung im Abscheider wird zusätzlich ein Koaleszenzeinsatz vor dem Ablauf eingesetzt. Bei der Durchströmung vereinigen sich feinste Öltröpfchen zu großen Tropfen, die das Koaleszenzmaterial, das aus Kunststoff besteht, danach verlassen. Die Anlagenkonfiguration ist in Bild 2.15 dargestellt, das Funktionsprinzip eines Koaleszenzabscheiders zeigt Bild 2.16.

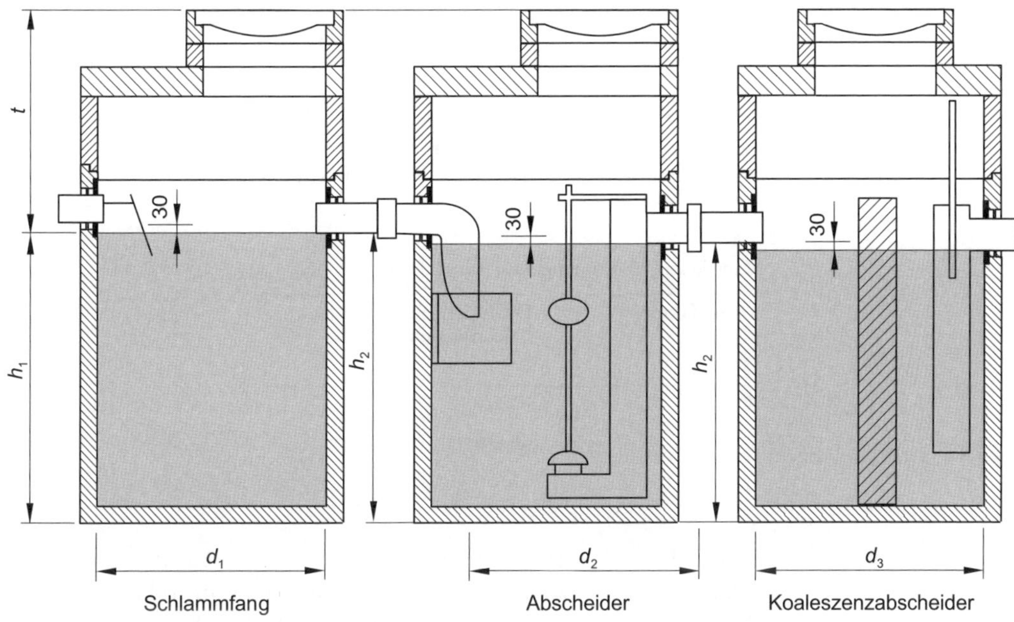


Bild 2.15 Aufbau eine Koaleszenzabscheidersystems

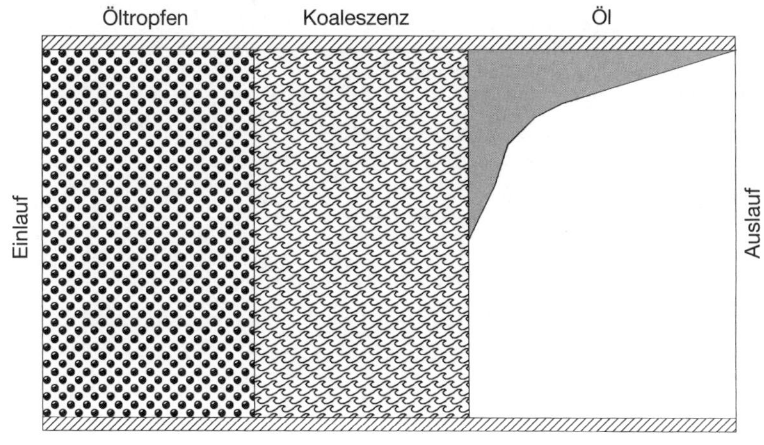


Bild 2.16 Funktionsprinzip eines Koaleszenzabscheiders

Die Kleinsttropfen lagern sich am Kunststoffmaterial an (Adsorption). Dabei findet eine Vergrößerung der Kleinsttropfen durch Zusammenschluss (Koaleszenz) statt. Daraus entwickelt sich ein Ölfilm, der immer dicker wird. Ab einer bestimmten Tropfengröße kann durch die Wirkung des Schwerkraftprinzips Öl ↑ und Wasser ↓ getrennt werden.

#### 2.6.1.3 Auslegung von Benzinabscheidern

Für die Bemessung von Benzinabscheidern wird nach Gl. 2.9 die Ermittlung der Nenngröße $NG$ durchgeführt.

$$NG = (Q + 2Q_{ww}) \cdot f_d \qquad \text{(Gl. 2.9)}$$

| | | |
|---|---|---|
| $Q$ | Regenwasserabfluss [l/s] | nach Gl. 2.3 |
| $Q_{ww}$ | Schmutzwasserabfluss [l/s] | nach Gl. 2.1 |
| $f_d$ | Dichtefaktor | nach Tabelle 2.3 |

Tabelle 2.3 Bestimung des Dichtefaktors

| Dichtefaktor | Dichte der maßgebenden Leichtflüssigkeit g/cm$^3$ |
|---|---|
| 1 | bis 0,85 |
| 2 | über 0,85...0,90 |
| 3 | über 0,90...0,95 |

Wie in Bild 2.14 dargestellt, ist es sinnvoll der Abscheideranlage einen Schlammfang vorzuschalten. Die Auswahl erfolgt in Abhängigkeit der Nenngröße des Abscheiders mit Hilfe der Tabelle 2.4.

Tabelle 2.4 Bemessung des Schlammfanges

| Nenngröße des Abscheiders *NG* | Schlammfang Inhalt l/min |
|---|---|
| bis 3 | 650 |
| über 3 bis 10 | 2500 |

Mit Hilfe der Nenngröße $NG$ kann aus Herstellerunterlagen der entsprechende Abscheider ausgewählt werden.

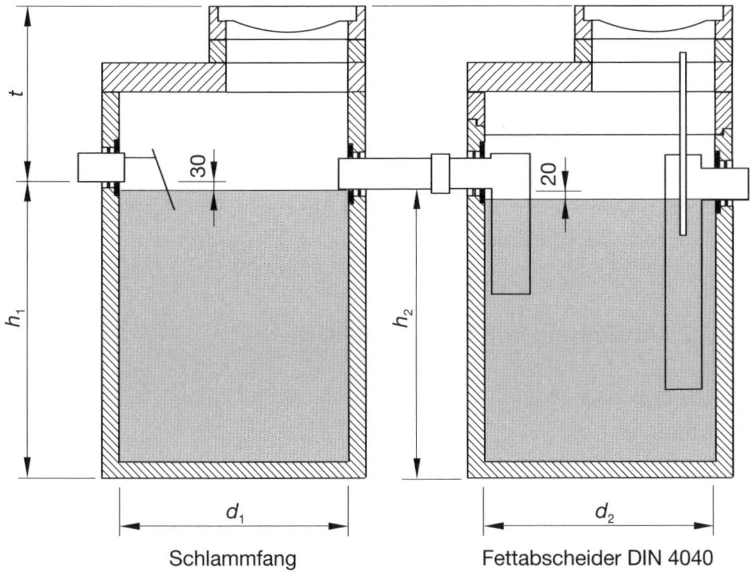

Schlammfang

Fettabscheider DIN 4040

Bild 2.17
Fettabscheider

## 2.6.2 Fettabscheider

### 2.6.2.1 Grundlagen

*Planungsgrundsatz 2.17*
In Betrieben, in denen fetthaltiges Abwasser anfällt, sind Fettabscheider einzubauen.

Fette im Abwasser verursachen die gleichen Probleme wie Öle im Abwasser (siehe Abschnitt 2.5.1). Auch Fette sind im Wasser kaum löslich. Aus diesem Grund müssen Abwässer, die durch Fette verschmutzt sind, vor der Einleitung in das Kanalsystem behandelt werden.

**Einsatzbereiche von Fettabscheidern**

- Großküchen,
- Schlachträume/Fleischereien,
- Betriebe der Fischverarbeitung.

An die Fettabscheider werden eine Reihe von Forderungen gestellt:

**Anforderungen an Fettabscheider**

- Einlauf **mit** Geruchsverschluss,
- möglichst kurze Anschlußleitung,
- Vorschalten eines Schlammfanges,
- Anordnung der Anlage möglichst im Freien,
- Einbindung in Hauptleitung nicht erlaubt, (immer nur die Entwässerungsgegenstände anschließen, die das fettige Abwasser einleiten),
- Größe der Anlage abhängig von der Durchflussmenge.

**Funktionsprinzip des Fettabscheiders**

Das Abwasser wird dem **Schlammfang** zugeleitet; die Fließgeschwindigkeit verringert sich; die Feststoffe (Sand, Schlamm) setzen sich ab.

Das Abwasser wird über den Überlauf dem **Abscheider** zugeleitet; die Fließgeschwindigkeit verringert sich nochmals; durch die Wirkung der Schwerkraft steigt das Fett nach oben. Durch das Standrohr gelangt nur gereinigtes Wasser in den Abfluss. Die Fettschicht wird mit stetigem Anlagenbetrieb zunehmend dicker. Das Absaugen, Reinigen und Entsorgen der Fettschicht erfolgt durch ein Entsorgungsunternehmen.

### 2.6.2.2 Auslegung von Fettabscheidern

**Nenngröße NG**

Für die Dimensionierung wird die **Nenngröße NG** nach Gleichung 2.10 ermittelt:

$$NG = Q_s \cdot f_d \cdot f_t \cdot f_r \qquad \text{(Gl. 2.10)}$$

$Q_s$ maximaler Schmutzwasserabfluss [l/s]
$f_d$ Dichtefaktor für die maßgebenden Fette und Öle (Tabelle 2.5)
$f_t$ Erschwernisfaktor in Abhängigkeit der Temperatur im Zufluss (Tabelle 2.6)
$f_r$ Erschwernisfaktor für den Einfluss von Spül- und Reinigungsmitteln (Tabelle 2.7)

Tabelle 2.5 Ermittlung des Dichtefaktors $f_d$

| **Dichte der maßgeblichen Feststoffe bei 20 °C** g/cm$^3$ | $f_d$ |
|---|---|
| bis 0,94 | 1,0 |
| über 0,94 | 1,5 *) |

*) gilt z. B. für Rizinusöl, Wolfett, Harzöl, Rindertalk

Tabelle 2.6
Ermittlung des Erschwernisfaktors $f_t$ in Abhängigkeit der Temperatur im Zufluss

| **Temperatur im Zufluss 20 °C** | $f_t$ |
|---|---|
| bis 60 | 1,0 |
| über 60 | 1,3 |

Tabelle 2.7 Ermittlung des Erschwernisfaktors $f_r$ für den Einfluss von Spül- und Reinigungsmitteln

| **Anwendung von Spül- und Reinigungsmittel 20 °C** | $f_r$ |
|---|---|
| nein | 1,0 |
| ja | 1,3 |

In einigen speziellen Fällen, z.B. Krankenhäusern, kann ein Faktor $f_r \geq 1,5$ erforderlich sein

Es ist leicht vorstellbar, dass je nach Art der Einsatzbereiche (z.B. Großküchen usw.) unterschiedlichste Mengen an Wasser für die einzelnen Produktionsprozesse benötigt werden, so dass sich auch unterschiedlichste Mengen an Schmutzwasserabfluss ergeben müssen.

Mit dem Ergebnis für die Nenngröße *NG* ist es möglich, aus den Unterlagen der Hersteller einen entsprechenden Fettabscheider auszuwählen.

### 2.6.3 Stärkeabscheider

Ein Problem für die Abwassertechnik stellt auch die Belastung mit Stärke dar. Aufgrund der großen Dichte setzt sich die Stärke sehr schnell am Boden ab. In Bezug auf das Abwasserrohr kann es sehr schnell zu Absetzerscheinungen kommen, die zu einer Rohrverstopfung führen können. Deshalb ist es notwendig, die Stärke aus dem Abwasser zu entfernen, bevor das Wasser dem Abwassersystem zugeleitet wird.

#### 2.6.3.1 Grundlagen

Stärke ist in Form von Körnern im Zellinnern von Kartoffeln, Getreide und anderen Hülsenfrüchten gelagert. Beim Schälvorgang werden die Stärkekörner aufgerissen und die Stärke durch das Wasser herausgelöst.

Es muss festgestellt werden, dass es für Stärkeabscheider keine Normen gibt. Aus diesem Grund werden diese Systeme nach Werksnormen gefertigt. Einsatzbereiche sind beispielsweise:

**Einsatzbereiche von Stärkeabscheidern**

- ❑ Großküchen,
- ❑ Kartoffelveredler (Chips- und Pommes-frites-Hersteller).

**Anforderungen an Stärkeabscheider**

- ❑ Stärkeabscheider mit verschiedenen Zusatzbauteilen (Bild 2.18),
- ❑ Ringbrause zum Niederschlagen des Stärkeschaums,
- ❑ Zuleitung mit Rohrtrenner sichern,
- ❑ Wasserzufluss muss mit Einschalten der Schälmaschine beginnen (Magnetventil).

Das Wirkungsprinzip der Anlage kann wie folgt beschrieben werden:

**Wirkungsprinzip des Stärkeabscheiders**

- ❑ Nach dem Zufluss werden die noch vorhandenen groben Inhaltsstoffe sofort im Fangbehälter gesammelt.
- ❑ Aufgrund der großen Dichte der Stärke setzt sich der größte Teil der Stärke gleichzeitig im Fangbehälter ab.
- ❑ Die Reststärke kann sich am Behälterboden absetzen.
- ❑ Gereinigtes Abwasser fließt zur Kanalisation ab.

Bild 2.18
Stärkeabscheider

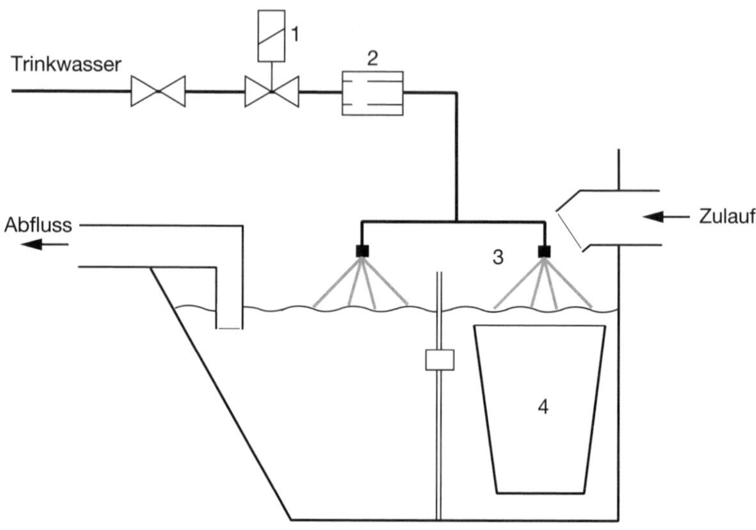


## 2.6.3.2 Auslegung von Stärkeabscheidern

Da es für Stärkeabscheider keine Normen gibt, sind natürlich auch keine zentralen Vorgaben oder Berechnungsvorschriften für die Auslegung solcher Anlagen vorhanden. Hier muss der Planer auf Werksunterlagen zurückgreifen. In Abhängigkeit der Stärkemenge kann er ein entsprechendes System auswählen. Sind die Platzverhältnisse ausreichend, sollte man den Abscheider möglichst groß wählen, um die Entsorgungszyklen zu vergrößern. Tabelle 2.8 zeigt eine Auswahl von Stärkeabscheidern der Firma Kessel.

Tabelle 2.8 Stärkeabscheider nach Werksnorm (Quelle: Firma Kessel)

| Nenngröße | DN Anschlussleitungen | Länge [mm] | Breite [mm] | Höhe [mm] | Volumen [l] |
|---|---|---|---|---|---|
| 0,5 | 100 | 1275 | 680 | 1120 | 550 |
| 1 | 100 | 1690 | 680 | 1420 | 830 |
| 2 | 100 | 2240 | 920 | 1420 | 1600 |
| 3 | 150 | 3170 | 1150 | 1420 | 2900 |

## 2.7 Kläranlagen

### 2.7.1 Grundlagen

In der Klärwerkstechnik werden zwei Hauptanlagen unterschieden: **Klein-** und **Großkläranlagen.** Die eingesetzte Systemtechnik und deren Wirkungsweise bei Klein- und Großkläranlagen sind gleich. Mit Hilfe von mechanischen Systemen erfolgt die Grobreinigung. Die Feinreinigung der Abwässer erfolgt in biologischen Stufen. Dabei kommen Mikroorganismen und Kleinstlebewesen zum Einsatz. In einer natürlichen Nahrungskette werden in den einzelnen Stufen die verschiedenen Verschmutzungen abgebaut. Bei diesen Abbauvorgängen gibt es Stufen, die nur mit Hilfe von Sauerstoff funktionieren; andere Vorgänge wiederum benötigen keinen Sauerstoff. Aus diesem Grund ist der Sauerstoffbedarf ein wichtiges Entscheidungskriterium für die Auslegung einer Anlage und deren einzelnen Verfahrensstufen.

Die Hauptaufgabe einer Kläranlage besteht in der Trennung des Wassers von Reststoffen vor der Einleitung in Gewässer (Flüsse, Seen usw.). Dabei ist das Abwasser durch eine Reihe von Stoffen (je nach Herkunft des Abwassers) belastet. Diese Reststoffe werden in einzelne Kategorien unterteilt.

Unter einer **Nahrungskette** versteht man in der Abwassertechnik den natürlichen Abbau von Abwasserverschmutzungen. Dabei ist die Hauptachse der Nahrungskette folgendermaßen definiert:

Bakterien → Protozoen → Kleinkrebse → Fische.

**Zehrstoffe** belasten den Sauerstoffhaushalt der Gewässer. Dadurch ist für die Reinigung der Abwässer eine Vergrößerung des biologischen Sauerstoffbedarfs notwendig.

**Nährstoffe** verursachen ❶ **Eutrophierung** in stehenden oder langsam fließenden Gewässern. Dadurch entsteht ein Überangebot an Nährstoffen. Damit wird das Algenwachstum sehr stark gefördert. Die Wirkung wird als Sekundärverschmutzung bezeichnet.

❶ *Überdüngung von Oberflächengewässern durch Phosphate, z. B. aus Waschmitteln und Stickstoffverbindungen aus der Landwirtschaft (Gülle). Folgen sind übermäßiges Wachstum von Algen und Grünpflanzen, Sauerstoffverarmung besonders der unteren Wasserschichten aufgrund des mikrobiologischen Abbaus der Biomassen, Fischsterben und Faulschlammbildung.*

**Giftstoffe** wirken toxisch auf die Lebewesen im Wasser und hemmen dadurch vor allem die Wirkungen der Mikroorganismen. Damit wird die Nahrungskette unterbrochen und die Reinigung des Abwassers beendet.

**Störstoffe** beeinträchtigen die Abwasserbehandlung. Diese können z. B. Sand, Steine, Restöle und korrosive Stoffe sein.

Der chemische Sauerstoffbedarf **CSB** gibt Aufschluss über die im Wasser enthaltenen, durch das stärker wirkende Oxidationsmittel $K_2Cr_2O_7$ oxidierbaren organischen Inhaltsstoffe (in $O_2$ mg/l).

Der biochemische Sauerstoffbedarf **BSB** ist die Sauerstoffmenge, die in 1 l Wasser enthaltene biochemisch oxidierbare organische Inhaltsstoffe in 5 Tagen unter der Stoffwechseltätigkeit entsprechender Mikroorganismen verbrauchen (in $O_2$ mg/l) → $BSB_5$.

Unter **TOC** (total organic carbon) versteht man den im Wasser vorkommenden gesamten organisch gebundenen Kohlenstoff (in mg/l).

## 2.7.2 Kleinkläranlagen

In den vergangenen Jahren wurden in Deutschland große Bemühungen unternommen, die Kleinkläranlagen zu minimieren und die einzelnen Einleiter zentral zu erfassen. Damit verbunden waren der Ausbau der Kanalnetze und Klärwerke. Jedoch hat sich diese Philosophie – jedes Haus muss an die zentrale Entsorgung angeschlossen werden – in der Praxis nicht bewährt. Vor allem im ländlichen Bereich sind die Erschließungskosten so hoch, dass sich eine Investition in das Kanalsystem seitens der Abwasseranlagen-Betreiber oft nicht lohnt. In Zahlen ausgedrückt, kann eingeschätzt werden, dass ca. 15...17% aller Einwohner an eine Kleinkläranlage angeschlossen sind.

Kleinkläranlagen werden auch weiterhin einen interessanten Markt bilden. Aus diesem Grund haben die Systemhersteller reagiert und in den letzten Jahren innovative Technik entwickelt.

Der Einbau von Kleinkläranlagen ist dort notwendig, wo Gebäude nicht an das Kanalnetz angeschlossen sind. Die Anlagen sind immer genehmigungspflichtig. Tabelle 2.9 nennt die einzelnen Anlagentypen und Reinigungsverfahren.

**Ermittlung von Summenparametern**

Die Zusammensetzung der Abwässer kann sehr unterschiedlich sein. Je höher die Belastung durch Reststoffe, um so größer ist der Aufwand bei der Aufbereitung des Abwassers. Eine Einschätzung muss jedoch Verallgemeinerungen zulassen. Mit Hilfe der Bildung von Summenparametern wird die Abwasserverschmutzung beschrieben. Je nach Anteilen der einzelnen Werte kann man sich für die eine oder andere Anlage entscheiden.

**Summenparameter** werden ermittelt aus:

- ❑ dem chemischen Sauerstoffbedarf CSB,
- ❑ dem biochemischen Sauerstoffbedarf BSB und
- ❑ dem totalen organischen Kohlenstoffgehalt TOC.

Tabelle 2.9 Kleinkläranlagentypen

| **Anlage** | **Art der Reinigung** | **Abwasserbelüftung** |
|---|---|---|
| Mehrkammergruben | mechanisch | ohne |
| Schwimmfilteranlage | biologisch | ohne |
| Tropfkörperanlage | vollbiologisch | mit |
| Belebungsanlage | vollbiologisch | mit |

Ein weiterer Wert für die Ermittlung der Anlage und deren Größe ist der Einwohnergleichwert. Für diesen Vergleichswert gilt die Festlegung:

Ein Einwohner = ein Einwohnergleichwert.

Durch diese Zuordnung lassen sich auch andere Einleitungsmengen (aus Industrie oder Landwirtschaft) in Einwohnergleichwerte umrechnen. Allgemein wird der Einwohnergleichwert nach Gl. 2.11 ermittelt:

$$\text{EWG} = \frac{\text{BSB}_5\text{-Fracht}}{60\text{ g BSB}_5}[\text{g/d}] \qquad \text{(Gl. 2.11)}$$

Mittelwert: 60 g $BSB_5$ pro Einwohner und Tag
$BSB_5$-Fracht: Praxiswerte nach Tabelle 2.10

*Beispiel*

**Beispiel**

100 000 l/d Abwasser mit geringer Verschmutzung

$$\text{BSB}_5 = \frac{1\,000\,000\text{ l} \cdot 150\text{ mg}}{10^3\text{ d} \cdot \text{l}} = 15\,000\text{ g/d}$$

$$\text{EWG} = \frac{15\,000\text{ g} \cdot \text{d}}{60\text{ d} \cdot \text{g}} = \underline{\underline{250}}$$

Mit dem Ergebnis von 250 könnte nun eine Anlage in den Herstellerunterlagen gewählt werden, die diesem Einwohnergleichwert entspricht.

Wie in der Definition für den Einwohnergleichwert aufgezeigt ist, entspricht ein Einwohner = eine Einwohnerzahl E = einem Einwohnergleichwert EWG. Des weiteren können folgende Werte für die Ermittlung der Einwohnerzahl E genutzt werden:

- für Wohngebäude = mögliche Einwohnerzahl,
- für Familienwohnungen = 4 Einwohner
- für Apartments bis 35 $m^2$ = 2 Einwohner.

## 2.7.3 Mehrkammergruben (ohne Abwasserbelüftung)

Bild 2.19 zeigt die Aufteilung einer 3-Kammer-Grube und in Bild 2.20 ist eine ❶ **Mehrkammergrube** dargestellt. Bei diesen Anlagen wird nach zwei Behandlungsarten unterschieden: die *mechanische Abwasserbehandlung* und die *aerobe biologische Reinigung.*

❶ *Gruben mit mindestens 3 Kammern*

Tabelle 2.10 $BSB_5$-Fracht für kommunale Schmutzwässer

| **Verschmutzung** | **$BSB_5$** [mg/l] |
|---|---|
| gering | 150 |
| mittel | 300 |
| groß | 500 |

Bild 2.19
Aufteilung einer 3-Kammer-Grube

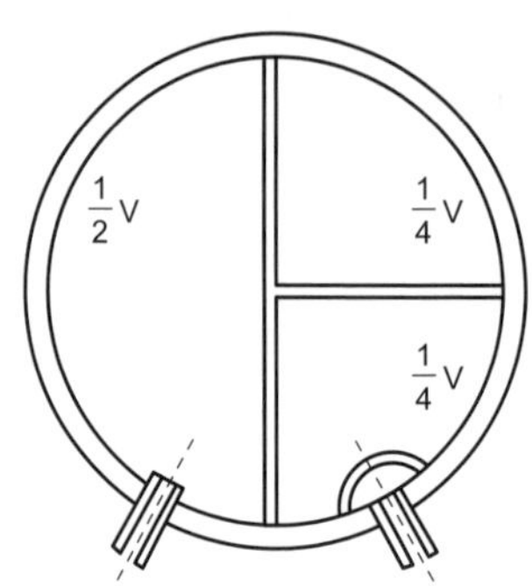


**Forderungen an Mehrkammergruben**

- *mechanische Behandlung*
  - mindestens 3 Kammern,
  - Nutzvolumen 500 l/Einwohner,
  - mind. Gesamtnutzinhalt 2000 l,
  - Mindestwassertiefe 1,2 m,
  - Maximalwassertiefe 3 m bei 50 $m^3$ Nutzvolumen;
- *aerobe biologische Reinigung*
  - Anforderungen wie bei mechanischer Behandlung,
  - Nutzvolumen 1500 l/E,
  - mind. Gesamtnutzinhalt 6000 l.

**Wirkungsprinzip**

- Das Abwasser wird der 1. Kammer zugeleitet.
- In der 1. Kammer setzen sich die Feststoffe ab.
- In die 2. und 3. Kammer gelangen nur noch Flüssigkeiten.
- Der Ausfaulprozess setzt ein (Zersetzung und Reinigung des Abwassers durch Mikroorganismen).
- Es erfolgt ein Überlauf des gereinigten Wassers aus der 3. Kammer.

**Anlagenbemessung**

Die Bemessung geschieht über die Ermittlung der E- oder EWG-Zahl, danach wird direkt aus den Herstellerunterlagen ausgewählt.

Bild 2.20
Mehrkammergrube

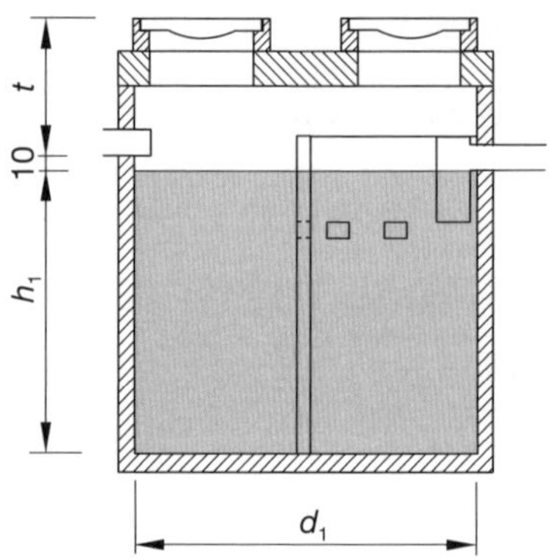

Das aus der Mehrkammergrube austretende Wasser muss nun weitergeleitet werden. Die einfachste Variante ist hierbei, wenn ein **Vorfluter** (fließendes Gewässer, Bach oder Fluss) für die Einleitung zur Verfügung stehen würde. Da das jedoch nicht vorausgesetzt werden kann, müssen andere technische Möglichkeiten, die im folgendem Abschnitt aufgezeigt werden, realisiert werden.

**Vorfluter**

## 2.7.4 Versickerung

Ist es dem Betreiber einer Anlage nicht möglich, das in der Kläranlage gereinigte Abwasser einem Vorfluter zuzuführen, müssen Möglichkeiten der Versickerung untersucht werden. Entscheidend dafür ist ein Untergrund, der in der Lage ist, dauerhaft Wasser Aufnehmen und Weiterleiten zu können. Zur Planung dienen folgende Unterlagen:

- ❑ bodenurkundliche Begutachtung,
- ❑ geologische Karten,
- ❑ Erfahrungen von Nachbargrundstücken,
- ❑ Untersuchung des Bodens.

Die erforderlichen Sickerflächen sind von der Bodenart abhängig und werden nach Tabelle 2.11 definiert:

Tabelle 2.11 Sickerflächen in Abhängigkeit der Bodenart

| **Bodenart** | **Fläche / Einwohner** [m² / EWG] |
|---|---|
| Sand, Kies oder Mischungen aus beiden | 1,0...1,5 |
| Sand mit Ton oder Lehm | 2,0...2,5 |

Für die Versickerung sind mehrere Systeme möglich, wobei bei jedem System eine entsprechende Versickerungsfläche zur Verfügung gestellt werden muss.

*Planungsgrundsatz 2.18*
Der Planer hat zunächst zu prüfen, welche Systeme mit welchen Systemanforderungen von der Unteren Wasserbehörde genehmigt werden könnte.

Folgende Sickersysteme stehen zur Auswahl:

- ❑ Flächenversickerung,
- ❑ Muldenversickerung,
- ❑ Mulden-Rigolen-Versickerung,

- ❑ Rigolen- und Rohrversickerung,
- ❑ Schachtversickerung,
- ❑ Beckenversickerung.

Bei allen Systemen ist die grundlegende Verfahrensweise gleich, d.h., das geklärte Abwasser wird dosiert dem Boden zugeführt und gelangt somit in den natürlichen Wasserkreislauf zurück. Als Referenzbeispiele werden 2 Systeme vorgestellt.

### Rigolen- und Rohrversickerung

Unter einer Rigole versteht man einen unterirdischen Graben, der mit wasserdurchlässigem Material (z.B. Kies) aufgefüllt wird. Um den Transport des gereinigten Abwassers zu allen Bereichen der Rigole zu optimieren, wird ein zusätzliches Sickerrohr eingebracht (Bild 2.21).

In Planungsgrundsatz 2.19 sind eine Reihe von baulichen Empfehlungen zusammengefasst, die von Bild 2.22 ergänzt werden.

*Planungsgrundsatz 2.19*

- ❑ Sickerrohre = DN 100 mit Öffnungen (Öffnungen ca. 1,4 mm),
- ❑ Grabensohle muss 600 mm über dem Grundwasserstand liegen,
- ❑ Überdeckung des Sickerrohres mit Kies mindestens 100 mm,
- ❑ auf frostfreie Verlegung achten (Ortsatzungen beachten),
- ❑ Gefälle der Sickerrohre 1 : 500.
- ❑ max. Länge eines Sickerrohres 10 m.

Bild 2.21
Rohr-Rigolen-Element

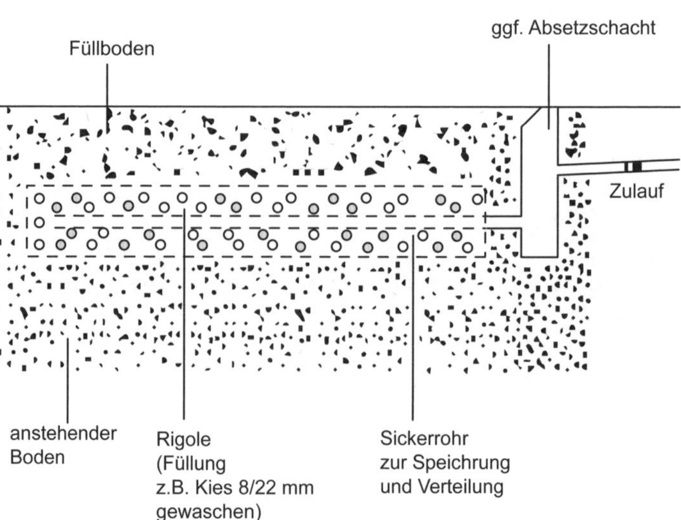

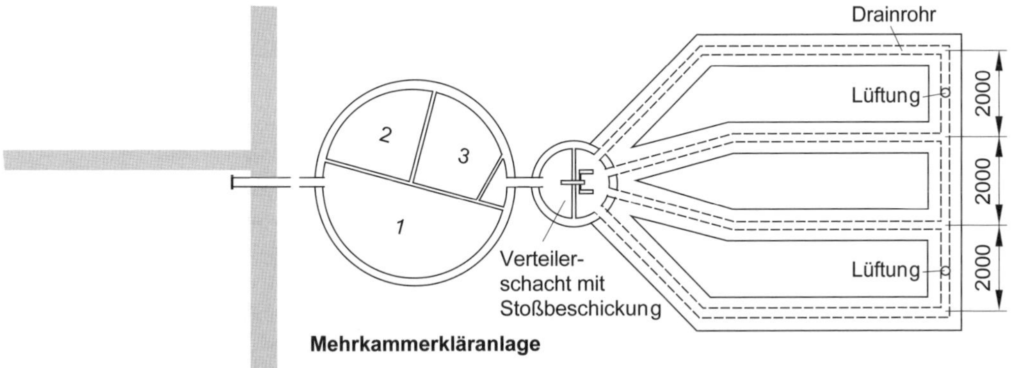


Bild 2.22 Aufbau einer Rohr-Rigolenelement-Anlage

### Versickerungsschacht

**Punktförmige Versickerung**

Der Versickerungsschacht (Bild 2.23) stellt ein Schachtsystem dar, mit dessen Hilfe eine **punktförmige Versickerung** erreicht wird. Das hat den Vorteil, dass der Flächenbedarf um ein Vielfaches kleiner als bei der Rigolen- und Rohrversickerung ist.

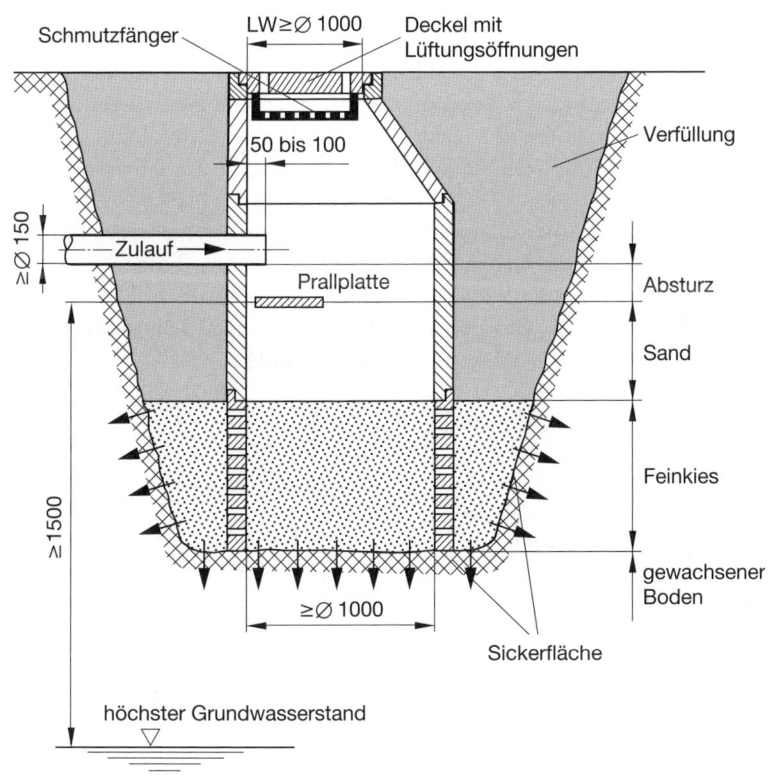


Bild 2.23 Sickerschacht

*Planungsgrundsatz 2.20*

- ❑ Boden im Schacht ist offen,
- ❑ Wände mit durchlässigen Flächen,
- ❑ Mindestdurchmesser des Schachtes 1 m,
- ❑ je Einwohner 1 m² Sickerfläche (Erfahrungswert; ein standardisierter Sickertest ist in Deutschland nicht vorhanden),
- ❑ Schichtaufbau: Feinkies mind. 500 mm (oberste Schicht Sand),
- ❑ Anbringen einer Prallplatte, um Ausspülung im Schichtaufbau zu verhindern,
- ❑ Absturz mind. 200 mm (Rückstausicherung),
- ❑ Verbesserung des Systems durch Verfüllung der Baugrube mit Feinkies,
- ❑ Abstand Oberkante Filterschicht zum Grundwasserstand min. 1000 mm.

Planungsgrundsatz 2.20 beschreibt eine Reihe von baulichen Empfehlungen, die von Bild 2.23 ergänzt werden.

## 2.7.5 Tropfkörperanlagen

Bei den Anforderungen an die Qualität gereinigter Abwässer reicht eine klassische Mehrkammergrube nicht mehr aus. Deshalb werden diese Mehrkammergruben mit weiteren Verfahrenstechnologien ausgestattet.

Die Tropfkörperanlagen (Bild 2.24) stellen eine vollbiologische Reinigung dar. Dadurch erhöht sich der Reinheitsgrad des Abwassers auf mehr als 90 %.

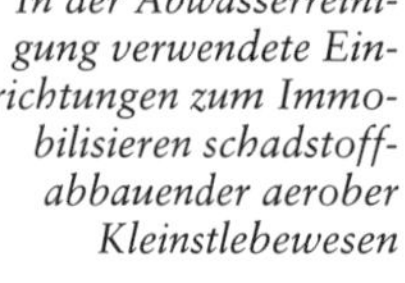

❶ *In der Abwasserreinigung verwendete Einrichtungen zum Immobilisieren schadstoffabbauender aerober Kleinstlebewesen*

Bei der Tropfkörperanlage erfolgt die Reinigung in mehreren Stufen. Zunächst findet eine Grobentschlammung im ersten Teilbecken statt. Das Abwasser durchläuft als nächste Stufe den anaeroben Filter.

Der ❶ **aerobe Tropfkörper** stellt einen künstlichen Lebensraum dar, in dem sich eine Nahrungskette wie folgt befindet:

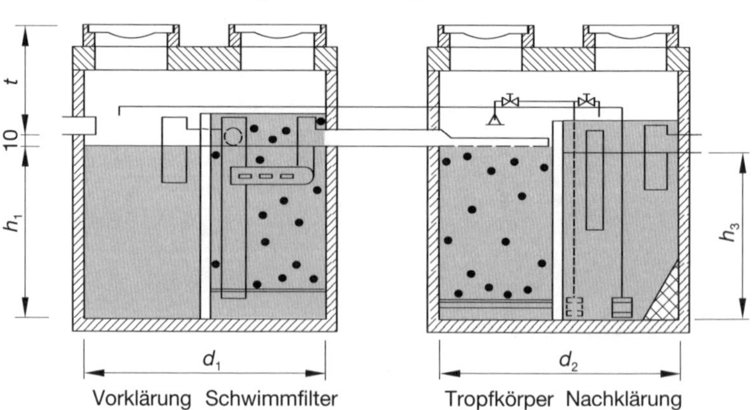


Bild 2.24
Tropfkörperanlage

Bakterien (biologischer Rasen) → Einzeller → Vielzeller → Insektenlarven

Über diese Nahrungskette kommt es zum Abbau der schädlichen Wasserinhaltsstoffe und zur Reinigung des Abwassers. Eine mehrfache Zirkulation wird durch die Rückförderung des Abwassers in das Vorklärbecken erreicht. Gleichzeitig wird der Schlamm aus dem Nachklärbecken in das Vorklärbecken gepumpt, um einen internen Kreislauf zu erzeugen. Damit wird eine Verbesserung der Reinigungswirkung erreicht. Die Energiekosten für das Betreiben der Pumpe sind relativ gering.

## 2.7.6 Belebungsanlagen

Bei einer Belebungsanlage (Bild 2.25) erfolgt zuerst die Vorklärung, bei der sich Feststoffe im Schlammspeicher absetzen. Das Belebungsbecken wird durch eine direkte Luftzufuhr versorgt. Damit wird für die Mikroorganismen ein optimaler Lebensraum geschaffen, so dass die Nahrungskette nicht unterbrochen wird. Im Nachklärbecken werden Abwasser und Schlamm durch das Absetzen der Schlammflocken getrennt. Durch die Schlammrückführung in das Belebungsbecken erfolgt eine interne Zirkulation zur Verbesserung des Gesamtreinigungsgrades.

Bild 2.25 zeigt die Anlagenkonstellation in 3 Einzelbecken. Andere Anlagen – mit 1 oder mit 2 Becken – sind je nach Anlagengröße möglich.

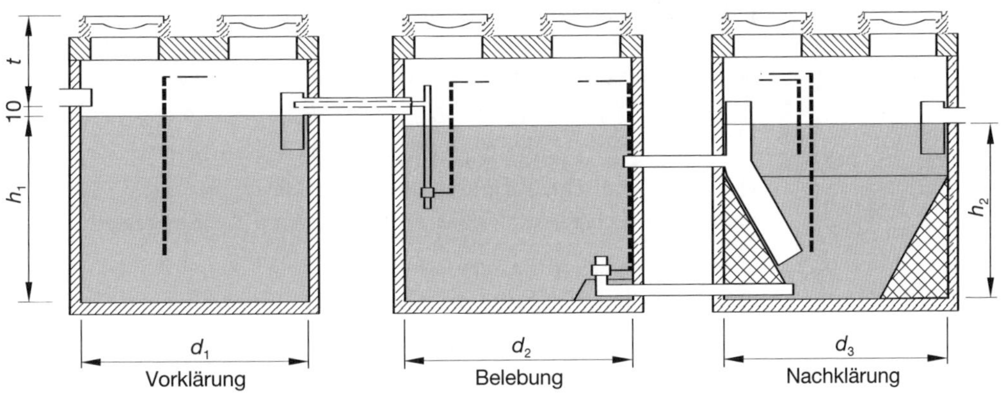


Bild 2.25 Belebungsanlage

### 2.7.7 Grundlagen der biologisch-chemischen Abwasserreinigung

Im Abwasser sind vor allem Nährstoffe in gelöster Form vorhanden (siehe Abschnitt 2.7). Durch die Wirkung der Nahrungskette werden diese Stoffe umgewandelt und damit abgebaut. Dabei spielen Mikroorganismen eine wesentliche Rolle. Das Prinzip der Wirkungsweise wird wie folgt beschrieben:

**Wirkungsweise**

- ❑ Aufnahme der Nährstoffe durch Mikroorganismen,
- ❑ Zerlegung in Amino- und Fettsäuren durch Exoenzyme,
- ❑ «Verbrennung» mit Hilfe von Sauerstoff zur Energiegewinnung oder Umwandlung in körpereigene Substanzen,
- ❑ Wachstum der Mikroorganismen und damit verbunden die Vermehrung,
- ❑ Vernichtung der Mikroorganismen durch «Bakterienfresser»,
- ❑ Weiterführung der Nahrungskette.

Auf der Grundlage dieses Wirkungsprinzips unterscheidet man zwischen 3 Verfahren:

**Verfahren der biologisch-chemischen Abwasserbehandlung**

- ❑ natürliches Verfahren,
- ❑ halbtechnisches Verfahren,
- ❑ technisches Verfahren.

#### Natürliches Verfahren

Beim natürlichen Verfahren wirkt die Nahrungskette, ohne technische Unterstützung:

Bakterien → Protozoen (einzellige Urtiere) → Kleinkrebse → Fische

Damit diese Nahrungskette funktioniert, ist Sauerstoff im Wasser nötig. Durch die Erhöhung des Sauerstoffgehaltes kann die Qualität der Nahrungskette verbessert werden. Aus diesem Grund wird in Flüssen der Einbau von Wehren realisiert.

#### Halbtechnisches Verfahren

Das halbtechnische Verfahren stellt eine künstliche Nachbildung des natürlichen Lebensraumes dar. Damit werden 2 Ziele angestrebt:

- ❑ Reinigung des Abwassers,
- ❑ Umwandlung der Schmutzstoffe in direkt verwertbare Stoffe.

**Nachteil der halbtechnischen Verfahren**

Dieses Verfahren hat jedoch einen wesentlichen Nachteil, der im großen Flächenbedarf für die Anlagen besteht. Bei diesen Verfahren unterscheidet man wiederum 2 Verfahren: das landwirtschaftliche und das Fischteichverfahren.

Beim **landwirtschaftlichen Verfahren** nutzen vor allem Pflanzen die angebotenen Nährstoffe zum Wachstum. Dabei wird eine Mineralisierung durch Humifizierung erreicht. Da der notwendige Sauerstoff jedoch nur in den oberen Schichten wirken kann, ist ein schneller Abbau der Nährstoffe i.d.R. nicht möglich. Durch Niederschläge gelangen die Nährstoffe nach einiger Zeit auch in tiefere Erdschichten. Dadurch wird eine weitere Verzögerung des Gesamtvorganges bewirkt.

Beim **Fischteichverfahren** sind als Endglied der Nahrungskette die Fische integriert. Damit wird in Bezug auf den Gesamtaufwand ein sehr guter Wirkungsgrad erzielt, da die Nährstoffe durch die Fische aufgenommen und verarbeitet werden. Der Fisch kann dann in entsprechenden Abständen «geerntet» werden.

Der wesentliche Nachteil besteht jedoch darin, dass die Fische im Winter fast keine Nahrung aufnehmen. Aus diesem Grund wird in der Regel eine Trockenlegung durchgeführt, um Fischparasiten zu vernichten und pflanzliche Organismen in den Teichen zu beseitigen. Damit ist das Verfahren im Winter nicht anwendbar.

### Technisches Verfahren

Bei diesem Verfahren wird eine Nachbildung des natürlichen Lebensraumes auf kleinstem Volumen realisiert. Dabei erfolgt die Steuerung der Anlage über die jeweiligen Anteile von Organismen. Technisch unterscheidet man zwei Systeme: das Tropfkörper- und das Belebtschlammverfahren.

Beim **Tropfkörperverfahren** wird ein künstlicher Lebensraum und damit eine Nahrungskette geschaffen, die sich zusammensetzt aus:

**Zusammensetzung der Nahrungskette**

- ❑ Bakterien,
- ❑ Protozoen,
- ❑ Rädertierchen,
- ❑ Detritusfresser (Abbau von Mineralien).

Dabei gilt: Je primitiver das Lebewesen ist, um so schneller vollzieht sich der Generationswechsel.

**Beispiel**

*Beispiel*

viele Bakterien → große Primärumwandlung → höhere Organismen finden keinen Lebensraum → Verzögerung Sekundärumwandlung

**Wirkungsweise des Belebtschlammverfahrens**

Beim **Belebtschlammverfahren** kommen vor allem aerobe Organismen, die ihren Stoffwechsel mit Hilfe von Sauerstoff durchführen, zum Einsatz. Aus diesem Grund ist es notwendig, dass eine ständige Zufuhr von Luft in das System gewährleistet ist. Durch die Stoffwechselvorgänge der Mikroben entwickeln diese absetzbare Flocken. Die Trennung des Abwassers und der Biomasse erfolgt somit in der Nahrungskette. Durch die Rückführung der Biomasse in das Belebungssystem wird eine weitere Verbesserung des Gesamtreinheitsgrades erreicht.

### 2.7.8 Betrieb und Wartung von Kleinkläranlagen und Nachfolgeeinrichtungen

Für die Wartung und den Betrieb der Kleinkläranlagen sind eine Reihe von Grundsätzen zu beachten:

- Entleerung von Mehrkammergruben nach Bedarf, jedoch mindestens einmal jährlich,
- bei Schlammentnahme soll Restschicht von 20 cm in der 1. Kammer zum Impfen des neuen Abwassers enthalten bleiben,
- Kontrolle der maschinellen Einrichtungen (täglich!),
- Sichtkontrolle der Becken auf Schäden bzw. Veränderungen (wöchentlich),
- vierteljährliche Wartung durch den Fachmann (Aufzeichnungen in einem Katalog festhalten).

Aus diesen Forderungen wird deutlich, dass der Betrieb einer Kleinkläranlage mit einem enormen Kosten- und Zeitaufwand verbunden ist. Die Kosten setzen sich wie folgt zusammen:

- Wartungskosten,
- Stromkosten,
- Kleinreparaturen,
- Schlammbeseitigungskosten.

Deshalb sollte vor der Entscheidung für eine Kleinkläranlage eine Optimierung durchgeführt werden, bei der ein Vergleich des Gesamtaufwandes mit den Anbindekosten an eine Zentralkläranlage durchgeführt werden muss. Allgemein gilt, dass eine Kleinkläranlage mit Abwasserbelüftung den gleichen Reinheitsgehalt wie eine Großkläranlage erreicht.

### 2.7.9 Fäkalienschlammbeseitigung

Für die Zulassung einer Kleinkläranlage muss die schadlose Beseitigung des Schlammes nachgewiesen werden. Folgende Möglichkeiten der Schlammbeseitigung werden praktiziert:

- Verbringung auf landwirtschaftliche Nutzflächen,
- Unterbringung auf Abfalldeponien,
- Ablagerung im Schlammteich,
- Kompostierung.

# 3 Planung von Sanitäranlagen

- ❑ Rohrsysteme
- ❑ Insallationssysteme
- ❑ Planungsbeispiele

## 3.1 Rohrsysteme

In der heutigen Zeit ist es notwendig, sehr schnell planen und realisieren zu können. Dabei muss vor allem vermieden werden, dass auf der Baustelle Material- oder Kompatibilitätsprobleme auftreten. Aus diesem Grund bieten die Rohrhersteller in der Regel Komplettsysteme an, bei denen alle Komponenten aufeinander abgestimmt sind. Daher gewinnt der Slogan «Alles aus einer Hand» große Bedeutung.

In Bezug auf die Rohrsysteme kommen zwei weitere Aspekte hinzu. Zum einen ist die Werkstoffwahl (siehe Abschnitt 1.4) eine sehr wichtige Entscheidung, da diese nicht nur die Sicherheit der Anlage wesentlich beeinflusst, und zum anderen weil durch die Wahl des Werkstoffes gleichzeitig die gesamte Verarbeitungsmethodik festgelegt wird.

**Fügetechnologie**

In den letzten Jahren sind im Bereich der Verarbeitung der Werkstoffe, vor allem in der Fügetechnologie, viele Innovationen entstanden. Dabei haben alle bekannten Werkstoffe – Kupfer, Edelstahl und Kunststoff – eine Reihe von Neuerungen aufzuweisen. In Tabelle 3.1 werden die meistverwendeten Rohrwerkstoffe in Abhängigkeit ihrer Fügetechnologie aufgeführt.

Aus dieser Übersicht wird deutlich, dass für alle Werkstoffe die Fügetechnologie Pressen möglich ist. Diese Technologie hat sich in den letzten Jahren am stärksten entwickelt. Parallel dazu ist ein schneller Anstieg bei den Stecksystemen zu beobachten.

Tabelle 3.1 Fügetechnologien

| Werkstoff | Kleben | Löten | Pressen | Schweißen | Stecken |
|---|---|---|---|---|---|
| Stahl | × | | × | × | |
| Kupfer | | × | × | | × |
| Kunststoff allg. | × | | × | × | × |
| Verbundrohre | × | | × | | × |

Tabelle 3.2 Fügetechnik

| Bewertungspunkte | Kleben | Löten | Pressen | Schweißen | Stecken |
|---|---|---|---|---|---|
| Verarbeitung des Rohrsystems | + | + | + | + | + |
| Geschwindigkeit der Fügung | + | + | + + | + | + + |
| Brandgefahr | keine | hoch | keine | hoch | keine |
| Schmutzbelästigung | + | hoch | + | hoch | + + |
| 1-Mann-Bedienung | + | + | + | - | + |
| Vormontage möglich | + | + | + | + | + |
| Abkühlzeiten | keine | - | keine | - | keine |

+ gut ++ sehr gut / akzeptabel
– schlecht / nicht möglich / nicht akzeptabel

**Vor- und Nachteile der Fügetechnologien**

Für die Entscheidungsfindung, welches Fügesystem zur Anwendung kommt, müssen die Vor- und Nachteile der einzelnen Systeme untersucht werden. Dabei müssen jedoch nicht nur die Technikparameter, sondern auch eine Reihe von Randbedingungen betrachtet werden. Tabelle 3.2 zeigt Bewertungspunkte auf, die für die Entscheidungsfindung herangezogen werden können.

Anhand der Punkte aus Tabelle 3.2 wäre eine Grobeinschätzung für die Verfahrenswahl möglich. Außerdem könnten weitere Fragen in die Entscheidungsfindung einbezogen werden:

- Handelt es sich beim Objekt um einen Neubau?
- Handelt es sich beim Objekt um eine Rekonstruktion (bewohnt / unbewohnt)?
- Besteht im Objekt erhöhte Brandgefahr?
- Wieviel Zeit ist für eine Rekonstruktion von der Demontage bis zur Inbetriebnahme geplant?

## 3.2 Installationssysteme

Aufgrund der schnelleren Ausführbarkeit haben sich in den letzten Jahren die Vorwandsysteme sehr gut bewährt. Wie es der Begriff sagt, wird die gesamte Installation vor oder an der Wand befestigt. Durch eine Verkleidung werden die Rohrleitungen und Anschlüsse aus dem sichtbaren Bereich «entfernt».

Die Entwicklung dieser Technik war auch abhängig von den Forderungen der DIN 1053. In diesem Standard sind die möglichen Schlitztiefen in Wände fixiert. Allerdings sind die möglichen Schlitztiefen für die Rohrverlegung nicht ausreichend. Aus diesem Grund ist es erforderlich, die Rohrleitungen vor der Wand zu verlegen. Dafür sind verschiedene Systeme und Ausführungsarten verfügbar, die nachfolgend erklärt werden.

## 3.2.1 Konventionelle Technik

Bei der konventionellen Technik (Bild 3.1) nimmt eine Baugruppe die Hauptanschlüsse für einen Entwässerungsgegenstand auf. Die Baugruppe wird an der Wand befestigt. Danach werden alle Rohre und Anschlüsse an die Baugruppe herangezogen, wobei die Befestigung der Rohre mit Schellen an der Wand realisiert wird. Nach abgeschlossener Montage aller Baugruppen werden die Hohlräume ausgemauert und verputzt, oder es wird mit Hilfe von C- und D-Profilen eine Ständerwand errichtet. Diese kann danach beplankt werden.

## 3.2.2 Elementetechnik

Bei der Elementetechnik (Bild 3.2) bestehen die einzelnen Baugruppen aus abmessungsgleichen Rahmen, in denen das jeweilige Einzelelement (z.B. WC-Einheit) enthalten ist. Durch diese Konfiguration ist es möglich, sehr schnell die einzelnen Elemente zu montieren und gleichzeitig eine entsprechende Unterkonstruktion für die spätere Verkleidung zu erhalten. Die Rohranschlüsse sind entsprechend vorbereitet, die Rohrbefestigung erfolgt gleichfalls an den Systemrahmen. Dadurch wird die gesamte Montage, aber auch die «Nachbehandlung», schneller und somit effektiver.

Durch die Elemente ist gleichzeitig eine Raumgestaltung (Trennwände o.Ä.) begrenzt möglich.

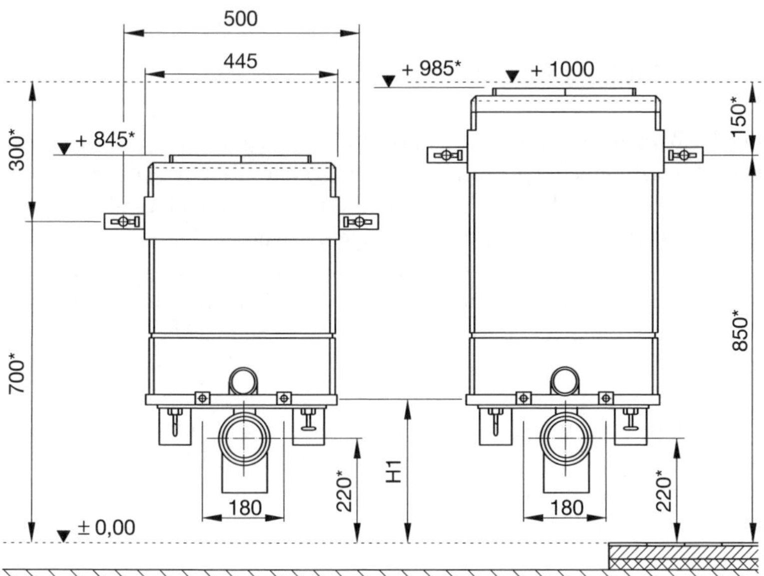


Bild 3.1
Konventionelle Technik

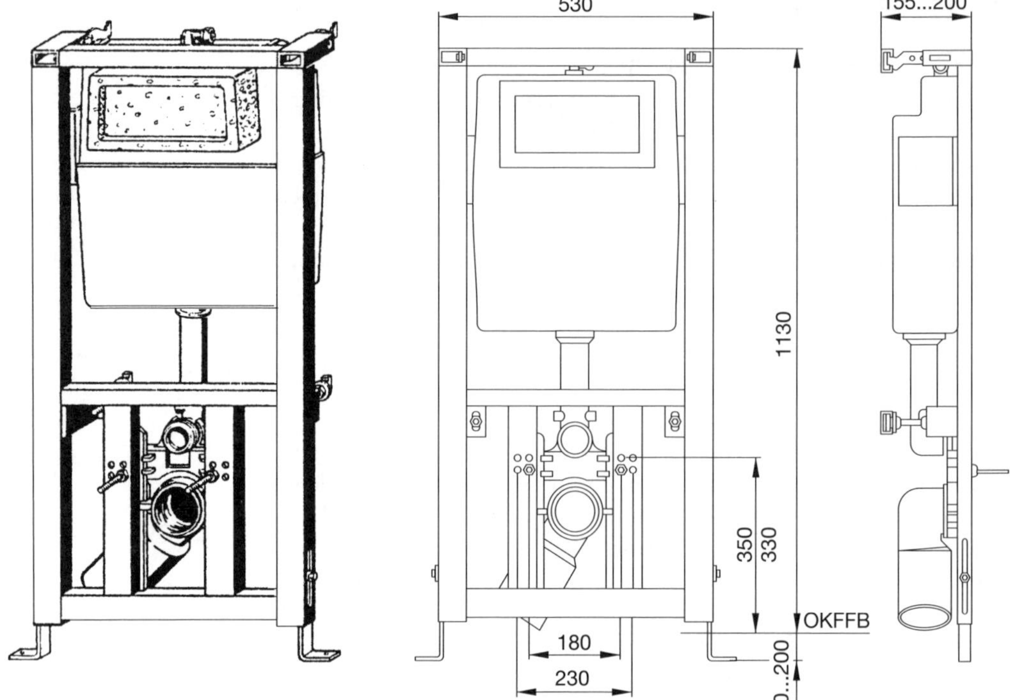


Bild 3.2 Elementetechnik

## 3.2.3 Baukastentechnik

Bei der Baukastentechnik (Bild 3.3) handelt es sich in Bezug auf die freie Gestaltungsmöglichkeit um ein extrem flexibles System. Die einzelnen Teilkomponenten, die beliebig kombinierbar sind, können auf der Baustelle oder als Vormontage zusammengefügt werden. Dabei wird durch das Einhalten von bestimmten Gitterabständen das Einfügen der einzelnen Installationsbausteine möglich. Diese sind entsprechend vorgefertigt, so dass danach die Verrohrung erfolgen kann. Die Rohre selbst werden am System befestigt. Abschließend kann die Beplankung angebracht werden.

**Freie Raumgestaltung durch Baukastentechnik**

Mit dieser Technologie ist man in der Lage, alle denkbaren Kombinationen der einzelnen Elemente zu realisieren. Dadurch wird eine freie Raumgestaltung möglich. Gleichzeitig können mit Hilfe dieser Elemente Raumteiler verwirklicht werden.

Bild 3.3
Baukastentechnik
(Foto: Autor)

## 3.3 Planungsbeispiele

### 3.3.1 Sanitärplanung mit vereinfachtem Berechnungsverfahren

Um eine Planung exakt durchführen zu können, muss zunächst eine klar definierte Aufgabenstellung vorhanden sein.

**Aufgabenstellung**

Für das folgende Objekt soll eine Dimensionierung aller Trinkwasserleitungen für Warm- und Kaltwasser erfolgen. Im Kellergeschoss befinden sich Toiletten, die Büroräumen zugeordnet werden können. Im Erdgeschoss und im 1. Obergeschoss befinden sich Wohnungen. Den Ausstattungsgrad kann man dem dargestellten Strangschema (Bild 3.4) entnehmen.

Damit die Berechnungsgänge im Beispiel so umfassend wie möglich darstellbar sind, werden in den einzelnen Etagen unterschiedliche Werkstoffe gewählt. In der Praxis sollte man aber so etwas vermeiden, damit bei der Montage möglichst wenig Spezialwerkzeug gebraucht wird, was gleichzeitig mögliche Montagefehler minimiert. Auf eine Zirkulationsleitung wird verzichtet.

*Planungsgrundsatz 3.1*
Es sollte bei jeder Planung versucht werden, immer nur in einem Werkstoffsystem oder nur einem Montagesystem zu planen. Daraus leitet sich der Fachbegriff Systemtechnik ab.

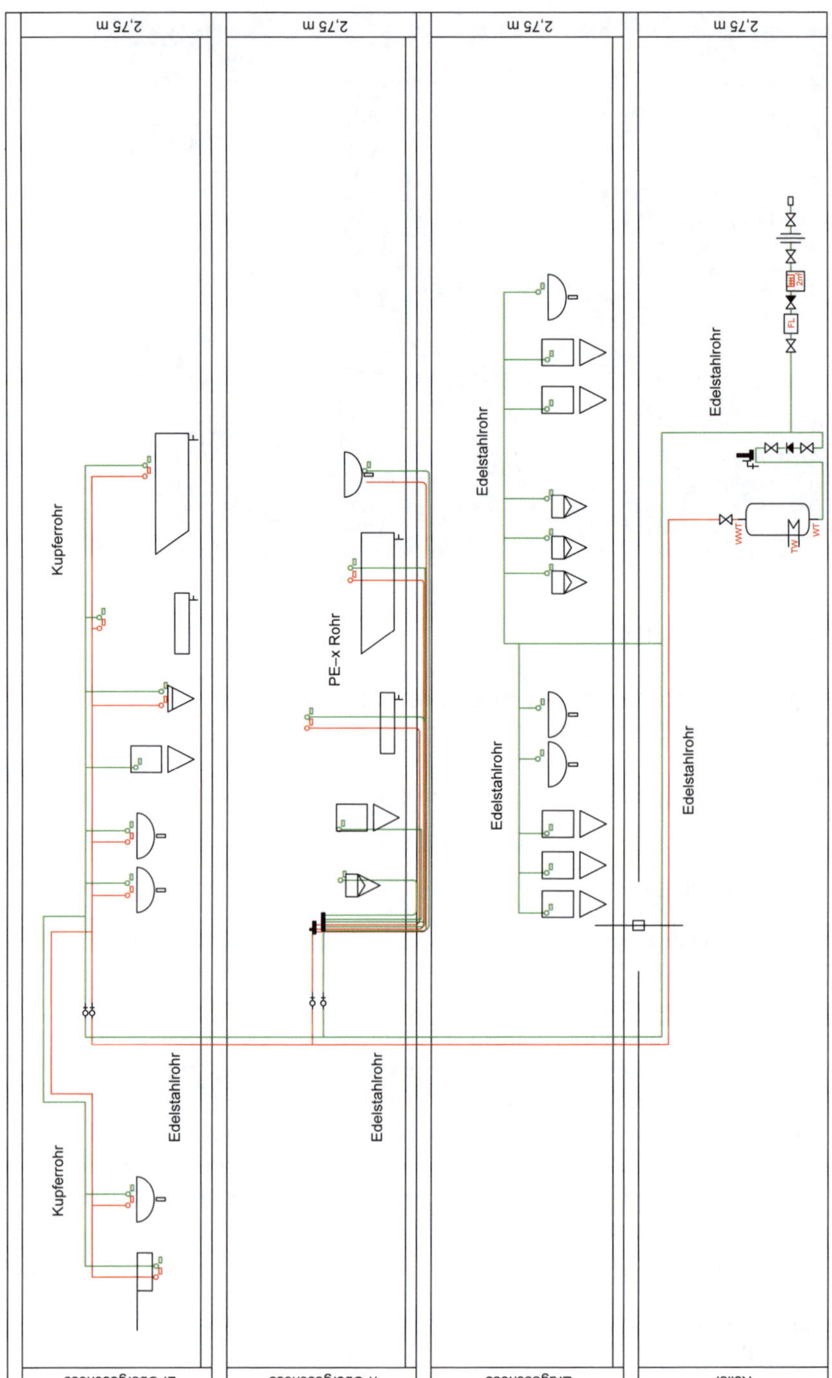


Bild 3.4 Strangschema zur Aufgabenstellung

Der Begriff **Systemtechnik** enthält implizit, dass ein einziger Hersteller für einen bestimmten Installationsbereich (z.B. Trinkwasserinstallation) alle notwendigen Elemente liefert. Daraus ergeben sich für den Anwender eine Reihe von Vorteilen:

**Systemtechnik**

- ❑ die Lieferung erfolgt als Komplettpaket,
- ❑ Werkzeuge sind auf das System optimal eingestellt,
- ❑ der Hersteller übernimmt Gewährleistungsansprüche,
- ❑ bautechnische Prüfzeugnisse gelten für das gesamte System und nicht nur für Teilkomponenten,
- ❑ hohe Planungssicherheit.

Im Strangschema sind alle Entnahmestellen eingetragen und mit den entsprechenden Rohrleitungen (Warm- und Kaltwasseranschluss) verbunden. Nach DIN EN 806/3 Tabelle 2 erfolgt nun die Zuordnung der Belastungswerte für die Entnahmestellen. Weil eine Reihe von Entnahmestellen mit Warm- und Kaltwasseranschlüssen versehen sind, empfiehlt es sich, mit verschiedenen Farben die entsprechenden Normwerte im Strangschema einzuzeichnen. Mit dem Symbol von Bild 1.45 können die Belastungswerte für jede Entnahmestelle eindeutig zugeordnet werden. In Bild 3.5 sind nun die Symbole an allen Entnahmestellen angetragen und mit den *LU*-Werten ergänzt.
Damit ist man in der Lage mit Hilfe DIN EN 806/3 Tabelle 3 die Dimensionen aller Rohrleitungen zu ermitteln. Diese sollten danach direkt im Strangschema angetragen werden.

*Planungsgrundsatz 3.2*
Die Dimension einer Rohrleitung sollte man immer mit Hilfe des Rasters Außendurchmesser mal Wanddicke ($d_a \cdot s$) vornehmen. Eine Angabe der Nennweite *DN* kann in der Praxis oft zu Verwechslungen führen, da es für einige Rohre bei gleichem Außendurchmesser mehrere Wanddicken geben kann. Unabhängig davon wird in der Praxis sehr oft der Begriff «*DN*» als Beschreibung der Nennweite für die Rohre benutzt.

Sinnvoll ist es hierbei in der oberen Etage an der letzten Entnahmearmatur (in Fließrichtung betrachtet) zu beginnen, da sich entgegen der Fließrichtung des Wassers die Belastungswerte addieren. Somit können anhand der Belastungswerte für jede Entnahmestelle die Rohrdimensionen direkt aus DIN EN 806/3 Tabelle 3 abgelesen werden. Bei Sammelzuleitungen, Steigleitungen und Stockwerksleitungen (s. Bild 1.43) werden die einzelnen Belastungswerte addiert und danach mit Hilfe DIN EN 806/3 Tabelle 3 die Rohrdimensionen ermittelt.

Um die Verfahrensweise der Dimensionierung schrittweise und ausführlich zu beschreiben, wurde aus dem Strangschema (Bild 3.5) der rechte Teil des 2. Obergeschosses gewählt und in Bild 3.6 dargestellt.

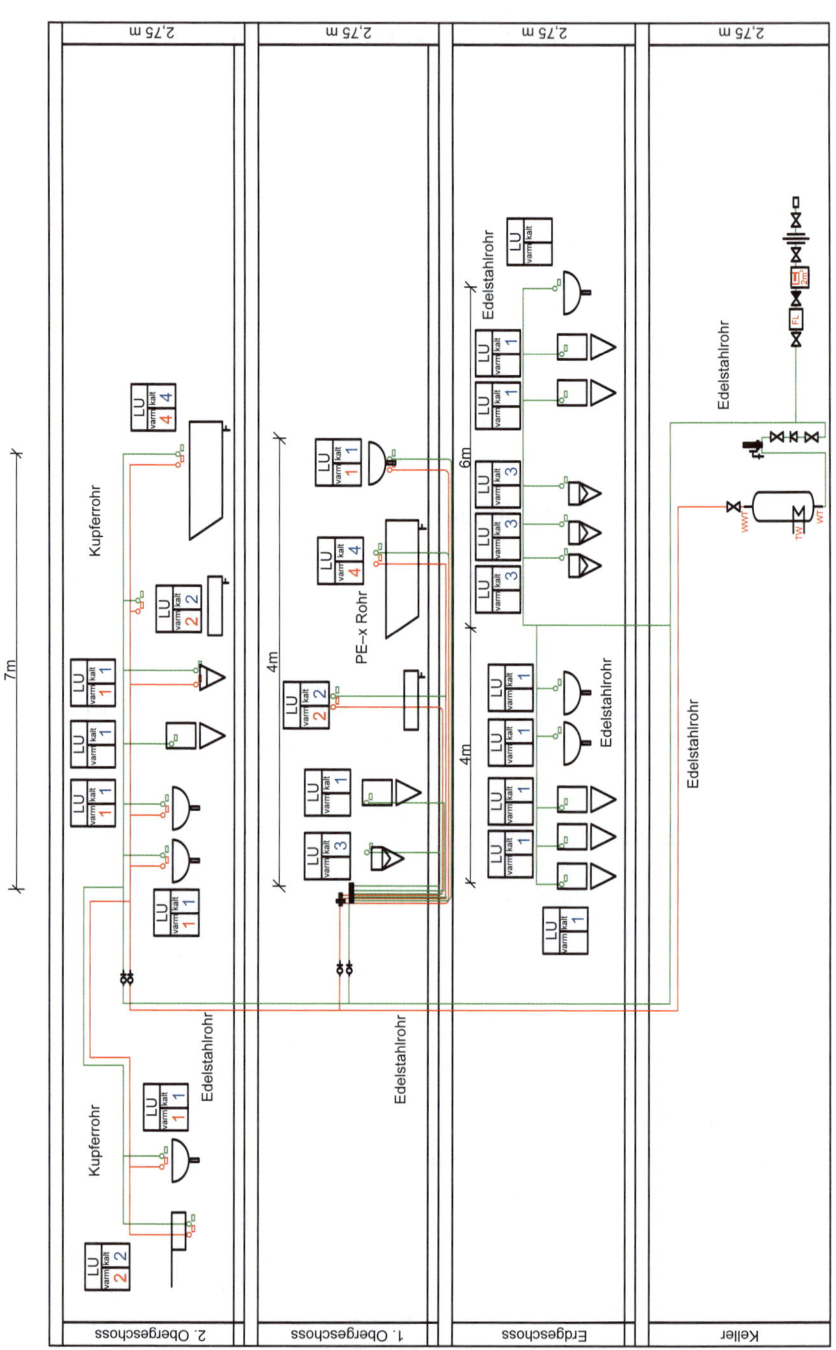


Bild 3.5 Strangschema mit Erfassung der Belastungswerte *LU*

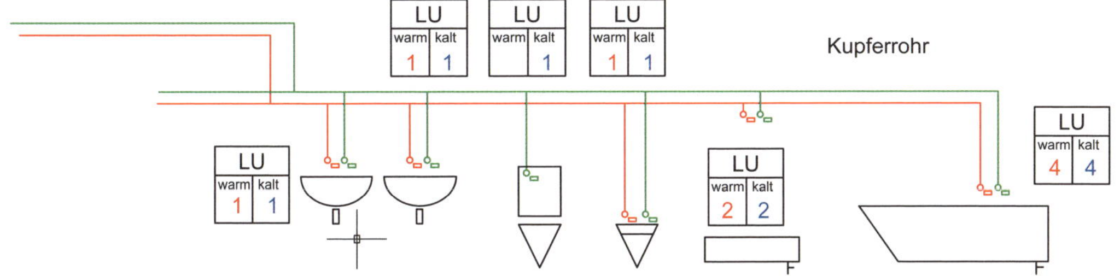


Bild 3.6 Ausschnitt Strangschema vor der Dimensionierung

Nach der Kontrolle des Rohrwerkstoffes (im Beispiel Kupfer) kann man die entsprechende Teiltabelle (Auswahltabelle) DIN EN 806/3 Tabelle 3 benutzen.

Betrachtet man DIN EN 806/3 Tabelle 3 genauer, muss man feststellen, dass bei der Auswahl der Dimension auch immer eine maximale Rohrlänge angegeben wird. Der Planer muss also nach der Wahl der Dimension die realen Rohrleitungslängen vergleichen. Das geschieht in der Praxis mit Hilfe der Grundrisszeichnungen und dem Strangschema.

Da für das hier angeführte Beispiel kein Grundriss vorliegt wurden in Bild 3.6 die Angaben zu den wichtigen Rohrleitungslängen als Rastermaße in Meter ergänzt. Die Längenangaben in der Zeichnung (Bild 3.5) beziehen sich jeweils auf die größtmögliche Rohrleitungslänge.

Damit wird es möglich, die Überprüfung für die einzelnen Rohrleitungen mit der Forderung durchzuführen: Maximal zulässige Rohrlänge ist größer als die vorhandene Rohrlänge.

*Planungsgrundsatz 3.3*
Wird die Bedingung «Maximal zulässige Rohrlänge > vorhandene Rohrlänge» nicht erfüllt, muss durch den Planer für den entsprechenden Rohrleitungsabschnitt die nächst größere Rohrdimension gewählt werden.

Nach den Vorgaben wird mit der Dimensionierung an der Badewanne begonnen. Der Belastungswert ist mit 4 ermittelt und nach DIN EN 806/3 Tabelle 3 ergibt sich die Abmessung 15 · 1,0. Diese Abmessung gilt für warme und kalte Trinkwasserleitungen, da beide Belastungswerte gleich sind. Danach erfolgt die Kontrolle der Rohrleitungslänge. Erfüllt diese die o.g. Forderung, kann die Dimension bestätigt und somit in die Zeichnung eingetragen werden:

→ Kontrolle der möglichen Rohrleitungslänge,
→ Antragen der Rohrabmessung.

Für die Einzelzuleitungen der Dusche gilt der Belastungswert 2. Mit Hilfe der Werte aus DIN EN 806/3 Tabelle 3 wird eine Rohrabmessung von 12 · 1,0 ermittelt.

→ Kontrolle der möglichen Rohrleitungslänge,
→ Antragen der Rohrabmessung.

Im nächsten Schritt müssen nun die Belastungswerte der Badewanne und der Dusche addiert werden, da diese beiden Leitungen nach dem Strangschema verbunden sind. Als Ergebnis ergibt sich ein Belastungswert von 6.

**Beachte:**
Belastungswerte für Warm- und Kaltwasserleitungen können unterschiedliche Werte besitzen!!!

Aus DIN EN 806/3 Tabelle 3 kann damit die Rohrabmessung 15 · 1,0 abgelesen werden.

→ Kontrolle der möglichen Rohrleitungslänge,
→ Antragen der Rohrabmessung.

Nach dem bis hierher dargestellten Verfahren wird nun weitergearbeitet.

In Tabelle 3.3 werden die einzelnen Schritte mit ihren Ergebnissen dargestellt.

Für jede Zeile in Tabelle 3.3 gilt natürlich wieder die Aufforderung:

→ Kontrolle der möglichen Rohrleitungslänge,
→ Antragen der Rohrabmessung.

Tabelle 3.3 Berechnungswerte

| **Entnahmestelle** (oder Summe) | **Belastungswert** (oder Summe) | | **Abmessung** | |
|---|---|---|---|---|
| | **warm** | **kalt** | **warm** | **kalt** |
| Bidet | 1 | 1 | 12 · 1,0 | 12 · 1,0 |
| Wanne + Dusche + Bidet | 7 | 7 | 18 · 1,0 | 18 · 1,0 |
| WC | – | 1 | – | 12 · 1,0 |
| Wanne + Dusche + Bidet + WC | 7 | 8 | 18 · 1,0 | 18 · 1,0 |
| Waschtisch | 1 | 1 | 12 · 1,0 | 12 · 1,0 |
| Wanne + Dusche + Bidet + WC + Waschtisch | 8 | 9 | 18 · 1,0 | 18 · 1,0 |
| Waschtisch | 1 | 1 | 12 · 1,0 | 12 · 1,0 |
| Wanne + Dusche + Bidet + WC + Waschtisch + Waschtisch | 9 | 10 | 18 · 1,0 | 18 · 1,0 |

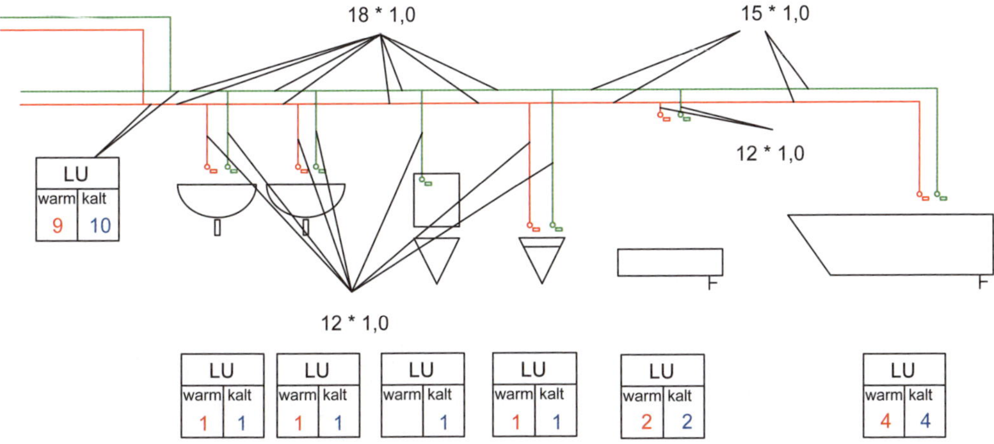


Bild 3.7 Strangschema mit Ergebniseintrag

In Bild 3.7 wird das Ergebnis dieser Teilberechnung dargestellt: Nach dem aufgeführten Berechnungsgang wird nun das gesamte Strangschema bearbeitet. Das Ergebnis der gesamten Berechnung wird in Bild 3.8 beschrieben.

## 3.3.2 Sanitärplanung mit differenziertem Berechnungsverfahren

Um einen Vergleich zum vereinfachten Berechnungsverfahren zu ermöglich, beruht dieses Anwendungsbeispiel auf den Angaben von Abschnitt 3.3.1. Damit kommt wieder das Strangschema aus Bild 3.4 mit den dazugehörenden Leitungslängen zur Anwendung. Für das differenzierte Berechnungsverfahren wurde das Strangschema mit weiteren Angaben ergänzt und in Bild 3.9 dargestellt. Das Gebäude wird als Wohngebäude definiert, weiterhin sind für die Aufgabenstellung bekannt:

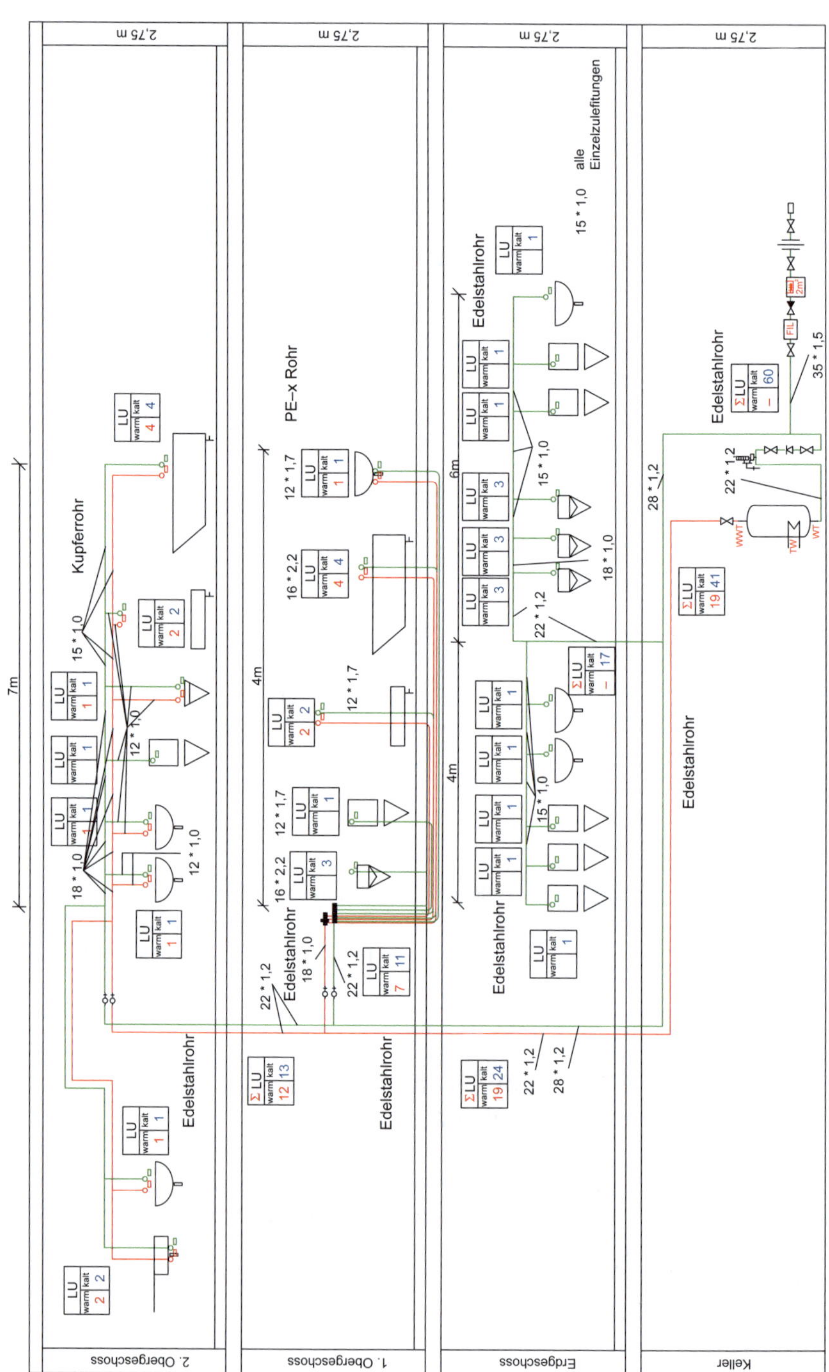


Bild 3.8 Ergebnisse der Dimensionierung

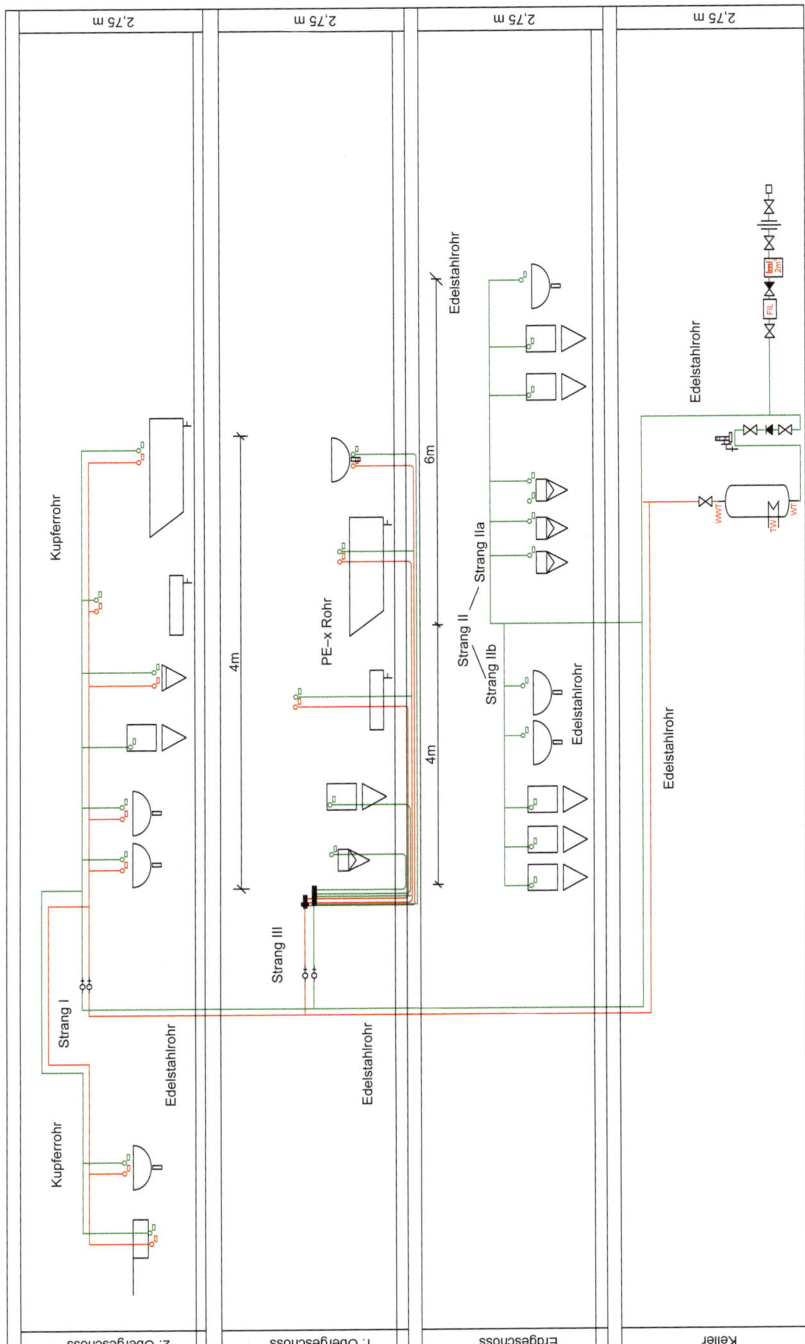


Bild 3.9 Strangschema als Ausgangsbasis für die Berechnung

| | |
|---|---|
| Höhe Hauswasseranschluss: | 0,5 m |
| Stockwerkshöhen: | 2,75 m |
| Deckendicke: | 0,2 m |
| Höchste geodätische Höhe in der Etage : | 2 m |
| Mindestversorgungsdruck am Hausanschluss: | 4 bar |
| Wasserzähler: | Flügelradzähler |
| Armaturen: | Schrägsitzventile |

Enthärtungsanlagen, Dosiereinrichtungen und Gruppentrinkwassererwärmer sind nicht vorgesehen. Zur Vereinfachung der Berechnung wird keine Zirkulationsleitung vorgesehen.

**Hinweis:** Bei dieser Anlagengröße müsste nach DVGW-Arbeitsblatt W551 eine Zirkulation vorgesehen werden.

Die Berechnung der Einzelwiderstände erfolgt nach dem vereinfachten Verfahren:

→ Annahme 50% für Einzelwiderstände,
dadurch entfällt *Arbeitsschritt* 6 in der Darstellung.

Für die Berechnungsvorbereitung wird Tabelle 1.8 benutzt. Dabei sollen die Arbeitsschritte 1...8 ausführlich dargestellt werden.

**Arbeitsschritt 1:** Aufstellen des Strangschemas, Einteilung der einzelnen Steigeleitungen in Stränge (vgl. Bild 3.9)

**Arbeitsschritt 2:** Antragen der bekannten Werte an die Teilstrecken des Strangschemas.

Um eine entsprechende Übersicht im Strangschema zu erhalten, wurde nur ein Teil der Teilstreckennummern angetragen (Bild 3.10).

**Arbeitsschritt 3:** Ermittlung der Berechnungsdurchflüsse und der Summendurchflüsse.

Dies geschieht über DIN 1988/3 Tabelle 11. Jeder Entnahmestelle werden die entsprechenden Tabellenwerte zugeordnet. Die Ergebnisse sind in Tabelle 3.4 dargestellt.

**Arbeitsschritt 4:** Ermittlung des Spitzendurchflusses
In den Festlegungen zur Aufgabenstellung ist definiert, dass das Gebäude als Wohngebäude betrachtet wird. Daraus ergibt sich die Berechnung des Spitzenvolumenstroms.

Aus der Tabelle von Bild 3.11 wird für den Summendurchfluss von 4,36 l/s und nach der Kontrolle, dass alle Einzelentnahmestellen die Bedingung $\dot{V}_R < 0{,}5$ l/s erfüllen, in Summe ein Wert für $\dot{V}_S = 1{,}20$ l/s = 4,32 m³/h ermittelt.

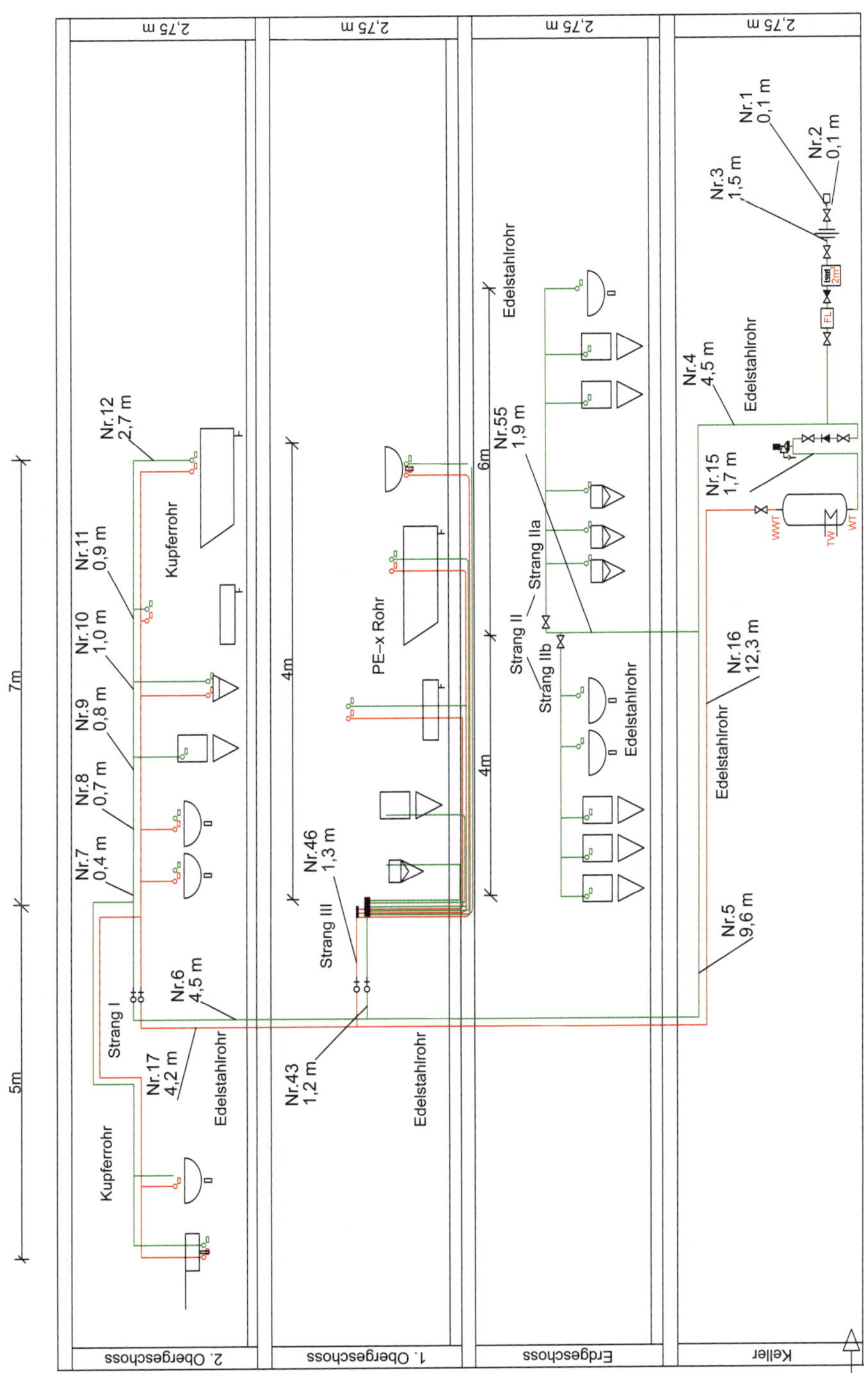


Bild 3.10
Strangschema mit Eintragungen (Teilstreckennummern und Leitungslängen)

Tabelle 3.4 Formblatt A1

| Bauvorhaben:<br>Firma: | | | | Bearbeiter: | | | | Datum: | | | Blatt: |
|---|---|---|---|---|---|---|---|---|---|---|---|
| Strang | Geschoss | Anzahl | Entnahme-armatur | Mindest-fließ-druck | Berechnungsdurchfluss | | | Summendurchfluss | | | |
| | | | | | | | Misch-wasser | Stockwerksleitung | | Steigleitung | |
| | | | | | TW | TWW | $\Sigma\dot{V}_R$ | TW | TWW | TW | TWW |
| | | | | | $\dot{V}_R$ | $\dot{V}_R$ | | $\Sigma\dot{V}_R$ | $\Sigma\dot{V}_R$ | $\Sigma\dot{V}_R$ | $\Sigma\dot{V}_R$ |
| | | | | (mbar) | (l/s) | (l/s) | (l/s) | (l/s) | (l/s) | (l/s) | (l/s) |
| I | 2. OG | 1 | BW | 1000 | 0,15 | 0,15 | | | | | |
| | | 1 | Dusche | 1000 | 0,15 | 0,15 | | | | | |
| | | 1 | Bidet | 1000 | 0,07 | 0,07 | | | | | |
| | | 1 | WC | 500 | 0,13 | | | | | | |
| | | 1 | WT | 1000 | 0,07 | 0,07 | | | | | |
| | | 1 | WT | 1000 | 0,07 | 0,07 | | | | | |
| | | 1 | Spüle | 1000 | 0,07 | 0,07 | | | | | |
| | | 1 | WT | 1000 | 0,07 | 0,07 | | 0,78 | 0,65 | 0,78 | 0,65 |
| I | 1. OG | 1 | WT | 1000 | 0,07 | 0,07 | | | | | |
| | | 1 | BW | 1000 | 0,15 | 0,15 | | | | | |
| | | 1 | Dusche | 1000 | 0,15 | 0,15 | | | | | |
| | | 1 | WC | 500 | 0,13 | | | | | | |
| | | 1 | Urinal | 1000 | 0,30 | | | 0,8 | 0,37 | 1,58 | 1,02 |
| IIa | EG | 1 | WT | 1000 | 0,07 | | | | | | |
| | | 1 | WC | 500 | 0,13 | | | | | | |
| | | 1 | WC | 500 | 0,13 | | | | | | |
| | | 1 | Urinal | 1000 | 0,30 | | | | | | |
| | | 1 | Urinal | 1000 | 0,30 | | | | | | |
| | | 1 | Urinal | 1000 | 0,30 | | | 1,23 | | | |
| IIb | EG | 1 | WC | 500 | 0,13 | | | | | | |
| | | 1 | WC | 500 | 0,13 | | | | | | |
| | | 1 | WC | 500 | 0,13 | | | | | | |
| | | 1 | WT | 1000 | 0,07 | | | | | | |
| | | 1 | WT | 1000 | 0,07 | | | 0,53 | | 1,76 | |
| Summe | | | | | | | | | | 3,34 | 1,02 |
| Gesamtsumme | | | | | | | | | | | 4,36 |

*Planungsgrundsatz 3.4*
In den Berechnungstabellen zur Ermittlung des Spitzendurchflusses (Bild 3.11 für Wohngebäude) wäre eine lineare Interpolation zur Ermittlung der genauen Berechnungswerte denkbar. Somit müsste der Bearbeiter zwischen den Werten 4,12 und 4,49 linear interpolieren. In der Praxis wählt man jedoch immer den nächst größeren Wert, im Beispiel die 4,49 → $\dot{V}_S$ = 1,20 l/s. Diese Vorgehensweise bei der Ermittlung des Spitzenvolumenstroms ist in Bild 3.11 dargestellt.

| $\Sigma \dot{V}_R$ bei Einzelentnahme < 0,5 [l/s] | 0,5 [l/s] | $\dot{V}_S$ [l/s] |
|---|---|---|
| 1,03 | 0,55 | 0,55 |
| 1,20 | 0,60 | 0,60 |
| 1,59 | 0,70 | 0,70 |
| 2,04 | 0,80 | 0,80 |
| 3,13 | 1,00 | 1,00 |
| 3,78 | 1,31 | 1,10 |
| 4,12 | 1,50 | 1,15 |
| <u>4,49</u> | <u>1,70</u> | <u>1,20</u> |
| 5,26 | 2,17 | 1,30 |

Bild 3.11 Ablesebeispiel des Spitzendurchflusses für Wohngebäude

**Arbeitsschritt 5:** Ermittlung verfügbares Rohrreibungsdruckgefälle
Hierbei kommt Formblatt A3 zur Anwendung. Zunächst erfolgt die Eintragung der einzelnen Stränge, getrennt nach Kalt- und Warmwasserleitungen. Um keine Bearbeitungsschritte zu vergessen, wird sich konsequent an die Reihenfolge von Bild 1.51 gehalten. Die einzelnen Zeilen (1)...(10) werden hierbei noch einmal ausführlich erläutert. Die Ergebnisse werden auf Formblatt A3 übertragen, das ausgefüllt Bild 3.12 wiedergibt.

**InfoClick**
**Formblatt A3**

Zeile (1)
Laut Aufgabenstellung beträgt der Mindestversorgungsdruck
4 bar = 4000 mbar

→ Eintragen in das Formblatt

| Bauvorhaben: | | | | | | | | |
|---|---|---|---|---|---|---|---|---|
| Firma: | | Bearbeiter: | | | | Datum: | | Blatt: |
| Angaben zur Anlage: a) Anschluss an die Versorgungsleitung unmittelbar / mittelbar | | | | | | Trinkwasser: kalt / warm<br>b) zentraler Trinkwassererwärmer<br>dezentraler Trinkwassererwärmer | | |
| **Benennung** | **Zeichen** | **Einheit** | **Strangbezeichnung** | | | | | |
| | | | I KW | II KW | III KW | I WW | III WW | |
| Mindestversorgungsdruck oder ausgangsseitiger Druck nach Druckminderer oder Druckerhöhungsanlage | $p_{min,V}$ | mbar | 4000 | 4000 | 4000 | 4000 | 4000 | |
| Druckverlust aus geodätischem Höhenunterschied | $\Delta p_{geo}$ | mbar | 1035 | 445 | 740 | 1035 | 740 | |
| Druckverlust Hauswasserzähler | $\Delta p_{WZ}$ | mbar | 746 | 746 | 746 | 746 | 746 | |
| Filter | $\Delta p_{FL}$ | mbar | 200 | 200 | 200 | 200 | 200 | |
| Enthärtungsanlage | $\Delta p_{EH}$ | mbar | | | | | | |
| Dosiereinrichtung | $\Delta p_{DOS}$ | mbar | | | | | | |
| Gruppentrinkwassererwärmer | $\Delta p_{TWE}$ | mbar | | | | | | |
| Stockwerkswasserzähler | $\Delta p_{WZ}$ | mbar | 360 | – | 360 | 291 | 291 | |
| Mindestfließdruck | $p_{min,FL}$ | mbar | 1000 | 1000 | 1000 | 1000 | 1000 | |
| Druckverlust der Stockwerks- und Einzelzuleitungen | $\Delta p_{St}$ | mbar | 290 | 270 | 354 | 290 | 124 | |
| Summe der Druckverluste | $\Sigma\Delta p$ | mbar | 3631 | 2661 | 3400 | 3562 | 3101 | |
| Verfügbarer Druckverlust für Rohrreibung- und Einzelwiderstände | $\Delta p_{verf}$ | mbar | 379 | 1339 | 600 | 438 | 899 | |
| Geschätzter Anteil für Einzelwiderständebei ........ % | – | mbar | 190 | 670 | 300 | 219 | 450 | |
| Verfügbarer Druckverlust für Rohrreibung | – | mbar | 189 | 669 | 300 | 219 | 449 | |
| Leitungslänge | $l_{ges}$ | m | 20,3 | 17,7 | 15,8 | 20,2 | 15,7 | |
| Verfügbares Rohrreibungsdruckgefälle | $R_{verf}$ | mbar/m | 9,3 | 37,8 | 19 | 10,8 | 28,6 | |

Bild 3.12 vollständig ausgefülltes Formblatt A3

Zeile (2)
Aus dem Strangschema und der Angabe aus der Aufgabenstellung können die Werte ermittelt werden. Die Umrechnung der Höhe erfolgt praxisnah mit 10 m WS = 1 bar = 1000 mbar

→ Eintragen in das Formblatt

Zeile (3)
Für diese Berechnung wird Gl. 1.8 verwendet:

$$\Delta p_{WZ} = \Delta p \cdot \frac{\dot{V}_S^2}{\dot{V}_G^2} = 1000\,\text{mbar} \cdot \frac{4{,}32^2}{5^2} = 746\,\text{mbar}$$

DIN 1988/3 Tabelle 3 und Tabelle 9 vermitteln die benötigten Werte. Der Spitzenvolumenstrom beträgt 4,32 m³/h. Damit ist für $\dot{V}_{max}$ nach DIN 1988/3 Tabelle 9 ein Durchfluss von 5 m³/h wählbar.

→ Eintragen in das Formblatt

*Planungsgrundsatz 3.5*
Sollte der Druckverlust für die Auslegung der Anlage zu groß sein, ist es möglich, den nächst größeren Wasserzähler zu benutzen.

Für das aufgeführte Beispiel würde sich folgender verbesserter Druckverlust ergeben:

$$\Delta p_{WZ} = \Delta p \cdot \frac{\dot{V}_S^2}{\dot{V}_G^2} = 1000\,\text{mbar} \cdot \frac{4{,}32^2}{7^2} = 384\,\text{mbar}$$

Für die Etagenwasserzähler wird wiederum Gl. 1.8 verwendet. Dabei sollte beachtet werden, dass für die Etage ein neuer Spitzendurchfluss ermittelt werden muss. Für den Kaltwasserzähler im 2. OG erhält man folgende Berechnung:

$$\Delta p_{WZ} = \Delta p \cdot \frac{\dot{V}_S^2}{\dot{V}_G^2} = 1000\,\text{mbar} \cdot \frac{1{,}8^2}{2^2} = 810\,\text{mbar}$$

Dieser Druckverlust ist relativ hoch, so dass unter Anwendung von Planungsgrundsatz 3.5 der nächst größere Wasserzähler nach DIN 1988/3 Tabelle 9 gewählt wird. Man ermittelt:

$$\Delta p_{WZ} = \Delta p \cdot \frac{\dot{V}_S^2}{\dot{V}_G^2} = 1000\,\text{mbar} \cdot \frac{1{,}8^2}{3^2} = 360\,\text{mbar}$$

→ Eintragen in das Formblatt

Tabelle 3.5 fasst die Werte der weiteren Wasserzähler zusammen.

Tabelle 3.5 Druckverlustsberechnungen für die Wasserzähler

| Zähler | Druckverlust |
|---|---|
| Wasserzähler 2. OG warm | $\Delta p_{WZ} = \Delta p \cdot \frac{\dot{V}_S^2}{\dot{V}_G^2} = 1000\,\text{mbar} \cdot \frac{1{,}6^2}{3^2} = 291\,\text{mbar}$ |
| Wasserzähler 1. OG kalt | $\Delta p_{WZ} = \Delta p \cdot \frac{\dot{V}_S^2}{\dot{V}_G^2} = 1000\,\text{mbar} \cdot \frac{1{,}8^2}{3^2} = 360\,\text{mbar}$ |
| Wasserzähler 1. OG warm | $\Delta p_{WZ} = \Delta p \cdot \frac{\dot{V}_S^2}{\dot{V}_G^2} = 1000\,\text{mbar} \cdot \frac{1{,}08^2}{2^2} = 291\,\text{mbar}$ |

Zeile (4)
Gl. 1.9 braucht man für die Druckverlustberechnung des Filters. Mit dem Planungsgrundsatz 1.21 wird der Druckverlust von 200 mbar ohne rechnerischen Nachweis ermittelt.

→ Eintragen in das Formblatt

Zeile (5)
Die Eintragung der Mindestfließdrücke erfolgt nach dem Formblatt A1. Dabei wird für den Strang der jeweils größte Fließdruck der einzelnen Entnahmestellen verwendet.

→ Eintragen in das Formblatt

Zeile (6)
Zur Ermittlung der Druckverluste der Stockwerks- und Einzelzuleitungen kommen DIN 1988/3 Tabelle 6 und Tabelle 7 zur Anwendung. Anhand des Rohrwerkstoffes definiert sich die Verlegeart.

Für das 2. OG, das mit dem Rohrwerkstoff Kupfer ausgelegt ist, kommt somit die gültige Norm zum Einsatz. Die Verlegung entspricht dem linken Bild von DIN 1988/3 Tabelle 6, und es gilt Gl. 3.1:

$$l_{St} + l_{EZ} < 10 \text{ m} \qquad \text{(Gl. 3.1)}$$

$l_{St}$ Länge der Stockwerksleitung
$l_{EZ}$ Länge der Einzelzuleitung

Aus dem Strangschema in Bild 3.10 wird für die Rohrleitungslänge der Badewanne (letztes Objekt, größte Rohrleitungslänge) ≈ 7 m angegeben.

$$l_{St} + l_{EZ} = 7 \text{ m} < 10 \text{ m}$$

Für die Entnahmearmatur der Badewanne gilt $\dot{V}_R < 0{,}5$ l/s. Somit kann bei der Berechnung nach DIN 1988/3 Tabelle 6 auf die Zeilen 1...6, wie in Bild 3.13 dargestellt, hingewiesen werden.

*Planungsgrundsatz 3.6*
Nach DIN 1988/3 wird empfohlen, sich bei der gesamten Dimensionierung an eine Bezugstemperatur von 10 °C zu orientieren. Somit finden die Spalten 11...13 der Norm keine Anwendung, d.h., auch Warmwasserleitungen können mit den Druckverlustwerten der Kaltwasserleitungen ausgelegt werden.

**Berechnungsansatz**

In den Spalten 8...10 der DIN 1988/3 sind Druckverlustswerte für 10 m Rohrleitung angegeben. Somit kann man in den Zeilen 1...6 feststellen,

Bei zentraler Trinkwassererwärmung

(1) Steigleitung TW oder TWW
(2) Stockwerksleitung
(3) Einzelzuleitung
(4) von der Steigleitung entfernteste Entnahmearmatur

Bei Gruppen-Trinkwassererwärmung

(a) Steigleitung TW
(b)(c) Stockwerksleitung TW und TWW
(d) Einzelzuleitung
(e) von der Steigleitung entfernteste Entnahmearmatur

| | Stockwerksleitung | | | Einzelzuleitung | | | | Druckverlust | | | | | |
|---|---|---|---|---|---|---|---|---|---|---|---|---|---|
| | $\dot{V}_R$ [l/s] | DN | $d_i$ [mm] | DN | $d_i$ [mm] | DN | $d_i$ [mm] | mbar [mbar/m] | mbar [mbar/m] | mbar [mbar/m] | mbar [mbar/m] | mbar [mbar/m] | mbar [mbar/m] |
| | | | | | | | | TW | | | TWW | | |
| | | | | | | | | Kolben-schieber | Schräg-sitzventil | Gerad-sitzventil | Kolben-schieber | Schrägsitz-ventil | Gerad-sitzventil |
| | | | | | | | | zentrale Trinkwassererwärmung | | | | | |
| Nr | 1 | 2 | 3 | 4 | 5 | 6 | 7 | 8 | 9 | 10 | 11 | 12 | 13 |
| 1 | < 0,5 | 12 | 13 | 15 | 13 | | | 1100 (90) | – | – | 400 (30) | 450 (30) | 550 (30) |
| 2 | | | | 10 | 10 | | | 1500 (90) | – | – | 500 (30) | 550 (30) | 650 (30) |
| 3 | | 15 | 16 | 15 | 13 | | | 600 (40) | 700 (40) | 850 (40) | 200 (15) | 250 (15) | 300 (15) |
| 4 | | | | 10 | 10 | | | 950 (40) | 1000 (40) | 1200 (40) | 350 (15) | 400 (15) | 450 (15) |
| 5 | | 20 | 20 | 15 | 13 | | | 300 (20) | 350 (20) | 400 (20) | 100 (5) | 150 (5) | 200 (5) |
| 6 | | | | 10 | 10 | | | 600 (20) | 650 (20) | 700 (20) | 200 (5) | 250 (5) | 300 (5) |

Bild 3.13 Auswahl für Druckverluste in Stockwerksleitungen

dass kleinere Rohrabmessungen bei gleichem Durchfluss größere Druckverluste aufweisen. Der Planer kann also entscheiden, welche Rohrabmessung er wählt. Für das Beispiel stünden theoretisch DN 12, DN 15 und DN 20 zur Verfügung. Für das Beispiel wird DN 20 gewählt.

Die reale Rohrleitungslänge beträgt 7 m nach Gl. 3.1. Somit ergibt sich eine nicht verwendete Rohrleitungslänge von 3 m.

10 m – 7 m = 3 m

Die in Klammern dargestellten Zahlenwerte stellen Abzugswerte dar, die mit der nicht verwendeten Rohrleitungslänge multipliziert werden. Daraus folgt für das Beispiel folgender Ansatz, wie in Bild 3.13 abzulesen ist.

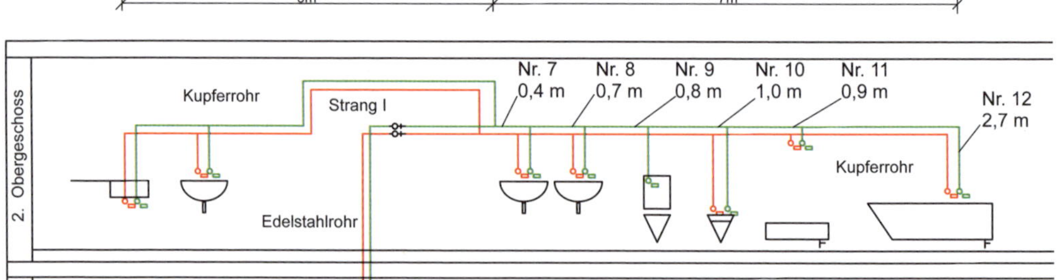


Bild 3.14 Ausschnitt Strangschema (Stockwerksleitung)

DN 20 → Zeile 5 oder 6

Entnahmearmatur DN 15 → Zeile 5
Schrägsitzventil (nach Aufgabenstellung) → Spalte 9

Berechnung Druckverlust:

$\Delta p_{\text{Stockwerksleistung}}$ = 350 mbar – 3 m · 20 mbar / m = 290 mbar

→ Eintragen in das Formblatt

Betrachtet man den Ausschnitt aus dem Strangschema für die Stockwerksleitungen in Bild 3.14, erkennt man, dass der vorhandene Abzweig (Anschluss Spüle und Waschtisch) bis zu dieser Stelle der Berechnung nicht berücksichtigt wurde.

Im Vergleich mit dem linken Bild in Tabelle 6 der DIN 1988/3 werden diese Abgangsleitungen aufgezeigt, jedoch nicht weiter bezeichnet. Daraus lässt sich folgender Planungsgrundsatz ableiten:

*Planungsgrundsatz 3.7*
Abzweigende Leitungen erhalten die gleiche Dimension wie die berechneten Stockwerksleitungen.

Für das gezeigte Beispiel würden sich demnach folgende Dimensionen ergeben:

Einzelzuleitung DN 15
Sammelzuleitung DN 20

→ Eintragen in das Formblatt

Nach dem gleichen Verfahren werden die Teilstränge IIa und IIb bemessen, wobei für das Eintragen in das Formblatt A3 der Strang IIa aufgrund der größeren Leitungslänge (6 m) verwendet wird.

| | | Druckverlust bei zentraler Trinkwassererwärmung (Kaltwasser) | | |
|---|---|---|---|---|
| **DN der Absperrarmatur** | **Waschmaschine** | **Kolbenschieber** [mbar] | **Schrägsitzventil** [mbar] | **Kolbenschieber** [mbar] |
| 20 | mit | 160 | 180 | 250 |
| | ohne | 60 | **80** | 120 |
| 25 | mit | 150 | 160 | 180 |
| | ohne | 60 | 70 | 80 |

Bild 3.15 Ermittlung des Druckverlustes für Stockwerksverteiler

→ Eintragen in das Formblatt

Für die Berechnung des Druckverlustes von Strang III werden Tabelle 7 und Tabelle 8 der DIN 1988/3 eingesetzt. Dabei wird Gl. 3.2 angewendet:

$$\Delta p = \Delta p_{\text{Stockwerksverteiler}} + \Delta p_{\text{Einzelzuleitung}} \quad \text{(Gl. 3.2)}$$

Für das Berechnungsbeispiel wird die Nennweite der Armatur (DIN 1988/3 Tabelle 7) mit DN 20 festgelegt. Auch hier gilt der Planungsgrundsatz 3.6, dass in der Praxis alle Anlagen mit den Werten für die Kaltwasserleitungen ausgelegt werden. Somit ergibt sich nach den Vorgaben der Aufgabenstellung ein Druckverlust ($\Delta p_{\text{Stockwerksverteiler}}$) von 80 mbar. Das Ableseergebnis vermittelt Bild 3.15.

Für die Bemessung des Druckverlustes der Einzelzuleitungen nach DIN 1988/3 Tabelle 8 kann man nicht pauschal davon ausgehen, dass die Entnahmearmatur mit der größten Rohrleitungslänge auch den größten Druckverlust aufweist. Um die Anwendung von DIN 1988/3 Tabelle 8 (s. auch Bild 3.17) zu zeigen, wird nach Bild 3.16 Folgendes festgelegt und in Tabelle 3.6 dargestellt:

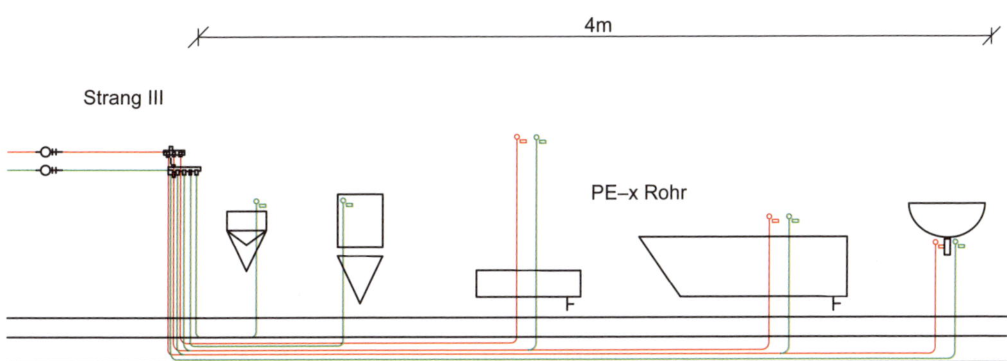


Bild 3.16 Ausschnitt aus dem Strangschema mit Stockwerksverteiler

Tabelle 3.6 Rohrleitungslängen zum Strang III

| **Entnahmestelle** | $\dot{V}_R$ [l/s] | **Rohrleitungslänge** [m] | **Druckverlust** nach DIN 1988/3 Tabelle 8 [mbar] |
|---|---|---|---|
| Waschtisch | 0,07 | 4 | 38 |
| Badewanne | 0,15 | 3 | 124 |
| Dusche | 0,15 | 3 | 124 |
| WC | 0,13 | 2 | 74 |
| Urinal | 0,3 | 1 | 274 |

Somit ergeben sich die Teilergebnisse, die Bild 3.17 wiedergibt.

| $\dot{V}_R$ [l/s] | **Länge der Einzelzuleitung [m]** | | | | |
|---|---|---|---|---|---|
| | 1 | 2 | 3 | 4 | 5 |
| | **Druckverlust ($l_{EZ} \cdot R + Z$) der Einzelzuleitung [mbar]** | | | | |
| 0,07 | 17 | 24 | 31 | **38** | 45 |
| 0,10 | 32 | 45 | 57 | 70 | 83 |
| 0,13 | 54 | **74** | 94 | 114 | 134 |
| 0,15 | 72 | 98 | **124** | 150 | 177 |
| 0,20 | 129 | 172 | 216 | 259 | 303 |
| 0,22 | 156 | 208 | 259 | 311 | 363 |
| 0,25 | 200 | 265 | 329 | 394 | 459 |
| 0,30 | **274** | 364 | 454 | 544 | 634 |
| 0,35 | 375 | 494 | 612 | 731 | 850 |

Bild 3.17 Anwendung von DIN 1988/3 Tabelle 8

Für die Weiterrechnung muss der größte Wert gewählt werden, was im Berechnungsbeispiel die 274 mbar für das Urinal generiert.

Mit der Anwendung von Gl. 3.2 kann der Gesamtdruckverlust für den Strang III ermittelt werden:

$$\Delta p = \Delta p_{\text{Stockwerksverteiler}} + \Delta p_{\text{Einzelzuleitung}} = 80 \text{ mbar} + 274 \text{ mbar} = 354 \text{ mbar}$$

→ Eintragen in das Formblatt

(7)
Alle bisher ermittelten Druckverluste von (2)...(6) werden addiert.

→ Eintragen in das Formblatt

(8)
Um den verfügbareren Druckverlust für die Rohrreibung und Einzelwiderstände zu ermitteln, wird der ermittelte Wert unter (7) vom Mindestversorgungsdruck (1) subtrahiert.

→ Eintragen in das Formblatt

(9)
Nach Aufgabenstellung werden nach dem vereinfachten Verfahren die Einzelwiderstände ermittelt, wobei der Faktor 0,5 (50%) verwendet wird.

*Planungsgrundsatz 3.8*
Die Ergebnisse bei Eintag in die Formblätter sind immer auf ganze Stellen zu runden.

Für den Strang I KW im Formblatt A3 ergibt die Berechnung:

$\Delta p$ = 379 mbar · 0,5 = 189,5 mbar = 190 mbar

→ Eintragen in das Formblatt

(10)
Um nun den verfügbaren Druckverlust für die Rohrreibung zu ermitteln, subtrahiert man den Wert aus (9) vom Wert aus (8). Aus dem Strangschema (Bild 3.10) werden nun für die einzelnen Stränge die Rohrleitungslängen ermittelt.

→ Eintragen in das Formblatt

Zum Abschluss wird nun das verfügbare Rohrreibungsdruckgefälle pro Strang ermittelt. Dafür werden die Werte aus Zeile (10) durch die ermittelten Rohrleitungslängen dividiert.

*Planungsgrundsatz 3.9*
Die Ergebnisse sind bei Eintrag in die Formblätter immer auf eine Stelle nach dem Komma zu runden.

→ Eintragen in das Formblatt

Nach der Berechnung aller Teilstränge ist das Formblatt A3 vollständig ausgefüllt. Die Weiterrechnung erfolgt nun zunächst mit **dem kleinsten Wert** des verfügbaren Rohrreibungsdruckgefälles, in dem nun das Formblatt A4 bearbeitet wird.

**InfoClick**
**Formblätter**

**Arbeitsschritt 7:**
Zuerst wird der Tabellenkopf ausgefüllt. Danach erfolgt die komplette Erfassung des Teilstranges, wie in Abschnitt 1.6.3 Arbeitsschritt 7

beschrieben. Bei der Anwendung von Tabelle 1.18...1.26 von DIN 1988/3, die in Abhängigkeit des Werkstoffes angewandt werden, muss der Bearbeiter Fließgeschwindigkeiten wählen. Es kann theoretisch jede Fließgeschwindigkeit gewählt werden, es gilt jedoch aus Abschnitt 1.6.4 *Planungsgrundsatz 1.24*.

> *Planungsgrundsatz 3.10*
> Für die praktische Anwendung ist es ratsam, in den Steig- und Sammelzuleitungen eine Fließgeschwindigkeit von 1,5 m/s nicht zu überschreiten.

Für die hier aufgezeigt Berechnung gilt diese Vorgabe für alle Leitungen. Damit kann das Formblatt komplett ausgefüllt werden.

> *Planungsgrundsatz 3.11*
> Bei praktischen Berechnungen wird in den Auswahltabellen nicht linear interpoliert, es wird immer der nächst größere Wert aus der jeweiligen Tabelle benutzt.

Unter Anwendung von *Planungsgrundsatz 3.11* erhält man für das Berechnungsbeispiel die Ergebnisse, die in den Tabellen von Bild 3.18 dargestellt sind.

**Bewertung der Ergebnisse:**
Alle Kontrollen waren positiv, daraus folgt, dass die Anlage so gebaut werden kann. Bei den Teilstrecken 43, 55 und 46 liegen die vorhandenen Druckverluste weit unter den Grenzwerten. Hier wäre theoretisch eine Verkleinerung der Nennweite möglich (s. Planungsgrundsatz 1.24 in Abschnitt 1.6.4).

**Arbeitsschritt 8:**
Nach Fertigstellung der Berechnung können nun alle Ergebnisse im Strangschema eingetragen werden. Dabei kann das Darstellungsraster nach Bild 1.55 in Abschnitt 1.6.4 benutzt werden. Bild 3.19 gibt das vollständige Strangschema wieder.

Damit ist die Aufgabenstellung erfüllt. In der Weiterführung der Planung, wäre nun das Material (Rohrleitungslängen, Anzahl der Fittinge und das Zubehör usw.) zu ermitteln. Mit einer modernen Berechnungssoftware würde die Materialermittlung durch das Programm automatisch aus den Angaben des Strangschemas erfolgen, was dem Planer viel Zeit erspart.

Vergleicht man nun die Berechnungsergebnisse des vereinfachten und des differenzierten Verfahrens, stellt man fest, dass nur geringfügige Unterschiede bei einzelnen Rohrabmessungen zu verzeichnen sind. Daraus kann man für die Praxis ableiten, dass das vereinfachte Verfahren für kleine Anlagen durchaus praxistauglich ist. Werden die Anlagen jedoch komplexer (mehrere Steigestränge, Zirkulation usw.), wird das differenzierte Verfahren zur Anwendung kommen. Dabei ist das vorgestellte Verfahren immer anwendbar, egal wie kompliziert die Anlage bzw. das Strangschema aufgebaut ist.

Bauvorhaben:
Firma: Bearbeiter: Datum: Blatt:

Strang: TW/TWW Rohrart: Edelstahl nach DIN
Verfügbarer Druckverlust für Rohrreibung: ........ 189 mbar
Verbraucht in den Teilstrecken (TS): 1 bis 6........ 0 mbar
Verfügbarer Druckverlust für Rohrreibung für die TS ....... bis ........ 0 mbar
Leitungslänge der TS 1 bis 6 = 20,3 m
Verfügbares Rohrreibungsdruckgefälle für die TS...1... bis ....6........ 9,3 mbar/m

| aus dem Rohrplan | | | | gewählter Rohrdurchmesser | | | |
|---|---|---|---|---|---|---|---|
| Teilstrecke<br>TS | Länge<br>$l$ (m) | Summendurchfluss<br>$\Sigma\dot{V}_R$ (l/s) | Spitzendurchfluss<br>$\dot{V}_S$ (l/s) | Nennweite<br>$DN$ (mm) | rechnerische Fließgeschwindigkeit<br>$v$ (m/s) | Rohreibungsdruckgefälle<br>$R$ (mbar/m) | Druckverlust aus Rohrreibung<br>$R \cdot l$ (mbar) |
| 1 | 0,1 | 4,36 | 1,2 | 32 | 1,5 | 7,6 | 0,76 |
| 2 | 0,1 | 4,36 | 1,2 | 32 | 1,5 | 7,6 | 0,76 |
| 3 | 1,5 | 4,36 | 1,2 | 32 | 1,5 | 7,6 | 1,4 |
| 4 | 4,5 | 3,34 | 1,05 | 32 | 1,5 | 7,6 | 34,2 |
| 5 | 9,6 | 1,58 | 0,7 | 25 | 1,4 | 9,5 | 91,2 |
| 6 | 4,5 | 0,78 | 0,5 | 25 | 1,0 | 5,3 | 23,85 |
| $\Sigma l$ = | 20,3 | $\Sigma (R \cdot l)$ = | | | | | 162,17 |

**Kontrolle 189 mbar > 162,17 mbar**
→ Anlagenteil kann so gebaut werden

Bauvorhaben:
Firma: Bearbeiter: Datum: Blatt:

Strang: TW/TWW Rohrart: Edelstahl nach DIN
Verfügbarer Druckverlust für Rohrreibung: ........ 300 mbar
Verbraucht in den Teilstrecken (TS): 1 bis 5........ 139 mbar
Verfügbarer Druckverlust für Rohrreibung für die TS 43 ... bis ........ 161 mbar
Leitungslänge der TS bis = m
Verfügbares Rohrreibungsdruckgefälle für die TS bis ........ mbar/m

| aus dem Rohrplan | | | | gewählter Rohrdurchmesser | | | |
|---|---|---|---|---|---|---|---|
| Teilstrecke<br>TS | Länge<br>$l$ (m) | Summendurchfluss<br>$\Sigma\dot{V}_R$ (l/s) | Spitzendurchfluss<br>$\dot{V}_S$ (l/s) | Nennweite<br>$DN$ (mm) | rechnerische Fließgeschwindigkeit<br>$v$ (m/s) | Rohreibungsdruckgefälle<br>$R$ (mbar/m) | Druckverlust aus Rohrreibung<br>$R \cdot l$ (mbar) |
| 43 | 1,21 | 0,8 | 0,5 | 25 | 1,0 | 5,3 | 6,36 |
| $\Sigma l$ = | | $\Sigma (R \cdot l)$ = | | | | | 6,36 |

**Kontrolle 161 mbar > 6,36 mbar**
→ Anlagenteil kann so gebaut werden

zu Bild 3.18

Bauvorhaben:
Firma: Bearbeiter: Datum: Blatt:

Strang: TW/TWW Rohrart: Edelstahl nach DIN
Verfügbarer Druckverlust für Rohrreibung: ........ 699 mbar
Verbraucht in den Teilstrecken (TS): 1 bis 5........ 47,1 mbar
Verfügbarer Druckverlust für Rohrreibung für die TS 55 ... bis ........ 622 mbar
Leitungslänge der TS bis = m
Verfügbares Rohrreibungsdruckgefälle für die TS.... bis ........ mbar/m

| aus dem Rohrplan | | | | gewählter Rohrdurchmesser | | | |
|---|---|---|---|---|---|---|---|
| Teilstrecke<br>TS | Länge<br>$l$ (m) | Summendurchfluss<br>$\Sigma\dot{V}_R$ (l/s) | Spitzendurchfluss<br>$\dot{V}_S$ (l/s) | Nennweite<br>$DN$ (mm) | rechnerische Fließgeschwindigkeit<br>$v$ (m/s) | Rohreibungsdruckgefälle<br>$R$ (mbar/m) | Druckverlust aus Rohrreibung<br>$R \cdot l$ (mbar) |
| 55 | 1,9 | 1,76 | 0,75 | 25 | 1,1 | 6,2 | 11,78 |
| $\Sigma l =$ | | $\Sigma (R \cdot l) =$ | | | | | 11,78 |

**Kontrolle 622 mbar > 11,78 mbar**
→ Anlagenteil kann so gebaut werden

Bauvorhaben:
Firma: Bearbeiter: Datum: Blatt:

Strang: TW/TWW Rohrart: Edelstahl nach DIN
Verfügbarer Druckverlust für Rohrreibung: ........ 219 mbar
Verbraucht in den Teilstrecken (TS): 1 bis 3........ 12,92 mbar
Verfügbarer Druckverlust für Rohrreibung für die TS ....... bis ........ 206 mbar
Leitungslänge der TS bis = m
Verfügbares Rohrreibungsdruckgefälle für die TS.... bis ........ 9,3 mbar/m

| aus dem Rohrplan | | | | gewählter Rohrdurchmesser | | | |
|---|---|---|---|---|---|---|---|
| Teilstrecke<br>TS | Länge<br>$l$ (m) | Summendurchfluss<br>$\Sigma\dot{V}_R$ (l/s) | Spitzendurchfluss<br>$\dot{V}_S$ (l/s) | Nennweite<br>$DN$ (mm) | rechnerische Fließgeschwindigkeit<br>$v$ (m/s) | Rohreibungsdruckgefälle<br>$R$ (mbar/m) | Druckverlust aus Rohrreibung<br>$R \cdot l$ (mbar) |
| 15 | 1,7 | 1,02 | 0,55 | 25 | 1,1 | 6,2 | 10,54 |
| 16 | 12,3 | 1,02 | 0,55 | 25 | 1,1 | 6,2 | 76,26 |
| 17 | 4,2 | 0,65 | 0,45 | 20 | 1,4 | 13,4 | 56,28 |
| $\Sigma l =$ | | $\Sigma (R \cdot l) =$ | | | | | 143,08 |

**Kontrolle 206 mbar > 143,08 mbar**
→ Anlagenteil kann so gebaut werden

Bauvorhaben:
Firma: Bearbeiter: Datum: Blatt:

Strang: TW/TWW Rohrart: Edelstahl nach DIN
Verfügbarer Druckverlust für Rohrreibung: ........ 300 mbar
Verbraucht in den Teilstrecken (TS): 1 bis 4 + 15 + 16 ........ 139 mbar
Verfügbarer Druckverlust für Rohrreibung für die TS ....... bis ........ 161 mbar
Leitungslänge der TS bis = m
Verfügbares Rohrreibungsdruckgefälle für die TS.... bis ........ mbar/m

| aus dem Rohrplan | | | | gewählter Rohrdurchmesser | | | |
|---|---|---|---|---|---|---|---|
| Teilstrecke<br>TS | Länge<br>$l$ (m) | Summendurchfluss<br>$\Sigma\dot{V}_R$ (l/s) | Spitzendurchfluss<br>$\dot{V}_S$ (l/s) | Nennweite<br>$DN$ (mm) | rechnerische Fließgeschwindigkeit<br>$v$ (m/s) | Rohreibungsdruckgefälle<br>$R$ (mbar/m) | Druckverlust aus Rohrreibung<br>$R \cdot l$ (mbar) |
| 46 | 1,3 | 0,37 | 0,3 | 15 | 1,5 | 18,5 | 24,05 |
| $\Sigma l =$ | | $\Sigma (R \cdot l) =$ | | | | | 24,05 |

**Kontrolle 349 mbar > 24,05 mbar**
→ Anlagenteil kann so gebaut werden

Bild 3.18 Darstellung der Berechnungsergebnisse mit Hilfe des Formblattes A4 für alle Teilstrecken

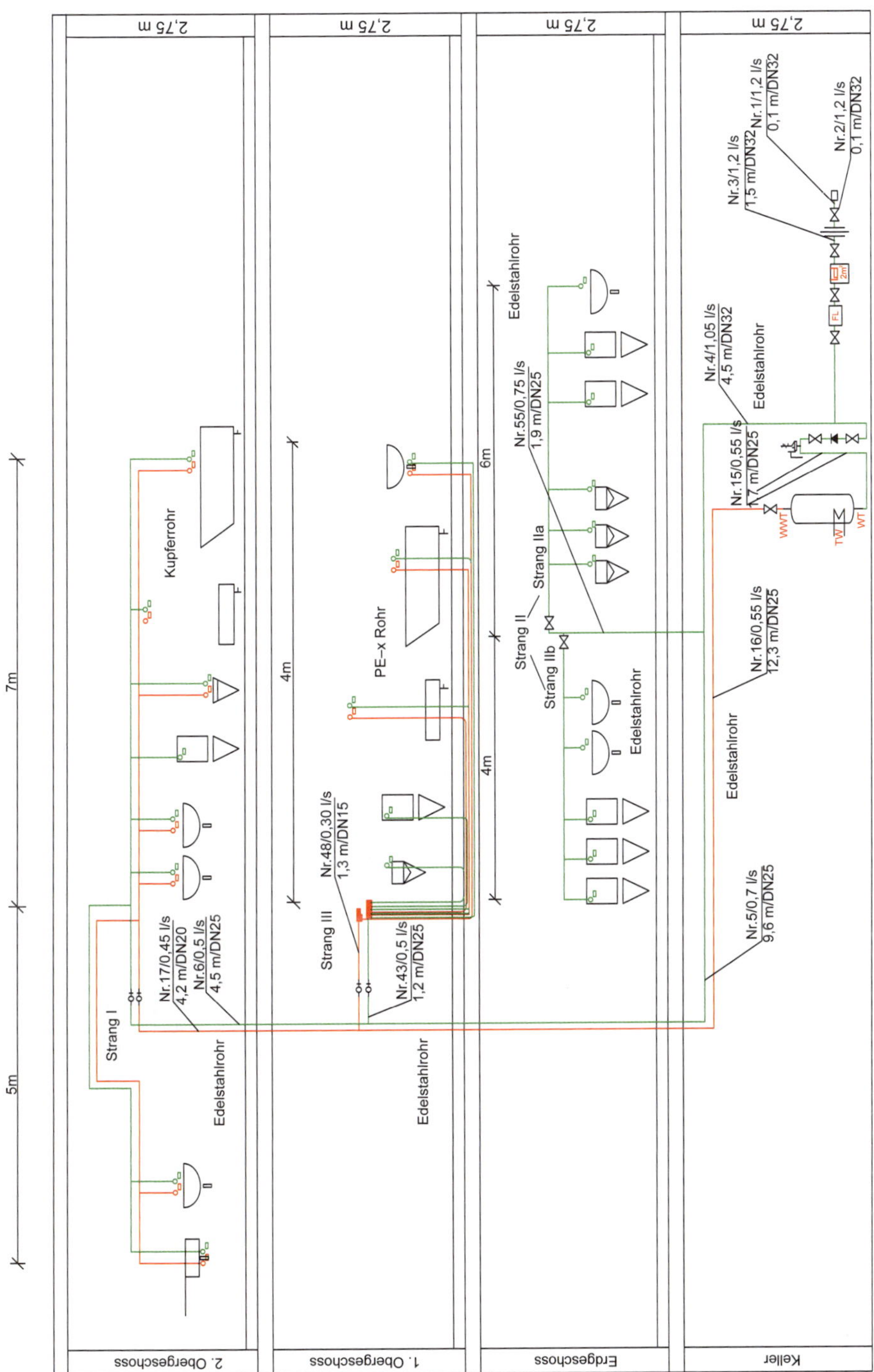


Bild 3.19 Vollständiges Strangschema nach Beendigung der Berechnung.

## 3.3.3 Abwasserplanung

### 3.3.3.1 Beispielrechnung

Anhand eines Beispiels wird der Berechnungsgang für die Dimensionierung einer Abwasseranlage vorgestellt. Bild 3.20 veranschaulicht den Grundriss eines Bades. Aus der Zeichnung ist zu erkennen, dass zwei Abwasserfallleitungen hinter der jeweiligen Vorwandinstallation vorgesehen sind.

**Aufgabenstellung**

Für den dargestellten Grundriss in Bild 3.20 ist eine Abwasseranlage zu dimensionieren. Dabei ist davon auszugehen, dass sich zwei deckungsgleiche Bäder übereinander befinden.

Im Grundriss sind eine Reihe von Planungsgrundsätzen (Planungsgrundsatz 3.12) verwirklicht. Diese Planungsgrundsätze dienen der Verbesserung der Optik des Bades, es werden gleichzeitig auch hydraulische Zusammenhänge mit berücksichtigt.

In den Bildern 3.21 und 3.22 wird das Bad in einer 3-D-Grafik gezeigt, womit ein Nutzer die Optik eines Bades schon vor Baubeginn erkennen kann.

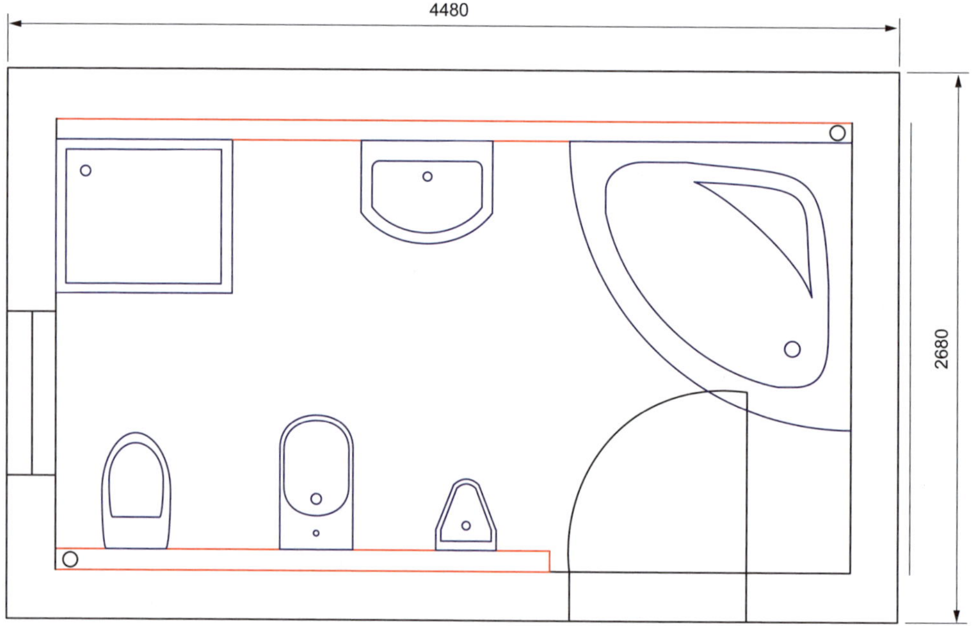


Bild 3.20 Grundriss eines Bades

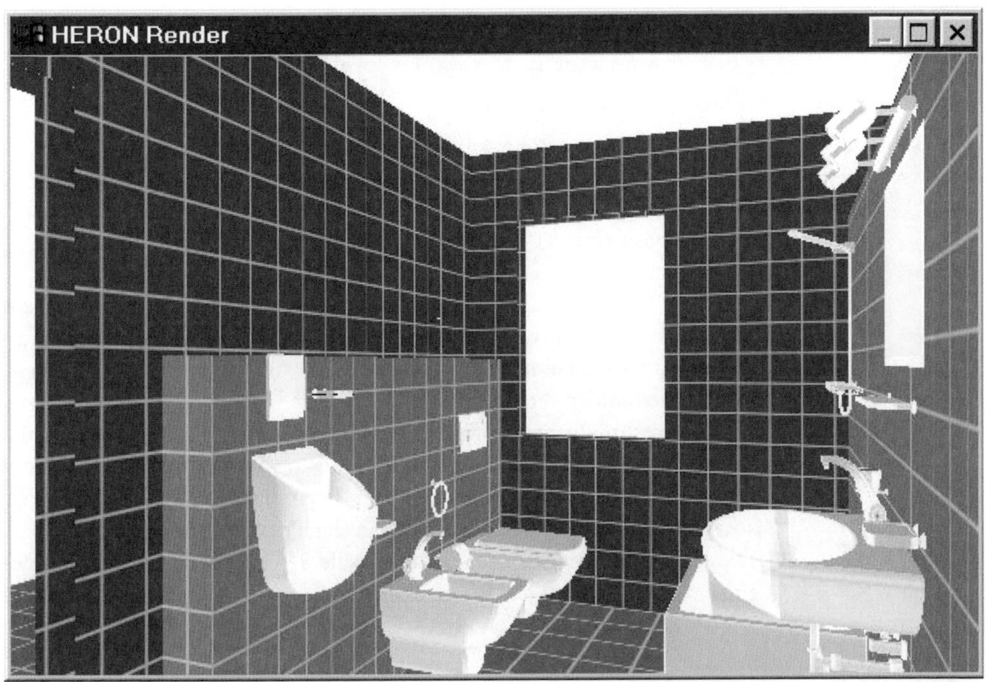


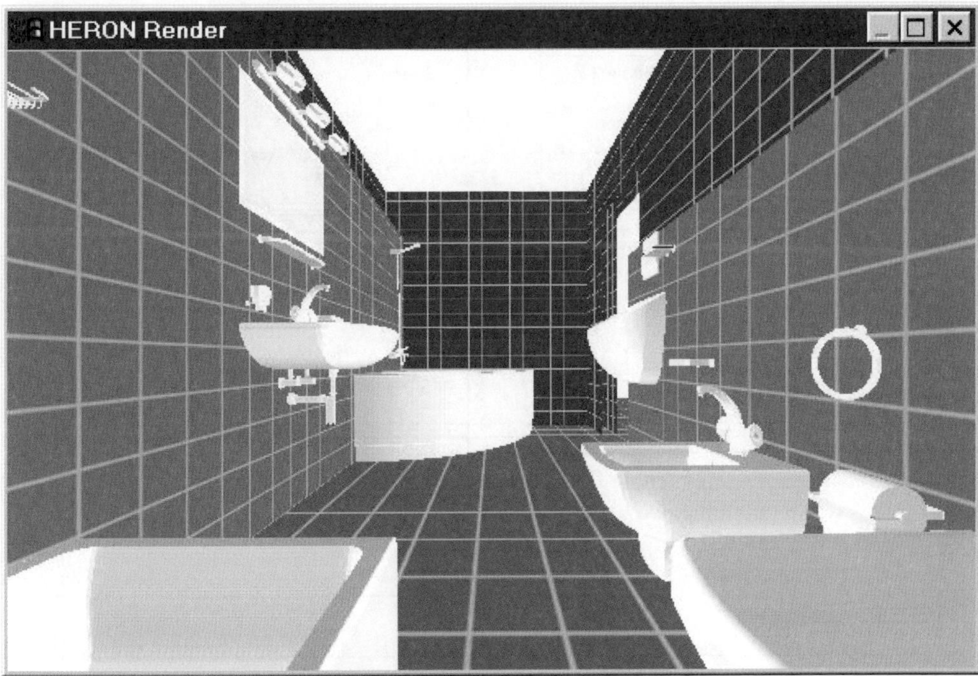


Bilder 3.21 und 3.22 Badplanung in 3-D-Darstellung

*Planungsgrundsatz 3.12*
Für eine moderne Badgestaltung sollen folgende Punkte Berücksichtigung finden:

- WC nicht im direkten Blickfeld der Tür anordnen,
- WC immer nahe der Fallleitung anordnen (kurze Anbindung),
- an der WC-Leitung weitere Entwässerungsgegenstände anbinden,
- Entwässerungsgegenstände nicht zu eng platzieren.

Aus den Vorgaben der Aufgabenstellung ist es möglich, zunächst ein Strangschema zu entwickeln. Dies ist in Bild 3.23 dargestellt. Im Strangschema ist zu erkennen, welche Entwässerungsgegenstände rohrtechnisch miteinander verbunden sind.

**InfoClick**
**Formblätter**

Im Berechnungsgang von der DIN 12 056 und 1986-100 sind keine Formblätter für die rechnerische Ermittlung vorgegeben. Aus diesem Grund wurde durch den Autor ein Formblatt entwickelt, das sich sowohl in der Ausbildung als auch in der Praxis sehr gut bewährt hat. Dieses Formblatt veranschaulicht Tabelle 3.7 und ist vollständig ausgefüllt.

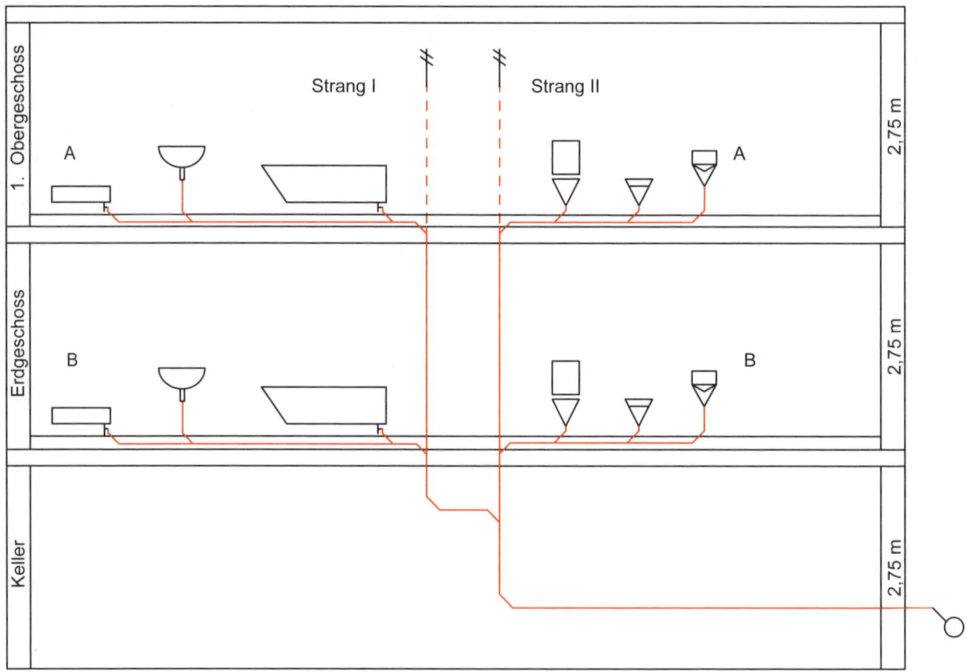


Bild 3.23 Strangschema zur Aufgabenstellung

Hinweise zum Ausfüllen des Formblattes (Tabelle 3.7):

(1) Festlegen der einzelnen Strangnummern (römische Ziffern):
Strang I, Strang II, Einteilung der Etagen: A, B, C usw. (Bild 3.23),

(2) Beginn am Strang I Obergeschoss mit Eintrag in die Tabelle 3.7,

(3) Festlegung der Abflusskennzahl K
nach DIN EN 12 056/2 Tabelle 3 (K = 0,5),

(4) Ermittlung der DN der Einzelanschlussleitungen mit Hilfe
DIN EN 12 056/2 Tabelle 2 und aus Abschnitt 2.4:
Kontrolle der Geometrieanforderung,

(5) Ermittlung der DN der Sammelanschlussleitungen
nach DIN 1986-100 Tabelle 5 und aus Kapitel 2.4:
Kontrolle der Geometrieanforderungen,

Tabelle 3.7 Formblatt zur Dimensionierung von Abwasserleitungen (nach SCHENKER)

| **Strang** | **Entwässerungsgegenstand** | | **Einzelanschlussleitung** | **Summe** | $Q_{ww}$ [l/s] $Q_{ww} = K \cdot \sqrt{\Sigma(DU)}$ | **Sammelanschluss-Leitung (ja/nein)** | **Fallleitung** | **Sammelleitung Grundleitung + (Gefälle)** | **Bemerkung** |
|---|---|---|---|---|---|---|---|---|---|
| | | *DU* | *DN* | *DU* | | *DN* | *DN* | *DN* | |
| IA | Dusche | 0,6 | 50 | 0,6 | – | | | | |
| | Waschtisch | 0,5 | 40 | 1,1 | 0,52 | 60 (j) unbelüftet | | | |
| | Badewanne | 0,8 | 50 | 1,9 | 0,68 | 60 (j) unbelüftet | 70 | | Hauptlüftung |
| IB | Dusche | 0,6 | 50 | 0,6 | – | | | | |
| | Waschtisch | 0,5 | 40 | 1,1 | 0,52 | 60 (j) unbelüftet | | | |
| | Badewanne | 0,8 | 50 | 1,9 | 0,68 | 60 (j) unbelüftet | | | |
| IA+IB | | | | 3,8 | 0,97 | | 70 | 70 (1:100) | |
| IIA | Urinal | 0,8 | 50 | 0,8 | – | | | | |
| | Bidet | 0,5 | 40 | 1,3 | 0,57 | 60 (j) unbelüftet | | | |
| | WC 7,5 l | 2,0 | 100 | 3,3 | 0,9 | 100 (j) unbelüftet | 100 | | Hauptlüftung |
| IIB | Urinal | 0,8 | 50 | 0,8 | – | | | | |
| | Bidet | 0,5 | 40 | 1,3 | 0,57 | 60 (j) unbelüftet | | | |
| | WC 7,5 l | 2,0 | 100 | 3,3 | 0,9 | 100 (j) unbelüftet | | | |
| IIA+II B | | | | 6,6 | 1,28 | | 100 | | |
| I + II | | | | 10,4 | 1,61 | | 100 | 100 (1:100) | |

(6) Ermittlung der DN für die Fallleitung
nach Tabelle 11 und Tabelle 12 der DIN EN 12 056/2,
(7) Addieren der einzelnen Etagen zur Ermittlung der DN der Fallleitung und Sammelleitung und Grundleitung (vgl. Tabelle 3.7),
(8) Antragen aller ermittelten DN im Strangschema.

Damit wäre die Dimensionierung der Abwasseranlage abgeschlossen. Wenn man den Berechnungsgangsgang aufmerksam betrachtet, fällt auf, dass sehr viele Kontrollen der Einbaugeometrie erfolgen. Das ist notwendig, um später ein einwandfreies Funktionieren der Anlage zu garantieren. Auf ein paar besondere Planungsprobleme wird an dieser Stelle noch einmal besonders hingewiesen.

#### 3.3.3.2 Besondere Planungsanforderungen an Abwasseranlagen

**Schutz vor Überflutung der Gebäude**

*Planungsgrundsatz 3.13*
Jeder Wasserentnahmestelle innerhalb von Gebäuden, außer denen für Feuerlöschzwecke und für Wasch- und Geschirrspülmaschinen, müssen einen Entwässerungsgegenstand besitzen.

Entwässerungsgegenstände deren Ablauföffnungen verschlossen werden können, wie z.B. bei Waschtischen, Spülen, Badewannen, müssen einen freien Überlauf mit ausreichendem Abflussvermögen haben.

Sanitärräume in Gebäuden, die für einen wechselnden Personenkreis bestimmt oder allgemein zugänglich sind (z.B. Hotels, Schulen, Sportstätten, Gaststätten), müssen einen Bodenablauf mit Geruchverschluss enthalten. Verluste von Sperrwasser müssen ausgeglichen werden.

**Verlegung von Schmutzwasserleitungen**

*Planungsgrundsatz 3.14*
Anschlüsse an Sammelanschlussleitungen, Sammelleitungen und Grundleitungen für Schmutzwasser sollten geneigt erfolgen (Neigung nicht unter 15°, Bild 3.24).

Richtungsänderungen von Grund- oder Sammelleitungen dürfen nur mit Bögen ≤45° ausgeführt werden. Übergänge auf größere Nennweiten müssen mit Übergangsformstücken oder anderen geeigneten Verbindungen (z.B. Übergangsdichtungen) hergestellt werden. In liegenden Abwasserleitungen sollen exzentrische Übergangsformstücke scheitelgleich eingebaut werden.

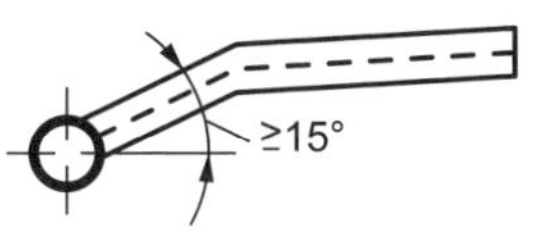


Bild 3.24
Empfehlung der Einbindung in Sammelanschlussleitungen, Sammelleitungen und Grundleitungen

### Vermeidung von Fremdeinspülung

**Fremdeinspülung**

Unter **Fremdeinspülung** versteht man in der Praxis, wenn Abwasser aus einem Leitungssystem in ein anderes (fremdes) Leitungssystem gelangt, also das Abwasser nicht den vorgegebenen Weg im System nimmt. Bei extremen Fremdeinspülungen kann es z.B. passieren, dass Abwasser aus einer oberen Wohnung in der Duschtasse der unteren Wohnung austritt.

*Planungsgrundsatz 3.15*
Anschlussleitungen für Klosettbecken, Bade- und Duschwannen sowie für Badabläufe sind so in die Fallleitung einzuführen, dass das Maß $h = DN$ der Anschlussleitung ist ($h$ Höhenunterschied zwischen Wasserspiegel im Geruchverschluss und Sohle der Anschlussleitung am Fallleitungsabzweig, Bild 3.25).

Benachbarte Anschlussleitungen sind so zu verlegen, dass Fremdeinspülungen vermieden werden. Für Anschlussleitungen (von z.B. Bade- und Duschwannen), bei denen mit Fremdeinspülungen aus Klosettbecken gerechnet werden muss, sollten die Maße aus Bild 3.26a und 3.26b benutzt werden. Bei Anschluss von gegenüberliegenden Klosetts gilt Bild 3.26c.

Auch für Anschlüsse von Einzelanschlussleitungen an Sammelanschlussleitungen bzw. Sammelleitungen gilt der Grundsatz, dass Fremdeinspülungen zu vermeiden sind.

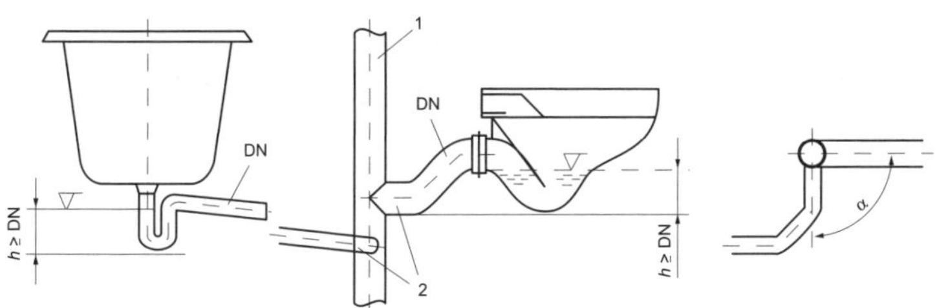


1 Fallleitung

2 Abzweige

α Spreizwinkel (im Grundriss)

Bild 3.25
Anschlüsse von Entwässerungsgegenständen gegen Fremdeinspülung

Bild 3.26
Geometrieanforderungen gegen Fremdeinspülung

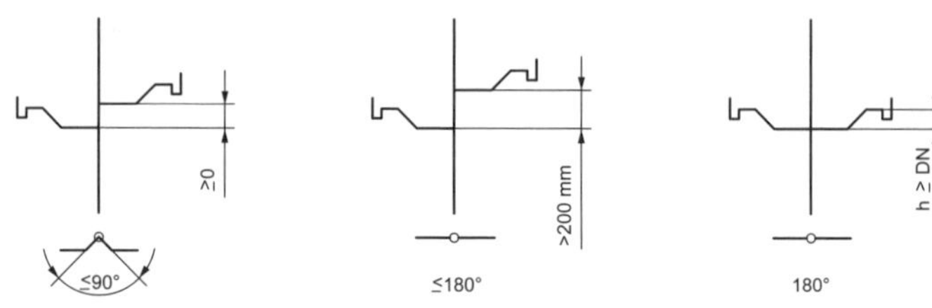


Maße beziehen sich auf die Rohrsohlen der Anschlussleitungen

a b c

## Schmutzwasserfallleitungen

*Planungsgrundsatz 3.16*

- ❑ Schmutzwasserfallleitungen sind ohne Nennweitenänderung möglichst geradlinig durch die Geschosse bis über Dach zu führen.
- ❑ Anschlüsse ≤ *DN* 70 an Fallleitungen müssen mit 88° ± 2° abzweigen bzw. mit Abzweigen mit Innenradius angeschlossen werden.
- ❑ Nebeneinanderliegende Wohnungen dürfen nur dann an eine gemeinsame Schmutzwasserfallleitung angeschlossen werden, wenn sowohl für den Schall- als auch für den Brandschutz die erforderlichen Maßnahmen berücksichtigt wurden.
- ❑ Bei Fallleitungen, die nicht mehr als 3 Geschosse durchlaufen bzw. nicht länger als 10 m sind, kann die Umlenkung in die liegende Leitung mit einem Bogen 88° ± 2° ausgeführt werden.
- ❑ Bei Fallleitungen, die 4…8 Geschosse durchlaufen bzw. 10 m bis 22 m lang sind, sind Maßnahmen nach Bild 3.27 oder Bild 3.28 erforderlich.

Bild 3.27
Geometrieanforderung bei Gebäuden von 10…22 m Höhe

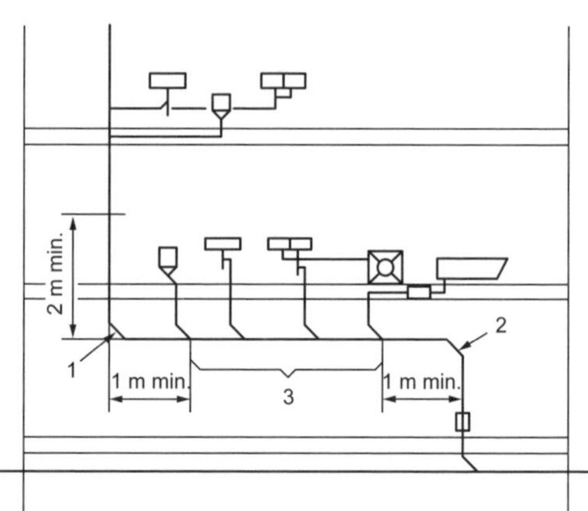


1 zulaufseitiger Bogen

2 ablaufseitiger Bogen

3 Anschlussstrecke/Fallleitungsverziehung

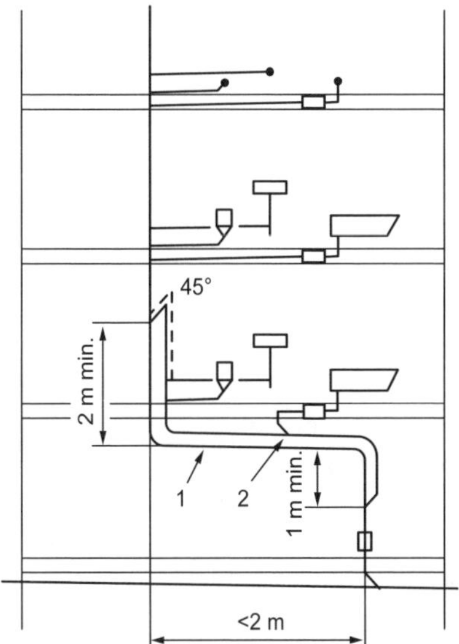


Bild 3.28
Geometrieanforderung bei Gebäuden von 10...22 m Höhe

1 Fallleitungsverziehung

2 Umgehungsleitung

## Übergang zu einer liegenden Leitung

*Planungsgrundsatz 3.17*
Bei einer Verziehung der Fallleitung sind die zulauf- und ablaufseitigen Bogen mit einem Zwischenstück von 250 mm Länge aufzulösen (Bild 3.29).

## Lüftungsleitungen

*Planungsgrundsatz 3.18*
Grundsätzlich muss jede Fallleitung als Lüftungsleitung bis über Dach geführt werden. Grund- und Sammelleitungen in Anlagen ohne Fallleitung sind mit mindestens einer Lüftungsleitung über Dach zu versehen.

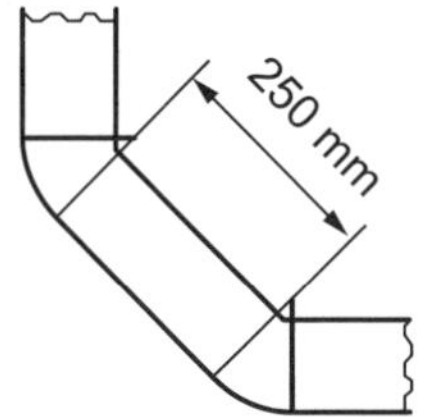


Bild 3.29
Übergang in eine liegende Leitung

Lüftungsleitungen dürfen in der Regel nur in lotrechte Teile von Abwasserleitungen angeschlossen werden. Verziehungen müssen mit Gefälle verlegt werden.

Als Endrohre von Lüftungsleitungen sind nur Bauteile zu verwenden, die einen fach- und funktionsgerechten Anschluss an die Dachhaut ermöglichen. Dabei müssen die Mündungen der Lüftungsleitungen immer lotrecht aus dem Dach herausgeführt werden.

Die Mitbenutzung von Abwasserleitungen zur Raumentlüftung ist unzulässig.

Belüftungsventile können in Entwässerungsanlagen mit dem Hauptlüftungssystem als Ersatz für Umlüftungen oder indirekter Nebenlüftungen, die dem Abbau von Unterdruck im Leitungssystem dienen, eingebaut werden.

In 1- und 2-Familien-Häusern können Belüftungsventile anstelle von Fallleitungen eingesetzt werden, wenn mindestens eine Fallleitung über Dach geführt wird.

In rückstaugefährdeten Bereichen und für die Lüftung von Behältern, z.B. Hebeanlagen, dürfen keine Belüftungsventile eingesetzt werden.

## 3.3.4 Regenwasserplanung

### 3.3.4.1 Beispielrechnung

Für ein 1-Familien-Haus (Bild 3.30) soll eine Dachentwässerung geplant werden. Dabei soll bis an die Grundstücksgrenze das Regenwasser getrennt vom Schwarzwasser abgeführt werden. Für die wirksame Dachfläche soll in diesem Beispiel (vor allem zu Übungszwecken) die genaue Größe des Daches ermittelt werden (alternativ wäre die projizierte Dachfläche möglich). Für das Dach soll eine Dachneigung von 45° angenommen werden.

Für die Dachlänge (Trauflänge) kann von 10 m ausgegangen werden, da das Gebäude in der Seitenlänge 9,49 m misst und ein Giebelüberhang des Daches von ca. 250 mm aus der Zeichnung abzulesen ist.

In Bezug auf die Ortganglänge ist in der Zeichnung kein Maß eingetragen. Deshalb wird beschrieben, wie diese Länge aus den in der Zeichnung gegebenen Werten ermittelt werden kann. Nach den trigonometrischen Funktionen ist die Ortganglänge wie folgt berechenbar und in Bild 3.31 skizziert.

Für die Dreiecksberechnung nach Bild 3.31 gilt Gl. 3.3:

$$\cos(Winkel) = \frac{Ankathete}{Hypotenuse} \qquad \text{(Gl. 3.3)}$$

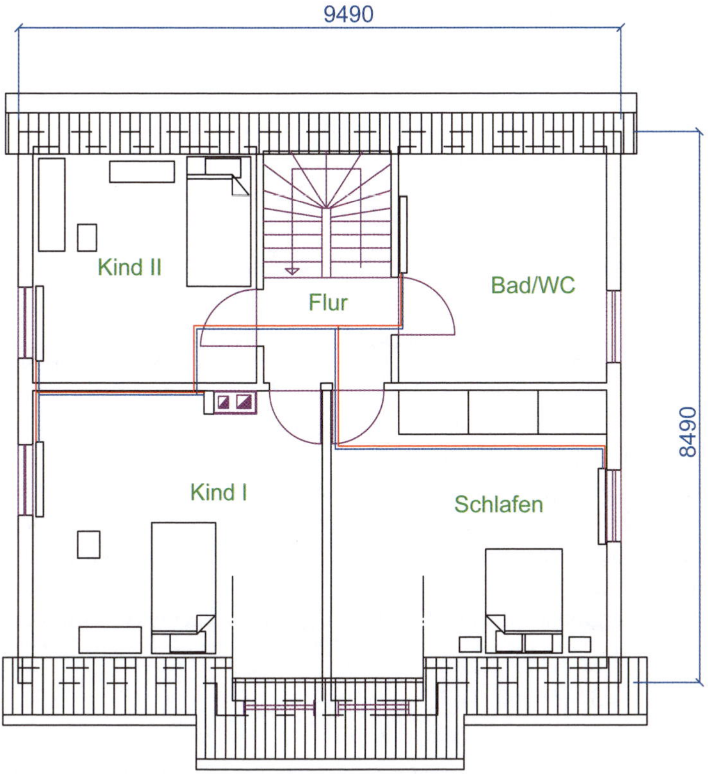

9490

Kind II

Flur

Bad/WC

Kind I

Schlafen

8490

Bild 3.30
Grundriss Dachgeschoss

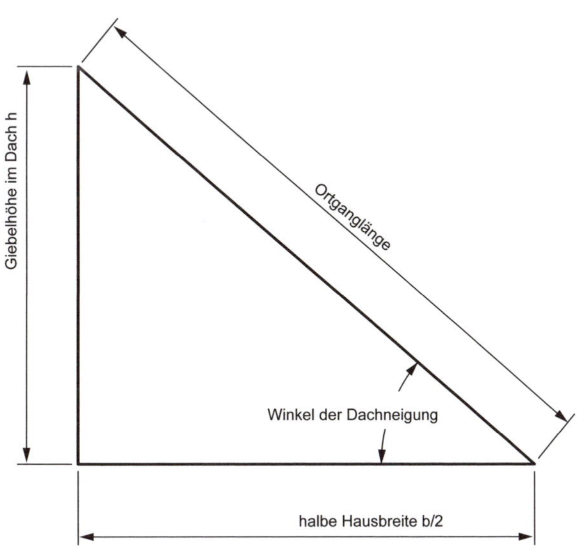


Bild 3.31
Dachgeometrien

Aus Gl. 3.3 kann man nun die Werte auf die Aufgabenstellung beziehen. Dadurch erhält man die Funktionsgleichung 3.4:

$$\cos(\textit{Winkel der Dachneigung}) = \frac{\textit{halbe Hausbreite}}{\textit{Ortganglänge}} \qquad \text{(Gl. 3.4)}$$

Durch Umstellen von Gl. 3.4 und Einsetzen der Werte aus Bild 3.30 kann die Ortganglänge berechnet werden. Für die Hausbreite wird aus der Zeichnung der Wert 8,49 m ermittelt. Für die Weiterrechnung wird der Wert halbe Hausbreite auf 4,25 gerundet. Der Winkel der Dachneigung beträgt laut Aufgabenstellung 45°.

$$\textit{Ortganglänge} = \frac{\textit{halbe Hausbreite}}{\cos\alpha} = \frac{4{,}25\ \text{m}}{\cos 45°} = 5{,}58\ \text{m} = 5{,}6\ \text{m}$$

Daraus ergibt sich mit der gewählten Trauflänge von 10 m für eine Dachhälfte eine Fläche $A$ von 56 m². Der Abflussbeiwert soll für das Beispiel mit 1,0 angenommen werden (DIN 1986-100 Tabelle 6). Da für das Objekt keine genauen Wetterdaten bekannt sind, wird eine Bemessungsregenspende von $r$ = 0,03 l/(s · m²) angenommen (vgl. Planungsgrundsatz 2.14).

Somit ergibt sich nach Gl. 2.3 folgender Regenwasserabfluss pro Dachfläche:

$$Q = \frac{0{,}03\,\text{l} \cdot 56\ \text{m}^2 \cdot 1}{s \cdot \text{m}^2} = 1{,}68\frac{\text{l}}{\text{s}}$$

Dieser Wert wird für die Weiterrechnung auf 1,7 l/s gerundet. Nun erfolgt die Kontrolle, ob die Dachrinne in der Lage ist, diese Wassermenge aufzunehmen und abzuleiten. Dazu wird Tabelle 3.8 verwendet.

Für das Beispiel sind folgende Werte bekannt: Dachfläche 56 m², die Dachrinne soll 6 mm/m Gefälle haben, der Dachrinnenablauf kreisrund ausgeführt sein: Mit dieser Angabe wählt man aus Tabelle 3.8 eine 7-teilige Rinne.

Tabelle 3.8 Praxiswerte für halbrunde Dachrinnen

| Teiligkeit der Dachrinne | Nenngröße | Durchmesser [mm] | mögliche Soll-Wassertiefe $W$ [mm] | Gesamtquerschnitt der Rinne $A_E$ [mm²] | mögliche anzuschließende Dachfläche [m²] |
|---|---|---|---|---|---|
| 10 | 200 | 80 | 40 | 2 513 | 25 |
| 8 | 250 | 105 | 50 | 4 330 | 51 |
| 7 | 280 | 127 | 60 | 6 334 | 100 |
| 6 | 333 | 153 | 75 | 9 193 | 159 |
| 5 | 400 | 192 | 95 | 14 476 | 174 |

Mit den Angaben in der Tabelle 3.8 erfolgt die Kontrolle mit Gleichung 2.4, welche Rinnenart (in Bezug auf die Rinnenlänge) vorliegt.

$$L \leq 50 \cdot W = 50 \cdot 0{,}06 \text{ m} = 3 \text{ m}$$

Da die vorhandene Rinne 10 m lang ist, handelt es sich um eine «lange» Rinne. Deshalb erfolgt die Weiterberechnung mit Hilfe von Gl. 2.7:

$$Q_L = 0{,}9 \cdot Q_N \cdot F_L$$

Die Berechnung von $Q_N$ erfolgt mit Gl. 2.6:

$$Q_N = 2{,}78 \cdot 10^{-5} \cdot A_E{}^{1{,}25} = 2{,}78 \cdot 10^{-5} \cdot 6334^{1{,}25} = 1{,}57 \ \frac{\text{l}}{\text{s}}$$

Die Ermittlung von $F_L$ erfolgt nach DIN EN 12 056/3 Tabelle 6. Dafür benötigt man das Verhältnis :

$$\frac{L}{W} = \frac{\text{Länge der Dachrinne [mm]}}{\text{Sollwassertiefe [mm]}} = \frac{10\,000 \text{ mm}}{60 \text{ mm}} = 167$$

In Tabelle 6 der DIN EN 12 056/3 kann nun für diesen Wert (167) ein Abflussbeiwert $F_L = 1{,}21$ bei einem Gefälle von 6 mm/m abgelesen werden. Damit ist Gl. 2.7 anwendbar:

$$Q_L = 0{,}9 \cdot Q_N \cdot F_L = 0{,}9 \cdot 1{,}57 \ \frac{\text{l}}{\text{s}} \cdot 1{,}21 = 1{,}7 \text{ l/s}$$

Zum Abschluss der Berechnung kommt der Vergleich zwischen $Q$ und $Q_L$. Da beide Werte gleich sind, kann die gewählte Dachrinne eingesetzt werden.

Für die sichere Ableitung ist nun die Bemessung der Fallleitung notwendig.

*Planungsgrundsatz 3.19*
Die Fallleitung darf keine geringere Nennweite aufweisen als die Anschlussnennweite des zugehörigen Dachablaufs. Die Fallleitungen können bis zu einem Füllungsgrad von $f = 0{,}33$ bemessen werden. Der **Füllungsgrad**, definiert das Verhältnis des Querschnitts des Rohres, der mit Wasser gefüllt ist, zum Gesamtquerschnitt und ist dimensionslos.

**Füllungsgrad**

Mit dem Wert von $Q_L = 1{,}7$ l/s kann man mit Hilfe der Tabelle 3.9 ein Fallrohr von DN 50 ermitteln. Nach der gleichen Tabelle ergibt sich ein Einlaufdurchmesser von DN 70 für den Dachrinnenablauf.

Die Einbindung des Fallrohres erfolgt nun in eine entsprechende Sammel- oder Grundleitung. Die Auslegung der Rohre erfolgt nach DIN EN 12 056/2 in Abhängigkeit des gewählten Füllgrades. Die einzigste Forderung nach DIN EN 12 056/3 besteht in der Mindestnennweite, die DN 100 betragen muss.

Tabelle 3.9
Abflussvermögen von Regenwasserfallleitungen mit einem Füllungsgrad $f = 0{,}33$

| Innendurchmesser der Regenwasserfallleitung<br>[mm] | Querschnittsfläche der Regenwasserfallleitung<br>[mm²] | Abflussvermögen der Regenwasserfallleitung<br>[l/s] | Mindestdurchmesser (bei kreisrundem Einlauf) des Dachrinnenablaufs<br>[mm] |
|---|---|---|---|
| 50 | 1 963 | 1,7 | 70 |
| 80 | 5 026 | 5,9 | 113 |
| 100 | 7 853 | 10,7 | 141 |
| 120 | 11 309 | 17,4 | 170 |
| 140 | 15 394 | 26,3 | 198 |
| 180 | 25 447 | 51,4 | 255 |
| 200 | 31 416 | 68,0 | 283 |
| 300 | 70 686 | 200,6 | 424 |

Für das hier gewählte Beispiel (Ableitung als Trennsystem) ergibt sich bei einem Füllgrad von 0,5 nach DIN 1986-100 Tabelle A2 eine Leitung *DN* 100 mit einem Gefälle von 1 : 100.

### 3.3.4.2 Besondere Dachentwässerungssysteme

Nach DIN 12 056/3 ist es möglich, Dachentwässerungssysteme einzusetzen, die betriebstechnisch mit vollgefüllten Leitungen arbeiten. Das hat den Vorteil, dass die Leitungen einen größeren Volumenstrom als teilgefüllte Leitungen transportieren können und somit alle Dimensionen der Rohrleitungen kleiner werden.

Bild 3.32
Dachwassereinlauf: Pluva (Firma Geberit)

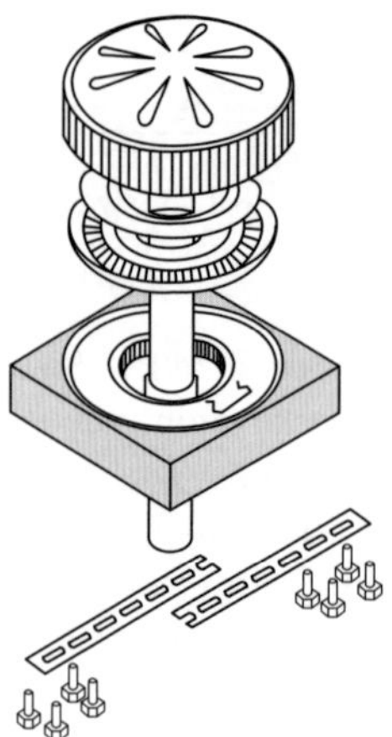

Diese Systeme werden auch als Unterdrucksysteme bezeichnet. Der notwendige Unterdruck wird mit Hilfe der Einlaufsysteme (Bild 3.32) und dem dazugehörenden Druckunterschied zwischen Dachwassereinlauf und dem Übergang zur Freispiegelleitung erzeugt.

Die Energie für den Unterdruck ergibt sich aus dem Höhenunterschied. Durch die Vollfüllung der Rohre entsteht am oberen Ende der Fallleitung ein Unterdruck. Dieser Unterdruck steht den nachfolgenden horizontalen Leitungen zur Verfügung.

**Stauhöhen**

Für die einwandfreie Funktion der Anlage ist es notwendig, dass ein Luftabschluss am Dachwassereinlauf erzeugt wird. Dadurch sind diese Systeme nur auf Flachdächern einsetzbar, denn nur hier sind über dem Dachwassereinlauf entsprechende Wasserstandshöhen erzeugbar. Diese Wasserstandhöhen werden als **Stauhöhen** bezeichnet. Tabelle 3.10 zeigt notwendige Stauhöhen in Abhängigkeit des Mindestabflusses.

Tabelle 3.10 Stauhöhen in Abhängigkeit vom Mindestabfluss

| **Nennweite** | **Mindestabfluss**<br>l/s | **Stauhöhe**<br>$\Delta h$<br>mm |
|---|---|---|
| DN 40 | 3,0 | 55 |
| DN 50 | 6,0 | 55 |
| DN 70 | 12,0 | 55 |

Aus diesen Erkenntnissen lassen sich eine Reihe von Planungsgrundsätzen ableiten, die vor allem der Sicherheit der Gebäude dienen.

*Planungsgrundsatz 3.20*

- ❑ Die Tragfähigkeit des Daches muss in der Lage sein, die Wassermasse, die sich aus der Stauhöhe ergibt, aufnehmen zu können.
- ❑ Die vollgefüllte Anlage muss so konstruiert sein, dass jegliche Überlastung der erdverlegten Entwässerung berücksichtigt wird.
- ❑ Rohre und Formstücke müssen dem maximalen positiven und negativen Druck, der unter Betriebsbedingungen entsteht, widerstehen.
- ❑ Abläufe müssen mit Sieben ausgestattet sein, um Feststoffe zurückzuhalten, um Verstopfungen zu verhindern.
- ❑ Der Rohrinnendurchmesser muss mindestens 32 mm betragen.
- ❑ Bei Flachdächern müssen immer entsprechende Notüberläufe berücksichtigt werden.

Die Bemessung der Leitungssysteme erfolgt mit Hilfe von Gl. 2.3. Mit Hilfe des Regenwasserabflusses, kann nach Tabelle 3.10 die Anzahl und die Nennweite des Dachwassereinlaufes ermittelt werden. Für die

Dimensionierung der anschließenden Rohrleitungen kommt DIN 1986-100 Tabelle A4 (Füllgrad 1,0) zum Einsatz. Auch hier muss beachtet werden, dass es keine Berücksichtigung von Gleichzeitigkeiten gibt, d.h., alle Teilregenwasserabflüsse addieren sich.

# 4 Spezielle Anlagen in der Sanitärtechnik

- ❑ Regenwassernutzung
- ❑ Schwimmbadtechnik

## 4.1 Regenwassernutzungsanlagen

### 4.1.1 Grundlagen

Die Regenwassernutzung von Menschen ist schon sehr alt. Bereits um 1700 v.Chr. gab es nachweislich Regenwasserzisternen für die Speicherung von Wasser, das als Trinkwasser genutzt wurde. Aufgrund der stetig steigenden Preise für Trinkwasser erfährt diese Technik seit einigen Jahren eine neue Belebung am Markt. Die große Nachfrage nach Regenwassernutzungsanlagen wird zusätzlich durch die Regenwassergebühr (Versieglungsgebühr) unterstützt.

**Versieglungsgebühr**

Eine **Versieglungsgebühr** ist zu erheben, wenn der Kostenanteil zur Regenwasserbeseitigung über 12% der gesamten Entwässerungskosten liegt. Trifft diese Bedingung zu, ist die Kommune verpflichtet, Gebühren getrennt nach Schmutz- und Regenwasser zu erheben.

Weltweit gibt es genügend Trinkwasser, aber territorial sowohl in unterschiedlicher Qualität als auch in unterschiedlichen Mengen. Bei der Bereitstellung von Trinkwasser gibt es ebenso eine Reihe von Problemen. Ein herausragendes Problem ist die zunehmende Belastung des Grundwassers. Dafür sind viele Gründe festzustellen, u.a. gelangen durch den verstärkten Einsatz von Düngemitteln eine Reihe von Phosphaten ins Grundwasser. In der Praxis spricht man davon, dass die Brunnen versalzen. Weiter verursacht ein exzessiver Wasserverbrauch eine ständige Absenkung des Grundwasserspiegels. Solche Absenkungen entstehen auch, wenn Grundwasseradern durch Baugruben unterbrochen werden. Auf die Wasserqualität hat das keinen direkten Einfluss, aber die Förderung des Wassers aus größeren Tiefen wird teurer.

Außerdem ist der regionale Bedarf an Trinkwasser oft größer als die Niederschlagsmenge. Für Berlin stellen sich die Zahlen beispielsweise wie folgt dar:

- 400 Mio. m$^3$ Bedarf,
- 130 Mio. m$^3$ Niederschlag.

Das bedeutet, dass das benötigte Trinkwasser entsprechend «importiert» werden muss.

Aus all diesen Problemen für die Bereitstellung des Trinkwassers, ergibt sich nur eine Schlussfolgerung: Die Trinkwasserpreise werden weiter steigen.

*Planungsgrundsatz 4.1*
Trinkwasser wird stetig teurer!

Aus diesem Grund ist es notwendig darüber nachzudenken, wie man beim Trinkwasserverbrauch sparen kann, oder ob es Möglichkeiten gibt, Trinkwasser mit Regenwasser zu ersetzen. Wird Trinkwasser mit Regenwasser ersetzt, können die Trinkwasseranbieter nicht mehr so viel Trinkwasser verkaufen, was wiederum zur Preiserhöhung führen kann. Es müssen also Möglichkeiten gefunden werden, eine wirtschaftliche Regenwassernutzung zu realisieren.

**Substitution**

Unter **Substitution** versteht man das mögliche Ersetzen von Trinkwasser durch Regenwasser. Folgende Möglichkeiten wären für die Substitution von Trinkwasser denkbar:

- Toilettenspülung,
- Raumreinigung,
- Gartenbewässerung,
- Wagenwäsche,
- Waschmaschinen.

Tabelle 4.1 stellt Argumente für und gegen eine Regenwassernutzung gegenüber.

Tabelle 4.1 Regenwassernutzung

| Pro | Kontra |
|---|---|
| steigende Trinkwasser- und Abwasserpreise (Kostensparung beim Verbraucher) | weniger Wasserverkauf durch Anbieter (Es soll viel Trinkwasser verkauft werden.) |
| Trinkwasserverbrauch reduzieren, mittels Substitution (Trinkwasserbedarf ca. 140 l/Person/Tag) | zusätzliche Anlagenkomponenten in der Hausinstallation (Investitionskosten) |
| geregelte Regenrückhaltung (Rückstauvermeidung bei Starkregen) | |
| sehr weiches Wasser (für Wäschewaschen) | |
| keine bakterielle Gefahr*) | |
| Einführung der Versieglungsgebühr | |

*) Auswertung der Landesuntersuchungsanstalt Bremen: Dr. HOLLÄNDER

Gegner der Regenwassernutzung argumentieren immer wieder damit, dass sich in den Anlagen vermehrt Bakterien in nicht zulässigen Größenordnungen ansammeln (Escheria coli und coliforme Keime). Aus einer Untersuchung und Veröffentlichungen der Landesuntersuchungsanstalt Bremen, Dr. HOLLÄNDER, geht hervor, dass diese Informationen falsch sind. Tabelle 4.2 weist eine Untersuchungsreihe an über 100 Zisternen auf, die belegt, dass keine bakterielle Belastung vorliegt.

Tabelle 4.2 Untersuchungsergebnis an Zisternen

| | **Bakteriologische Richt- und Grenzwerte** | | | | |
|---|---|---|---|---|---|
| | **Trinkwasser** | **Badegewässer** | | **Feinkostsalate** | Medienwerte über 100 Zisternen in Deutschland |
| | | Richtwerte | Grenzwerte | | |
| E. coli | 0/100 ml | 100/100 ml | 2 000/100 ml | 1 000/100 ml | 26/100 ml |
| coliforme Keime | 0/100 ml | 500/100 ml | 10 000/100 ml | | 198/100 ml |

Somit kann eingeschätzt werden, dass das Regenwasser für die o.g. Einsatzbereiche (auch Wäschewaschen, s. Abschnitt 4.1.5) uneingeschränkt verwendet werden kann.

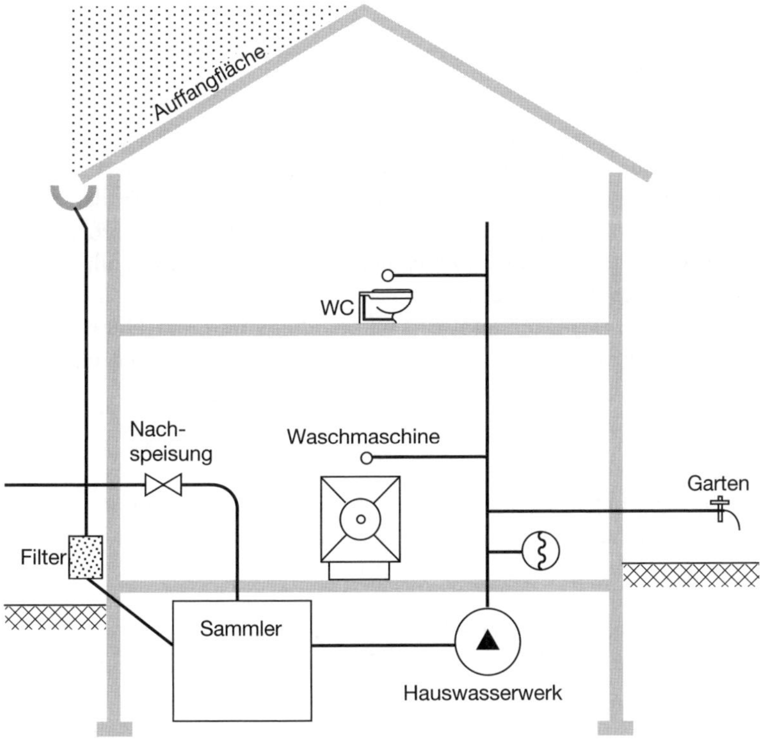


Bild 4.1
Komponenten der Regenwasseranlage

## 4.1.2 Anlagenkomponenten

Eine Regenwasseranlage besteht aus folgenden Komponenten, die Bild 4.1 vermittelt.

Auffangfläche → Filterung → Speicherung → Druckerhöhung → Verbraucher

### Auffangfläche

Unter Auffangflächen versteht man alle möglichen Flächen, die in der Lage sind, Regenwasser aufzunehmen und es ohne größere Verluste weiterzuleiten. Vorrangig sind hier Dächer mit Schiefer-, Dachziegel- oder Hardbrandsteindeckung zu nennen. Für eine Reihe von Dachwerkstoffen sollten folgende Praxiserfahrungen beachtet werden:

- ❑ Bei Gründächern tritt i.d.R. langfristig eine bräunliche Färbung des Wassers ein.
- ❑ Bei Bitumendächern tritt in vielen Fällen eine Gelbfärbung des Regenwassers ein.
- ❑ Dächer aus asbesthaltigen Faserzement-Werkstoffen emittieren langfristig Fasern.
- ❑ Bei neu erstellten, großflächigen unbeschichteten Kupfer- und Zinkdächern können stark erhöhte Metallkonzentrationen im Dachablaufwasser auftreten.
- ❑ Auf verwitterten, rauen Dachflächen sammeln sich während der Trockenzeiten Feststoffe an, die bei Regenfällen abgespült werden.

### Filterung

Die Filterung erfolgt mit mechanischen Filtern. Dabei werden von der Industrie verschiedene Systeme angeboten. Je nach Größe der angeschlossenen Auffangfläche können diese Filter eingesetzt werden. Bild 4.2 zeigt ein Fallrohrfilter. Dieser Filter wird direkt in das Fallrohr der Regenwasseranlage eingebaut.

Für größere Anlagen kommen Inline-Filter zum Einsatz, wie in Bild 4.3 beschrieben. Die Dimensionierung erfolgt nach den Regenabflussmengen (s. Abschnitt 2.5).

### Speicherung

Die Speicherung des aufgefangenen und gefilterten Regenwassers erfolgt in Zisternen oder Tanks. Diese können als Keller- oder Erdanlage gebaut werden. Die wichtigsten Aufstellanforderungen sind, dass die Anlagen kühl und lichtundurchlässig aufgestellt werden. Man erreicht damit, dass eventuelle eingetragene Bakterien oder Algen sich nicht weiter vermehren können. Bild 4.4 zeigt eine Zisterne für den Erdeinbau.

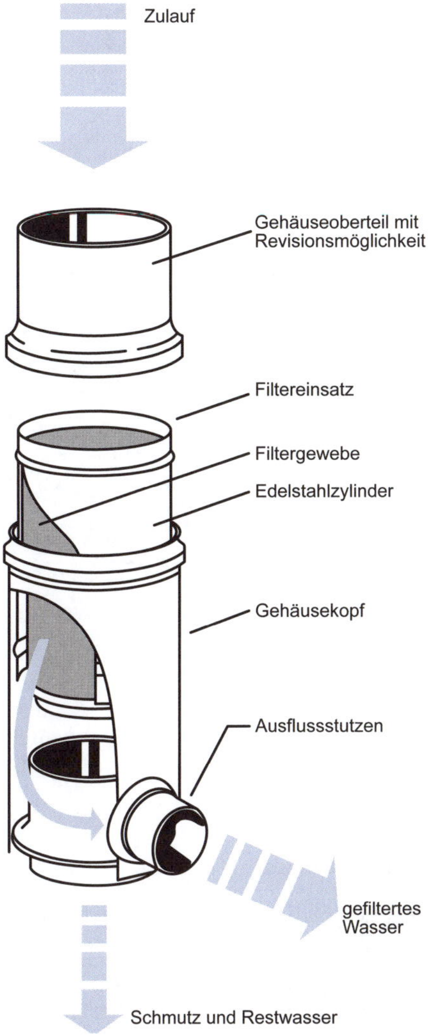

Zulauf
Gehäuseoberteil mit
Revisionsmöglichkeit
Filtereinsatz
Filtergewebe
Edelstahlzylinder
Gehäusekopf
Ausflussstutzen
gefiltertes
Wasser
Schmutz und Restwasser

Bild 4.2
Fallrohrfilter
(Firma GEP)

Revisionsschacht
(kürzbar)
Zulauf
gefiltertes Wasser
zum Speicher
Schmutz und Restwasser

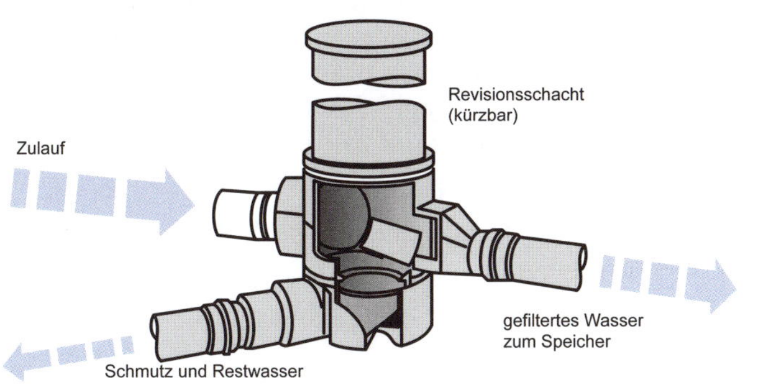

Bild 4.3
Aufbau und Funktion
eines Inline-Filters
(Firma GEP)

Bild 4.4
Filterzisterne
(Firma GEP)

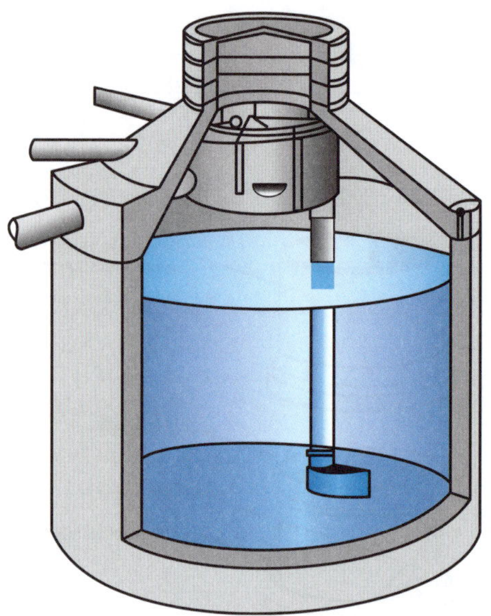

Bild 4.4 zeigt, dass der Filter direkt auf dem Zisternenkopf sitzt. Dadurch wird eine Platzoptimierung erreicht. Die Bemessung der Zisterne vermittelt Abschnitt 4.1.3.

**Druckerhöhung**

Das gespeicherte Regenwasser wird über eine Druckerhöhungsanlage (Hauswasserwerk) den einzelnen Verbrauchern zugeführt. Dabei ist das Hauptbauteil der Anlage eine Pumpe. Die Auslegung von Pumpen erfolgt nach den bekannten Parametern Volumenstrom und Druckverlust.

Für die Regenwassernutzung wird der Volumenstrom und der Druckverlust nach dem Anlagenschema ermittelt. (s. auch Abschnitt 1.6). Die Pumpe wird in modernen Regenwassernutzungsanlagen im sog. Regenwassermanager integriert. Ein solches Gerät veranschaulicht Bild 4.5; es übernimmt folgende Funktionen:

- Druckaufbau in der Anlage,
- dosierte Trinkwassernachspeisung bei Wassermangel in der Zisterne,
- Verbrauchsmessung,
- akustische Störmeldung.

Bild 4.5
Darstellung eines Regenwassermanagers (Firma GEP)

### 4.1.3 Auslegung einer Regenwassernutzungsanlage

Es müssen zunächst 2 Größen ermittelt werden, der Regenwasserertrag und der Betriebswasserjahresbedarf. Den Regenwasserertrag ermittelt man mit Gl. 4.1:

$$E_R = A_A \cdot e \cdot h_N \cdot \eta \qquad \text{(Gl. 4.1)}$$

$E_R$ Regenwasserertrag [l/a]
$A_A$ Auffangfläche [m²]
$e$ Ertragsbeiwert in % (s. Tabelle 4.3)
$h_N$ Niederschlagshöhe [l/m²] oder [mm/m²]
$\eta$ hydraulischer Filterwirkungsgrad
(für regelmäßig gereinigte Filter: $\eta = 0{,}9$)

Tabelle 4.3 Ertragswerte nach DIN 1989

| Beschaffenheit | Ertragsbeiwert % e |
|---|---|
| geneigtes Hartdach * | 0,8 |
| Flachdach unbekiest | 0,8 |
| Flachdach bekiest | 0,6 |
| Gründach intensiv | 0,3 |
| Gründach extensiv | 0,5 |
| Pflasterfläche/Verbundpflasterflache | 0,5 |
| Asphaltbelag | 0,8 |

* Abweichung nach Saugfähigkeit und Rauheit

Den Regenwasserbedarf erhält man aus den Nutzungsanforderungen für die Anlage und aus der Anzahl der Personen, die die Anlage benutzen. Nach Gl. 4.2 wird der Bedarf wie folgt definiert:

$$BW_a = P_d \cdot n \cdot 365 \qquad \text{(Gl. 4.2)}$$

$BW_a$ Betriebswasserjahresbedarf [l/a]
$P_d$ personenbezogener Tagesbedarf [l/d] (s. Tabelle 4.4)
$n$ Anzahl der Personen

Tabelle 4.4 Personenbezogener Wasserbedarf

Für die individuellen Berechnungen werden folgende Bedarfswerte angegeben:

| Verbraucher | | personenbezogener Tagesbedarf | spezifischer Jahresbedarf |
|---|---|---|---|
| – Toiletten im Haushalt * | | 24 l/Person × Tag | – |
| – Toiletten im Bürobereich * | | 12 1/Person × Tag | – |
| – Toiletten in Schulen * | | 6 l/Person × Tag | – |
| – Gartenbewässerung je 1 m² Nutzgarten-Grünanlagen | | – | 60 l/m² |
| Bewässerung oder Beregnungsmengen während der Vegetationszeit von April bis September | | | |
| – bei Sportanlagen | Gesamtmenge für 6 Monate | – | 200 l/m² |
| – für Grünland | | | |
| bei leichtem Boden | Gesamtmenge für 6 Monate | – | 100...200 l/m² |
| bei schwerem Boden | Gesamtmenge für 6 Monate | – | 80...150 l/m² |

* Bei Toiletten sollten grundsätzlich nur wassersparende Ausführungen angeschlossen werden, wie z.B. 6 l mit 2-Mengen-Spülsystemen. Zur Erhöhung des Deckungsgrades können 4,5-l-Toiletten bei entsprechenden hydraulischen Verhältnissen genutzt werden.

Anmerkung: Sollten Waschmaschinen angeschlossen werden, würde sich der personenbezogene Tagesbedarf um 10 Liter erhöhen.

*Planungsgrundsatz 4.1*
Damit die Regenwassernutzungsanlage wirtschaftlich betrieben werden kann, sollte der Planer versuchen, den Regenwasserertrag und den Betriebswasserjahresbedarf betragsmäßig zu optimieren.

**Physikalische Daten:**
Wassertemperatur: 11 °C — Dichte: 0,999 kg/dm³
Kinematische Viskosität: 1,52 mm²/s — Dampfdruck: 0,0116 bar

## Spitzendurchfluss

| Entnahmestelle | Berechnungsdurchfluss | x | Anzahl | = | Summendurchfluss |
|---|---|---|---|---|---|
| Spülkasten nach DIN 19 542 DN 20 | 0,13 l/s | x | | = | l/s |
| Haushaltswaschmaschine DN 15 | 0,25 l/s | x | | = | l/s |
| Druckspüler für Urinalbecken DN 15 | 0,3 l/s | x | | = | l/s |
| Druckspüler DIN 3265 DN 15 | 1,0 l/s | x | | = | l/s |
| Auslaufventil DN 15 | 0,3 l/s | x | | = | l/s |
| Auslaufventil DN 20 | 0,5 l/s | x | | = | l/s |
| Auslaufventil DN 25 | 1,0 l/s | x | | = | l/s |

**Gesamtsummendurchfluss=** $\sum$ = **l/s**

Sind mehrere Wohnungen an die Pumpe angeschlossen, ist der maximale Volumenstrom mit dem Gleichzeitigkeitsfaktor wie folgt zu reduzieren:

| Anzahl der Wohnungen | Gleichzeitigkeitsfaktor |
|---|---|
| 1 | 1 |
| 2 | 0,9 |
| 3 | 0,8 |
| 4 | 0,7 |
| 5 | 0,6 |
| 8 | 0,5 |
| 10 | 0,4 |
| 20 | 0,35 |

| Gesamtsummendurchfluss | | Gleichzeitigkeitsfaktor | = | **Spitzendurchfluss** |
|---|---|---|---|---|
| **l/s** | **x** | | = | **l/s** |

## Förderhöhe

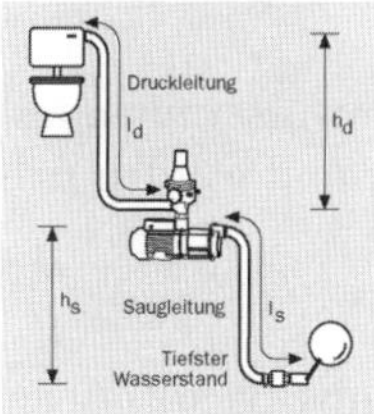


* *Wenn $H_S$ größer als 5 m ist, sollte eine Tauchpumpe eingesetzt werden.*

| $h_d$ | + | ($l_d$ x 0,2) | | $H_d$ |
|---|---|---|---|---|
| *m* | **+** | *m* | = | m |
| $h_s$ | + | ($l_s$ x 0,2) | | $H_s$ |
| *m* | **+** | *m* | = | m |

Mindestfließdruck a. d. Zapfstelle = 1 bar = 10 m

**Maximale Förderhöhe ($H_{max}$) = Σ = m**

## Ausgewählte Pumpe

Typ:

$Q_{max}$ =

$H_{max}$ =

***Hinweis:*** *Für genauere Auslegung bitte die GEP Planungs CD-Rom einsetzen!*

Bild 4.6 Erfassungsbogen zur Auslegung der Pumpe einer Regenwassernutzungsanlage.

Nach Planungsgrundsatz 4.1 muss es dem Planer gelingen, Regenwasserertrag und Betriebswasserjahresbedarf möglichst gleich groß zu ermitteln. Dabei sind eine Reihe von Planungsmöglichkeiten denkbar. Sollte noch eine Auffangfläche fehlen, kann z.B. noch das Garagendach als Auffangfläche mit genutzt werden.

Der Betriebswasserjahresbedarf muss mit dem jährlichen Regenwasserertrag verglichen werden, wobei der ermittelte kleinere Wert in die Bemessung des Nutzvolumens der Zisterne aufgenommen wird. Die Berechnung der Zisterne erfolgt mit Gl. 4.3:

$$V_n = \text{Minimum von } (BW_a \text{ oder } E_R) \cdot 0{,}06 \qquad \text{(Gl. 4.3)}$$

$V_n$ Nutzvolumen der Zisterne [m³]

Bei dieser Nutzvolumenbemessung wird der Regenwasserertrag optimal ausgenutzt bzw. bei gefülltem Speicher Betriebswasser für 3 Wochen bevorratet, so dass sich der Faktor 0,06 aus der Rechnung 21 Trockentage/365 Tage im Jahr ergibt.

Nach der Auslegung der Zisterne erfolgt nun die Auslegung der Pumpe, die i.d.R. im Regenwassermanager integriert ist. Dazu ist es notwendig, dass das gesamte Rohrleitungssystem (vgl. Abschnitt 1.6) ausgelegt ist.

In der Praxis haben sich jedoch einige Überschlagsverfahren bewährt. Dabei erfolgt die Ermittlung der einzelnen Parameter durch Formblätter, die von den Systemherstellern angeboten werden. Durch die Erfassung der Anlagenparameter ist damit eine Auslegung der Pumpe als Hauptbauteil problemlos möglich. Bild 4.6 zeigt einen Erfassungsbogen der Firma GEP.

### 4.1.4 Berechnungsbeispiel

Für ein 1-Familien-Haus (s. Bild 3.30) soll eine Regenwassernutzungsanlage geplant werden. Folgende Werte sind bekannt und werden teilweise dem Beispiel aus Abschnitt 3.3.4.1 entnommen:

- Auffangfläche 112 $m^2$
  (die gesamte Dachfläche wird in die Berechnung einbezogen)
- Normaldach (geneigt)
- Standort Glauchau jährlicher Niederschlag (800 l/$m^2$)
- 4 Personen
  Regenwasser für: 2 WC Anlagen
  Waschmaschine
  Gartenbewässerung 200 $m^2$
- Für die Regenwasserzuleitung werden in den Fallrohren Fallrohrfilter (s. Bild 4.2) verwendet.

Ermittlung des Regenwasserertrages nach Gl. 4.1:

$$E_R = A_A \cdot e \cdot \eta_N \cdot \eta = 112\ \text{m}^2 \cdot 0{,}8 \cdot 800\ \text{l/m}^2\text{a} \cdot 0{,}9 = 64\,512\ \text{l/a}$$

Ermittlung des Regenwasserbedarfes nach Gl. 4.2:

$$BW_a = P_d \cdot n \cdot 365 = \frac{(24 + 10)\,\text{l} \cdot 4\ \text{Personen} \cdot 365\ \text{d}}{\text{Personen} \cdot \text{d} \cdot \text{a}} = 49\,640\ \frac{\text{l}}{\text{a}}$$

Für die Gartenbewässerung werden nach Tabelle 4.4 60 l/m² veranschlagt, so dass sich der Bedarf um 12 000 l/a erhöht. Der Gesamtbedarf erhöht sich somit auf 61 640 l/a. Mit Gl. 4.3 kann nun die Zisternengröße ermittelt werden:

$$V_n = \text{Minimum von } (BW_a \text{ oder } E_R) \cdot 0{,}06 = 61\,640 \cdot 0{,}06 = 3698{,}4\ \text{l}$$
$$\rightarrow \text{gewählt: } 4\ \text{m}^3$$

Zum Einsatz kommt ein Erdtank, der in Bild 4.7 vorgestellt wird.

Als nächster Berechnungsschritt erfolgt die Auslegung der Förderpumpe, die im Regenwassermanager zum Einsatz kommt. Dazu wird der Erfassungsbogen (s. Bild 4.6) benutzt und nach den Vorgaben der Aufgabenstellung ausgefüllt. Aus dem Volumenstrom (Bild 4.8) mit 2,92 m³/h (0,81 l/s) und den ermittelten Druckverlust von 2,4 bar wird eine Pumpe ausgewählt.

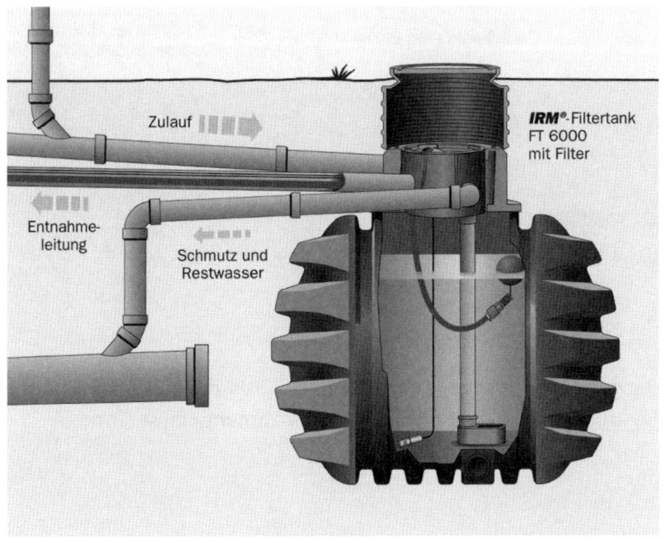


Bild 4.7
Regenwassertank für den Erdeinbau (Quelle: Firma GEP)

**Physikalische Daten:**
**Wassertemperatur:** 11 °C **Dichte:** 0,999 kg/dm³
**Kinematische Viskosität:** 1,52 mm²/s **Dampfdruck:** 0,0116 bar

## Spitzendurchfluss

| Entnahmestelle | Berechnungsdurchfluss | x | Anzahl | = | Summendurchfluss |
|---|---|---|---|---|---|
| Spülkasten nach DIN 19 542 DN 20 | 0,13 l/s | x | 2 | = | 0,26 l/s |
| Haushaltswaschmaschine DN 15 | 0,25 l/s | x | 1 | = | 0,25 l/s |
| Druckspüler für Urinalbecken DN 15 | 0,3 l/s | x | | = | l/s |
| Druckspüler DIN 3265 DN 15 | 1,0 l/s | x | 1 | = | 0,3 l/s |
| Auslaufventil DN 15 | 0,3 l/s | x | | = | l/s |
| Auslaufventil DN 20 | 0,5 l/s | x | | = | l/s |
| Auslaufventil DN 25 | 1,0 l/s | x | | = | l/s |

**Gesamtsummendurchfluss = Σ =** 0,81 **l/s**

Sind mehrere Wohnungen an die Pumpe angeschlossen, ist der maximale Volumenstrom mit dem Gleichzeitigkeitsfaktor wie folgt zu reduzieren:

| Anzahl der Wohnungen | Gleichzeitigkeitsfaktor |
|---|---|
| 1 | 1 |
| 2 | 0,9 |
| 3 | 0,8 |
| 4 | 0,7 |
| 5 | 0,6 |
| 8 | 0,5 |
| 10 | 0,4 |
| 20 | 0,35 |

| Gesamtsummendurchfluss | x | Gleichzeitigkeitsfaktor | = | **Spitzendurchfluss** |
|---|---|---|---|---|
| 0,81 **l/s** | **x** | 1 | **=** | 0,81 **l/s** |

## Förderhöhe

Druckleitung $l_d$ $h_d$ $h_s$ Saugleitung $l_s$ Tiefster Wasserstand

| $h_d$ | + | ($l_d$ x 0,2) | | $H_d$ |
|---|---|---|---|---|
| 8 *m* | **+** | 2 *m* | = | 10 m |

| $h_s$ | + | ($l_s$ x 0,2) | | *$H_s$ |
|---|---|---|---|---|
| 2 *m* | **+** | 2 *m* | = | 4 m |

Mindestfließdruck a. d. Zapfstelle = 1 bar = 10 m

**Maximale Förderhöhe ($H_{max}$) = Σ =** 24 **m**

** Wenn $H_S$ größer als 5 m ist, sollte eine Tauchpumpe eingesetzt werden.*

## Ausgewählte Pumpe

Typ:

$Q_{max}$ =

$H_{max}$ =

***Hinweis:*** *Für genauere Auslegung bitte die GEP Planungs CD-Rom einsetzen!*

Bild 4.8 Ausgefülltes Datenblatt zur Auslegung der Pumpe

Die gewählte Pumpe könnte eine MC 304 der Firma Wilo mit folgenden Parametern sein, die in Bild 4.9 zusammengefasst sind:

**Betriebsparameter Förderpumpe**

| Beschreibung | Parameter |
|---|---|
| Förderstrom | 3 m³/h |
| Förderhöhe | 24,51 m |
| Medium | Wasser |
| Fluidtemperatur | 20 °C |
| Dichte | 998,2 kg/m³ |
| Kinematische Viskosität | 1,001 mm²/s |
| Dampfdruck | 0,1 bar |

Bild 4.9 Datenblatt einer Pumpe

### 4.1.5 Perspektiven der Regenwassernutzung

Zum Thema Regenwassernutzung wird mehrfach das Waschen von Wäsche mit Regenwasser angesprochen. Es gibt eine Reihe von Argumenten, die Waschen der Wäsche mit Regenwasser noch stärker fordern sollten:

- Trinkwasser sparen,
- Regenwasser ist sehr weich (es sind keine Salze im Wasser gelöst), so dass sich der Einsatz von Waschmitteln bis zu 90% reduzieren kann:
  - → besserer Abbau der Abwässer in den Kläranlagen,
  - → direkter Umweltschutz,
  - → Verbesserung und Entlastung des Wasserkreislaufs.

Gegner der Regenwassernutzung versuchen immer wieder Argumente zu finden, damit Wäsche nicht mit Regenwasser gewaschen werden darf. Hauptargument sind immer wieder mögliche Bakterien, die sich im Regenwasser befinden könnten. Aber schon in Tabelle 4.2 wurde aufgezeigt, dass diese Bedenken nicht zutreffend sind.

Um diese Feststellung noch zu untermauern wurden von Dr. HOLLÄNDER weitere Untersuchungen durchgeführt und in einer Schriftenreihe «Hygienische Aspekte bei der Wäsche mit Regenwasser» veröffentlicht. Dabei wurde Zisternenwasser genauso auf Bakterien untersucht wie mit Trinkwasser frisch gewaschene Wäsche (nass) und die Wäsche nach dem trocknen. Als Fazit werden die Ergebnisse in einem Zitat aus dem Buch zusammengefasst:

«Bei der Beurteilung der Ergebnisse aus hygienischer Sicht ist eine Bedenklichkeit bezüglich einer gesundheitlichen Gefährdung der Träger der mit Regenwasser gewaschenen Wäsche nicht ersichtlich. Eine Nutzung des Regenwassers ist ökologisch und ökonomisch sinnvoll und sollte in noch stärkerem Maße propagiert werden.»

Wäschewaschen mit Regenwasser sollte deshalb auch durch Fachfirmen stärker an den Kunden herangetragen werden.

Mit Einführung der Trinkwasserverordnung TrinkwV2000 kamen jedoch wieder Diskussionen auf, die diese Möglichkeit für die Nutzung des Regenwassers negieren. Die neue Verordnung definiert den Begriff «des Wassers für den menschlichen Gebrauch» und dessen Einsatzgebiete. Hieraus wurde zunächst abgeleitet, dass Wäschewaschen mit Regenwasser nicht mehr zulässig wäre. Weil deshalb eine Reihe von Verunsicherungen bei Endkunden auftraten, musste entsprechend reagiert werden, und es wurde ein Kommentar zur TrinkwV2000 veröffentlicht. Danach gilt folgende Regelung.

*Planungsgrundsatz 4.2*
Es muss dem Endverbraucher möglich sein **selbst** zu entscheiden, ob er seine Wäsche mit Trink- oder Regenwasser waschen möchte.

Es leitet sich daraus der Umstand ab, dass an einer Waschmaschine, die mit Regenwasser betrieben werden soll, zusätzlich ein Trinkwasseranschluss vorhanden sein muss. Bild 4.10 belegt diese Forderung.

Mit dieser technischen Lösung ist es also jederzeit möglich, die Vorteile von Regenwasser beim Wäschewaschen uneingeschränkt zu nutzen.

Bild 4.10
Forderung nach TrinkwV2000 beim Wäschewaschen mit Regenwasser

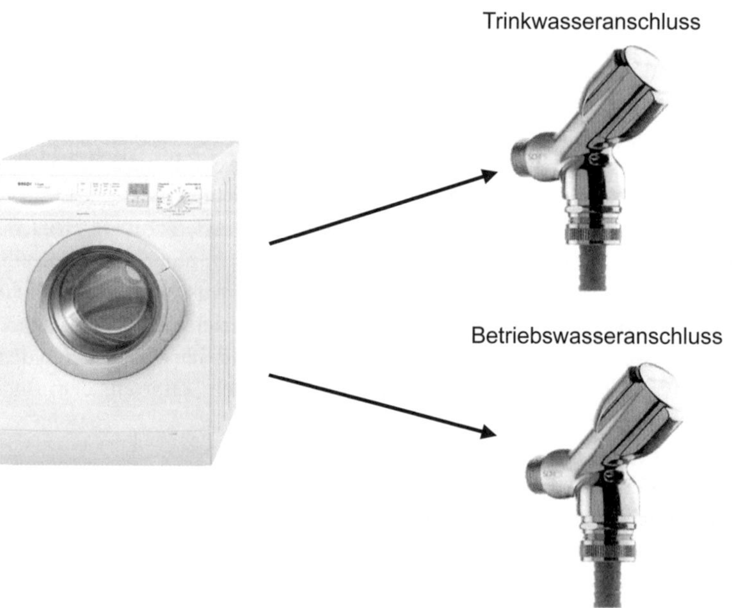

## 4.2 Schwimmbadtechnik

### 4.2.1 Allgemeines

Schwimmbäder sind ein Ort der Erholung, dienen zum Entspannen und tragen zum allgemeinen Wohlbefinden bei. Es geht dabei im Wesentlichen um aktive Erholung mittels angenehmer sportiver Tätigkeiten, was häufig auf die Nutzung von Bädern, Poolanlagen und Saunen hinausläuft, also viel Wasserkontakt. So ist in den letzten Jahren ein sprunghafter Anstieg bei der Errichtung privater Schwimmbadanlagen zu verzeichnen.

**zwei Hauptgruppen**

Man unterscheidet Schwimmbäder in **zwei Hauptgruppen**, in öffentliche und in Privatbäder. Der Hauptunterschied besteht darin, dass es für die privaten Bäder keine vorgeschriebenen Standards gibt, d.h., jede Privatperson ist für die Qualität seines Schwimmbadwassers selbst verantwortlich. Dagegen gibt es im öffentlichen Bereich sehr hohe technische Forderungen und Kontrollmechanismen, die in einer ganzen Reihe von Normen und Standards festgelegt sind. Ziel beider Bäderarten muss es aber sein, eine mustergültige Wasserqualität zu bieten, um vor allem einer Gefährdung der Hygiene vorzubeugen. Deswegen sollten Planer, Installateur sowie der Besitzer eines Pools auch im Privatbereich die Wasserqualität vorzuhalten, wie sie bei öffentlichen Bädern gefordert wird.

| Schwimmbäder | |
|---|---|
| *öffentliches Schwimmbad* | *privates Schwimmbad* |
| – gültige Normen und Standards<br>– Hauptnorm DIN 19 643 | – keine Normen, Empfehlungen und Richtlinien vom BSW (Bundesverband Schwimmbad und Wellness e.V.) |

Bild 4.11 Einteilung der Schwimmbäder

*Planungsgrundsatz 4.3*
Wichtigstes Ziel in der Schwimmbadtechnik ist die Schaffung und Erhaltung von hygienisch einwandfreiem Wasser.

Wasser, das bei der Erstbefüllung des Bades Trinkwasserqualität besitzt, wird im Laufe der Zeit von unterschiedlichen Komponenten verschmutzt, die in Tabelle 4.5 aufgeführt werden.

Tabelle 4.5 Möglichkeiten der Verschmutzung von Schwimmbadwasser

| **Verschmutzung** | |
|---|---|
| *durch Badegäste* | *durch Umwelteinflüsse* |
| pro Badegast werden ca. 35 Mio. Bakterien abgegeben<br>– Mundhöhle<br>– Nasenschleimhäute<br>– Körperoberfläche | – Staub<br>– Kies<br>– Regen |
| ca. 4 g organische Substanzen<br>– Hautpartikel<br>– Haare<br>– 50 ml Urin<br>(durch ungewollte Blasentätigkeit) | – Blätter usw.<br>– Insekten<br>– Vögel |
| Kosmetika | |
| Textilfasern | |

**Gleichbleibende Wasserqualität**

Um eine gleichbleibende Wasserqualität (ohne ständigen Wasseraustausch durch Wassererneuerung) zu gewährleisten, müssen Verfahren zur Reinigung und Desinfektion mit dem Badewasser durchgeführt werden. Damit dieses in der gesamten Anlage erreicht wird, ist eine sehr gute Beckenhydraulik (Durchströmungen) im Becken unumgänglich. In Bild 4.12 wird ein entsprechendes Kreislaufsystem dargestellt.

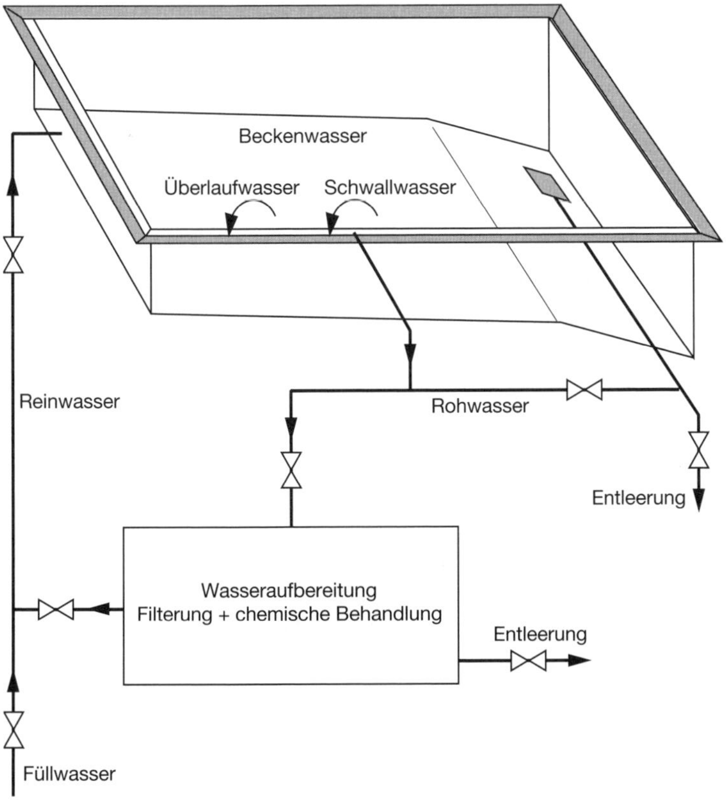

Bild 4.12
Wasserkreislaufsystem



## 4.2.2 Werkstoffe

**Keine Einschränkung für den Einsatz von Kunststoffen**

Das Schwimmbadwasser wirkt aggressiv auf metallische Werkstoffe. Wie stark das Wasser die Werkstoffe angreift, hängt vor allem von der Aufbereitung des Wassers ab. Die größte Gefahr geht dabei vom **Chlor** aus, das als Desinfektionsmittel zum Einsatz kommen könnte. Aus diesem Grund sind für den Einsatz in der Schwimmbadtechnik andere Werkstoffe günstiger:

- ❑ Kunststoff,
- ❑ Rotguss/Bronze,
- ❑ nichtrostende Stähle mit einem hohen Molybdänanteil in der Legierung.

### Kunststoffe

In der Schwimmbadtechnik finden eine Reihe von Kunststoffen Anwendung. Aufgrund der geringen Temperaturen des Schwimmbadwassers (ca. 20…36 °C) und der relativ kleinen Drücke in den Anlagen gibt es

Tabelle 4.6 Verbindungssysteme für PVC-Rohre

| Rohrdurchmesser mm | 16...63 | 16...225 | 63...450 |
|---|---|---|---|
| Schraubverbindung | × | | |
| Klebeverbindung | | × | |
| Flanschverbindung | | | × |
| Steckverbindung | | | × |

Tabelle 4.7 Verbindungssysteme für PE-hart- und PP-Rohre

| Rohrdurchmesser mm | 20...63 | 63...160 | 160...400 |
|---|---|---|---|
| Heizelement-Muffenschweißung | × | × | |
| Heizelement-Stumpfschweißung | × | × | × |
| Heizwendelschweißung | × | × | |
| Warmluftschweißung | × | × | × |
| Klemmverbindung | × | | |
| Flanschverbindung | | × | × |

für die aus der Trinkwasserinstallation bekannten Kunststoffe keine Einschränkung für ihren Einsatz. Die wichtigen Vertreter sind PVC-hart, PE-hart und PP (s. auch Abschnitt 1.4.2).

Für die Verbindung der Rohrwerkstoffe werden die bekannten Verfahren (Einsatz für jeden Werkstoff) speziell angewendet. Die Tabellen 4.6 und 4.7 zeigen mögliche Verfahren in Abhängigkeit vom Rohrwerkstoff auf.

### Edelstahlrohre

Unter diesem Begriff versteht man in der Schwimmbadtechnik Stähle mit einem erhöhten Molybdänanteil in der Legierung. Dadurch wird der Werkstoff korrosionsfest gegenüber dem Chlor und dessen Verbindungen, so dass auf weitere Korrosionsschutzmaßnahmen verzichtet werden kann.

## 4.2.3 Wärmedämmung der Rohrsysteme

**Hallenbäder**

In Abhängigkeit der Beckenart (Frei- oder Hallenbecken) muss über die Notwendigkeit einer Warmedämmung entschieden werden. Bei Hallenbädern geht man prinzipiell davon aus, dass keine Dämmung der Rohrleitungen notwendig ist. Die geringe Wärmeabstrahlung wird gleichzeitig als «Raumheizung» benutzt. Die Wärmeverluste sind aufgrund der geringen Temperaturunterschiede zwischen Medium und Umgebung sehr gering und würden eine teure Dämmung nicht amortisieren.

**Freianlagen**

Bei Freianlagen richtet sich die Entscheidung auf die Nutzung der Anlage. Wenn gewünscht wird, dass die Anlage auch im Winter genutzt wird (z.B. Abkühlbecken einer Sauna oder Eisbäder), dann müssen die Rohrleitungen gegen Einfrieren geschützt werden. Bei normaler Nutzung der Anlage in den Sommermonaten ist diese Dämmung der Rohrleitungen nicht nötig, da alle Leitungssysteme so auszulegen sind, dass sie bei Stillstand der Anlage entleert werden können.

### 4.2.4 Armaturen

Aufgrund der günstigen Eigenschaften der Kunststoffe werden Schwimmbäder vorrangig rohrleitungstechnisch mit Kunststoffsystemen ausgelegt.

> *Planungsgrundsatz 4.4*
> Bei Rohrleitungssystemen sollten alle Einbauteile aus dem gleichen Werkstoff (oder der gleichen Werkstoffgruppe) wie die Rohrleitungen sein.

Bei der Wahl der Armaturen sollte der Planer nach folgenden Auswahlkriterien vorgehen:

- ❑ Welche Aufgaben hat die jeweilige Armatur?
- ❑ Kann die Armatur Reglungs- und/oder Steuerungsfunktionen übernehmen?
- ❑ Welche Temperatur- und Druckbelastung sind zu erwarten?
- ❑ In welchem Leitungsabschnitt kommt die Armatur zum Einsatz (Rohwasser, Reinwasser usw., s. auch Bild 4.12),

**Kugelhähne**

Kugelhähne (Bild 4.13) besitzen sehr gute Eigenschaften für den Einsatz in der Schwimmbadtechnik (z.B. leichte Bedienung und Wartungsfreiheit). Die Werkstoffe sind PVC-hart. Die Armatur gibt es je nach Werkstoff und Nennweite mit den entsprechenden Verbindungselementen (z.B. Flansch, Klebemuffe usw.) Die Armaturen sind auch für eine Nachrüstung auf elektrische/ pneumatische Stellantriebe ausgelegt.

**Absperrklappen**

Absperrklappen (Bild 4.14) sind für die Armaturenstellungen «Auf» und «Zu» ausgelegt, d.h., die Armaturen sollen nicht zur Volumen- oder Massenstromregelung eingesetzt werden. Durch ihre spezielle Konstruktion sind Schließ- oder Öffnungsvorgänge sehr schnell ausführbar. Beim Schließen der Armatur sind damit Druckstöße in der Rohrleitung möglich. Zur Vermeidung von zu großem Druckaufbau werden Armaturen ab DN 200 prinzipiell mit Getriebe ausgeführt. Dadurch wird der

Bild 4.13
Kugelhahn

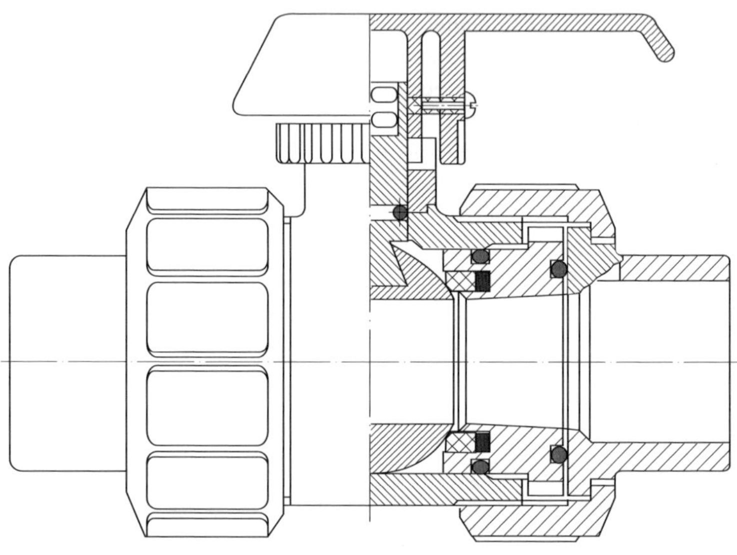

Bild 4.14
Absperrklappe

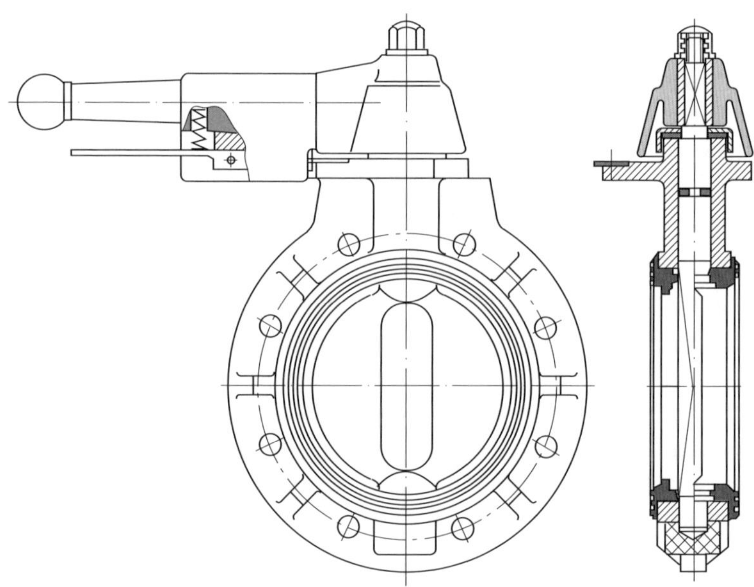

Schließvorgang zeitlich verzögert. Die Werkstoffe sind PVC-hart oder PP. In Abhängigkeit von der Nennweite sind verschiedene Verbindungstechniken möglich:

**Verbindungstechniken**

- DN 32-100 Klebemuffen,
- DN 40-200 Einbau zwischen 2 DIN-Flanschen.

Die Armaturen sind für eine Nachrüstung auf elektrische/pneumatische Stellantriebe ausgelegt.

### Membranventile

Membranventile (Bild 4.15) sind sehr gut für die Volumen- und Massenstromregelung geeignet. Durch die Membran ist eine stufenlose Regelung möglich. Dabei ist der $\zeta$-Wert kleiner als bei Kugelhähnen, was sich sehr günstig auf den Druckverlust in der Armatur auswirkt. Die Werkstoffe sind PVC-hart oder PP. Die Armatur gibt es je nach Werkstoff und Nennweite mit den entsprechenden Verbindungselementen (z. B. Flansch, Klebemuffe usw.).

Die Armaturen sind für eine Nachrüstung auf elektrische/pneumatische Stellantriebe ausgelegt.

### Rückflussverhinderer

**Konstruktionsarten**

Rückflussverhinderer (Bild 4.16) müssen in der Lage sein, ein Rückfließen des Mediums in der Rohrleitung zu verhindern. Beim Abfall des Fließdruckes (z. B. beim Ausfall einer Pumpe) muss die Armatur schließen und somit ein Strömen des Mediums entgegen der Fließrichtung vermeiden. Damit werden gleichzeitig alle Bauteile der Anlage geschützt. Das Schließen erfolgt bei diesen Armaturen durch Schwer- oder Federkraft. Dabei gibt es unterschiedliche Schließkörper (z. B.

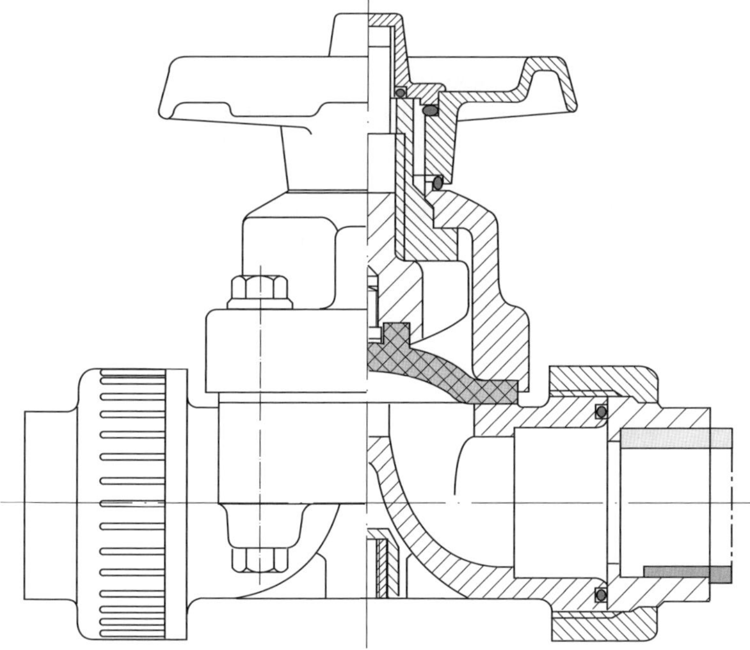

Bild 4.15
Membranventil

Bild 4.16
Rückflussverhinderer

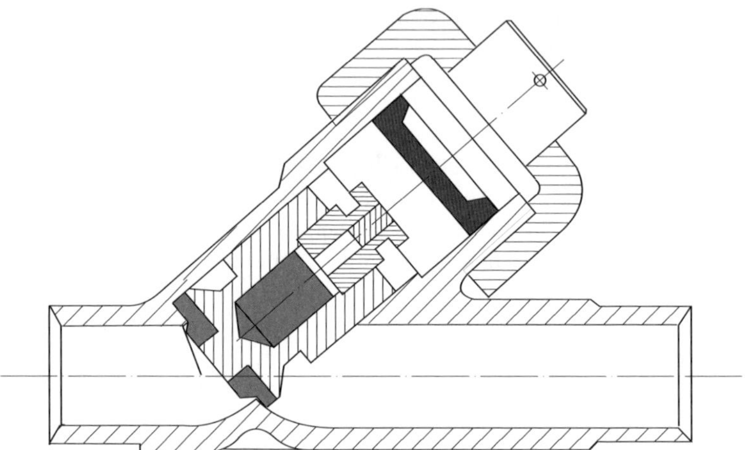

Kugeln oder Kolben mit Flachdichtung als Schließkörper). Zwei Konstruktionsarten haben sich am Markt bewährt: das **Kugel-** und das **Schrägrückschlagventil**.

Die Armaturen werden aus den Werkstoffen PVC-hart und PP gefertigt. Gleichfalls werden die Schließkörper aus diesem Material eingebaut. Dadurch sind solche Armaturen wartungsfrei.

Beim Einbau muss unbedingt die Einbaurichtung eingehalten werden, da sonst die Armatur die Leitung in der Standardfließrichtung verschließt und somit die gesamte Anlage funktionsunfähig wird.

**Rohrschmutzfänger** (Bild 4.17)

Diese Armaturen haben die Aufgabe, Verunreinigungen aus dem Medium zu filtern. Dadurch sollen vor allem nachfolgende Armaturen vor Verschmutzung geschützt werden. Durch Schmutzpartikel besteht die Gefahr, dass die Dichtungen der Regelarmaturen beschädigt werden und somit die Wirkungsweise der Armatur beeinträchtigt wird. Deshalb ist der Einbau von Rohrschmutzfängern vor solchen Armaturen zweckmäßig.

Bild 4.17
Rohrschmutzfänger

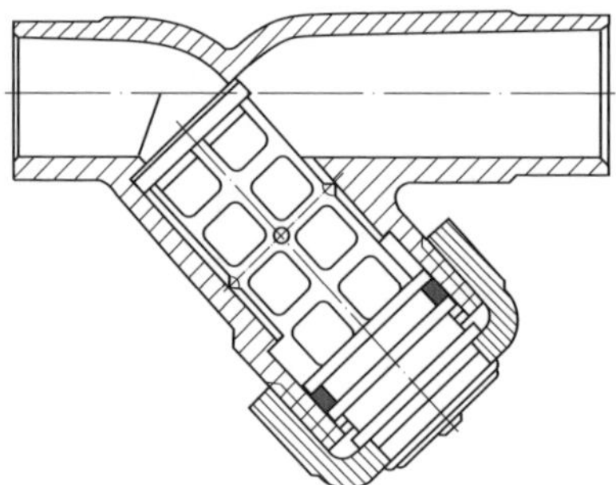

Der Werkstoff der Rohrschmutzfänger ist in der Regel PVC-hart. Er wird bei der Herstellung nicht eingefärbt, so dass die Armatur transparent bleibt. Dadurch ist eine Sichtkontrolle sehr einfach, mit der man den Verschmutzungsgrad nachprüfen kann.

**Siebrohre zur Filterung**

In die Armatur werden für die Filterung Siebrohre eingesetzt. Je nach Medium und Größe der zu filternden Stoffe, werden unterschiedliche Einsätze eingebaut. Der Lochdurchmesser reicht von 0,5...2,2 mm.

## 4.2.5 Privates Schwimmbad

### 4.2.5.1 Allgemeines

**Argumente gegen die Errichtung**

Wer im Privatbereich ein Schwimmbad plant, muss sich darüber im Klaren sein, dass keine Betrachtungen nach wirtschaftlichen Aspekten möglich sind. Vor allem, weil kein Nutzen direkt messbar ist, kommen dem Kunden oft Zweifel, ob eine Schwimmbadanlage überhaupt sinnvoll ist. Zu diesen Aspekten kommen noch die sehr hohen Investitions- und Betriebskosten. Gleichzeitig müssen in die Kalkulation der sehr hohe Energiebedarf und der sehr große Wasserverbrauch eingerechnet werden – alles Argumente, die gegen die Errichtung einer Schwimmbadanlage sprechen.

Feststeht, dass eine Diskussion zum Preis-Leistungs-Verhältnis einer privaten Schwimmbadanlage in Bezug auf die Kosten sehr ungünstig ausfällt.

**Aspekte für eine positive Entscheidung**

Aus diesem Grund sollten andere Aspekte diskutiert werden, um eine Entscheidung für ein Schwimmbad zu erzielen. Die Motivation des Bauherrn könnte z. B. durch folgende Argumente positiv unterstützt werden:

**Bedürfnis nach Fitness und Wohlbefinden**

In unserer heutigen kurzlebigen Zeit ist das Bedürfnis nach Fitness und Wohlbefinden sehr groß. Um dieses zu erfüllen, hat der Mensch verschiedene Möglichkeiten, wobei Laufen, Radfahren und Fitnessstudio an erster Stelle stehen. Aber auch das Schwimmen ist für viele Menschen ein willkommener Ausgleich zum Alltagsstress. Das Problem besteht jedoch in dem Aufwand, regelmäßig in die Schwimmhalle zu gehen.

Beim Schwimmen werden im Gegensatz zu anderen Sportarten fast alle Muskelpartien benutzt, so dass dieser Sport dem ganzen Körper zugute kommt. Gleichzeitig wird durch die Wirkung des Wassers der Kreislauf angeregt, die Durchblutung im Körper wird gefördert. Schon allein an diesen wenigen Gründen wird deutlich, dass das Schwimmen sehr günstig für Körper und Geist ist.

In einem privaten Schwimmbad wäre es möglich, diese Vorzüge täglich zu nutzen. Damit wäre man in der Lage, sich zu Tagesbeginn durch etwas Schwimmtraining für den Tag fit zu machen oder sich zum Abschluss eines Tages beim Schwimmen zu entspannen.

**Zwischenmenschliche Kommunikation**

Ein weiteres Argument für ein Schwimmbad ist die zwischenmenschliche Kommunikation. Durch mehr als 50 deutschsprachige Fernsehprogramme, Internet und DSL ist man innerhalb weniger Minuten in der Lage, alle Neuigkeiten des Weltgeschehens zu erfassen, der zwischenmenschliche Kontakt – auch in der Familie – verarmt dabei aber immer mehr. Durch ein Schwimmbad bestünde hier die Möglichkeit, die Freizeit sinnvoll mit der Familie oder im Freundeskreis zu verbringen.

**Repräsentation**

Ein letzter, nicht unwesentlicher Aspekt ist die Notwendigkeit der Repräsentation. Der Mensch will sich als Resultat seiner Arbeit einen entsprechenden Standard, aber auch einen gewissen Luxus leisten. Gesundheit und Fitness sind die wohl besten «Nebenwirkungen», die man sich durch die Errichtung einer Schwimmbadanlage denken und wünschen kann.

### 4.2.5.2 Freibad

**Behördenauflagen**

Das Freibad ist die am meisten verbreitete Form der Schwimmbadanlage im privaten Bereich.

Folgende Behördenauflagen müssen für die Errichtung eingehalten werden:

- bis 50 $m^3$ und 3 m von der Grundstücksgrenze entfernt ist keine Baugenehmigung erforderlich,
- über 50 $m^3$
  - Bauantrag mit Lageplan,
  - Bauzeichnung/Baubeschreibung,
  - statische Berechnung.

#### Standortwahl

Bei der Wahl des Standortes sollte man sehr sorgfältig vorgehen. Vor allem sollten folgende technische Belange in die Planung einbezogen werden:

**Technische Belange der Standortwahl**

- Beheizungsmöglichkeit,
- Beckenreinhaltung,
- Wasserbehandlung/Wasseraufbereitung.

Zusätzlich sollten bei der Standortplanung eine Reihe von äußeren Einflussfaktoren berücksichtigt werden.

**Äußere Einflussfaktoren bei der Standortplanung**

*Wind*

- Hauptwindrichtung in Längsrichtung ermöglicht eine gute Durchströmung des Beckens;

❑ Verhinderung von zu starkem Windeinfall
  - Auskühlung des Wassers in der Nacht,
  - stärkere Verunreinigungen durch Staub und Blätter.

*Bepflanzung*
❑ Keine hohen Pflanzen, um Schattenbildung zu vermeiden,
❑ Vermeidung von Laubeintrag ins Schwimmbecken,
❑ Süd- und Westseite sollten frei sein, damit die Sonne direkt einstrahlen kann,
❑ Baumwurzeln stellen Gefahr für Schwimmbecken dar.

*Sicht- und Windschutz*
❑ Sichtschutz gegenüber Straßen realisieren.
❑ Sichtschutz kann gleichzeitig als Windschutz fungieren.

*Beckenstandort*
❑ Das Becken darf nicht in Geländevertiefungen gebaut werden, da die Gefahr der Einspülung von Regenwasser besteht.
❑ Aufgrund erhöhter Wärmeverluste soll nicht in den Grundwasserbereich gebaut werden.
❑ Der Beckenumgang sollte mindestens 600 mm breit sein und aus rutschfestem Material bestehen.
❑ Durch einen erhöhten Beckenrand (200 mm) wird der Eintrag von Laub und Kleinlebewesen vermindert.

*Entfernung vom Haus*
Es sollte bei der Planung prinzipiell die Hausnähe aus folgenden Gründen anstrebt werden:

❑ kurze Versorgungsleitungen der gesamten Anlage (Minimierung der Investitionskosten),
❑ guter Blickkontakt auf die Badenden (vor allem bei Kindern sehr wichtig),
❑ Windschutz,
❑ Umkleidemöglichkeit.

**Ergänzende Technik**

**Durchschreitbecken**

Durch die Ergänzung der Anlage mit weiteren Technikkomponenten können vor allem die Betriebskosten gesenkt werden. Durch das Errichten eines Durchschreitbeckens wird z. B. realisiert, dass die Badegäste vor dem Baden automatisch ihre Füße reinigen und so Gras oder Staub nicht in Wasser gelangen können. Bei diesen Durchschreitbecken sollte zum Austausch von verschmutztem Wasser eine Entleerung vorgesehen werden. Auch ein Kaltwasseranschluss ist für diese Becken zu empfehlen.

**Standort der Aufbereitungstechnik**

Der Standort der Aufbereitungstechnik ist im Gebäude am günstigsten. Damit wird realisiert, dass die Technik frostfrei, ständig zugänglich und damit kontrollierbar ist. In Bezug auf die Frostsicherheit der Schwimmbadanlage gilt jedoch der Grundsatz, dass alle Leitungen entleerbar sein müssen.

#### Überwinterung

**Keine Entleerung im Winter**

Nach dem Stand der Technik wird heutzutage im Winter keine Entleerung mehr vorgenommen. Durch die Eisbildung entsteht eine Volumenzunahme von $^1/_{11}$. Dieser Ausdehnung beugt man vor, indem ein Teil des Schwimmbadwassers vor der Kälteperiode abgelassen wird. Gleichzeitig werden alle wasserführenden Leitungen entleert. Damit besteht für die Schwimmbadanlage keine Gefahr durch Frost.

**Einbauteile überprüfen**

Zu Beginn der neuen Badesaison sollten alle Einbauteile überprüft werden. Erst danach sollte der Nutzer die Leitungen wieder füllen und die Anlage in Betrieb nehmen.

### 4.2.5.3 Hallenbad

**Vorteil der ganzjährigen Nutzung**

Der größte Vorteil des Hallenbades liegt in der ganzjährigen Nutzung der Anlage. Gleichzeitig kann man von einer geringeren Verschmutzung des Wassers durch Umwelteinflüsse ausgehen, so dass weniger Zeit für Reinigung und Wartung der Anlage benötigt wird. Jedoch muss man bei gleichwertiger Technik und Größe im Vergleich zwischen Freibad und Hallenbad die 3- bis 5-fachen Investitionskosten für ein Hallenbad veranschlagen.

Vergleicht man jedoch die Nutzungsdauer zwischen Freibad (5 Monate im Jahr) und Hallenbad (ganzjährig), kann man feststellen, dass ein Ausgleich der Kosten zur Nutzungsdauer schon nach ca. 3...4 Jahren zu erwarten ist.

#### Planung

**Größtmögliche Sorgfalt**

Bei der Hallenbadplanung ist die größtmögliche Sorgfalt zu empfehlen, um Folgeschäden durch Planungsfehler zu vermeiden. Da es sich um einen Dauerfeuchtraum handelt, spielen eine Reihe von raumtechnischen Komponenten eine Rolle, die es in ihrer Vielfalt nur bei Hallenbädern gibt.

Folgende Grundsätze (s. auch Bild 4.18) sollten bei der Planung Beachtung finden:

**Planungsgrundsätze**

- ❑ Hallenbäder sind immer genehmigungspflichtig.
- ❑ Das Hallenbad dient nicht nur dem Sport; es sollte auch als Kommunikationszentrum geplant werden.

Bild 4.18 Beispiel für eine Badgestaltung

- Es sollte ein *Kellerbad* vermieden werden, da die direkte Sonneneinstrahlung durch große Fenster günstiger für die wärmetechnische Auslegung der Gesamtanlage ist.
- Umkleide-, Dusch- und WC-Raum sollten sich in unmittelbarer Nähe zum Bad befinden.

Für die Flächengestaltung der Anlage sind folgende Grundmaße günstig:

**Flächengestaltung**

- Beckengang 1…1,25 m,
- Abstand des Schwimmbeckens zu Wänden 400 mm,
- Deckenhöhe mind. 2,6 m,
- günstigste Beckenform ist die Rechteckform.

**Anforderungen**

In Bezug auf die Bautechnik sind vor allem die Anforderungen an den Wandaufbau zu beachten. Die Wände müssen die Anforderungen an einen Dauerfeuchtraum erfüllen. In der Halle sind in der Regel folgende Parameter zu erfüllen:

- 27 °C Wassertemperatur,
- 30 °C Lufttemperatur,
- 60 % relative Feuchte.

*Planungsgrundsatz 4.5*
Die Lufttemperatur sollte ca. 3 K über der Wassertemperatur liegen, damit man beim Verlassen des Wassers nicht friert. Durch diese notwendige Temperaturgestaltung kommt es jedoch zu einer erhöhten Verdunstung, so dass die relative Luftfeuchtigkeit im Schwimmbad zunimmt.

Die relativ hohe Luftfeuchtigkeit bedingt die Gefahr, dass an den Wänden des Schwimmbades Kondenswasser entstehen kann. Um dieses zu vermeiden, ist es notwendig, die Wandoberflächentemperatur über der Taupunkttemperatur zu halten. Mit Hilfe des $h,x$-Diagramms für feuchte Luft (Bild 4.19) sind diese Parameter sehr schnell zu ermitteln. Aus den Ableseergebnissen lässt sich rückwirkend kontrollieren, inwieweit der Wandaufbau den technischen Forderungen entspricht. In Bild 4.19 wird ein Beispiel für die genannten Parameter (Hallentemperatur 30 °C und 60 % relative Feuchte) aufgezeigt.

Ausgehend vom Punkt 1 wird auf die Sättigungslinie ($\varphi = 1$) das Lot gefällt. Im Schnittpunkt (2) mit der Sättigungslinie kann nun direkt die Taupunkttemperatur abgelesen werden. Für das Beispiel ergeben sich 21,5 °C. Damit muss die Wandtemperatur bei mindestens 22 °C liegen, damit an der Wand kein Kondensat entsteht.

Eine gleiche Forderung wie an die Wände besteht auch an die Fenster. Hier sollte sich ebenfalls kein Kondensat bilden. Deshalb sollte die Verglasung mit 3-fachen verglasten Scheiben mit 1,6 W/m²K erfolgen. Durch die Anordnung zur Sonnenseite lässt sich der Effekt des «Nichtbeschlagens» noch verbessern, wie auch durch das Anbringen von Außenjalousien eine Verbesserung erzielt werden kann.

**Auslegungsgrenze**

Für die Auslegung sollte jedoch eine Grenze Beachtung finden. Unter –7 °C Außentemperatur ist der wärmetechnische Aufwand für das «Nichtbeschlagen» der Fenster zu groß, so dass ab dieser Temperatur ein «Beschlagen» der Fenster zugelassen werden sollte.

**Wärmeversorgung**

Für die allgemeine Wärmeversorgung des Hallenbades kommt in der Regel eine Heizungsanlage zum Einsatz. Aufgrund der Wärmeabgabe (Bild 4.20) des Wassers an die benachbarten Bauteile und einer entsprechenden Isolierung im Fußbodenbereich ist eine Fußbodenheizung nicht notwendig.

**Fußbodenheizung**

Durch den Einbau einer Fußbodenheizung nimmt die Behaglichkeit in der Schwimmhalle wesentlich zu. Gleichzeitig werden durch den erhöhten Wärmeeintrag im Bodenbereich die Bodenfliesen schneller trocken. Damit wird eine wesentliche Unfallgefahr, vor allem bei Kindern, im Bad minimiert, da feuchte Fliesen immer rutschiger sind als trockene. Außerdem ist eine durchwärmte Fliese auch viel angenehmer für die Füße, wenn man aus dem Wasser steigt.

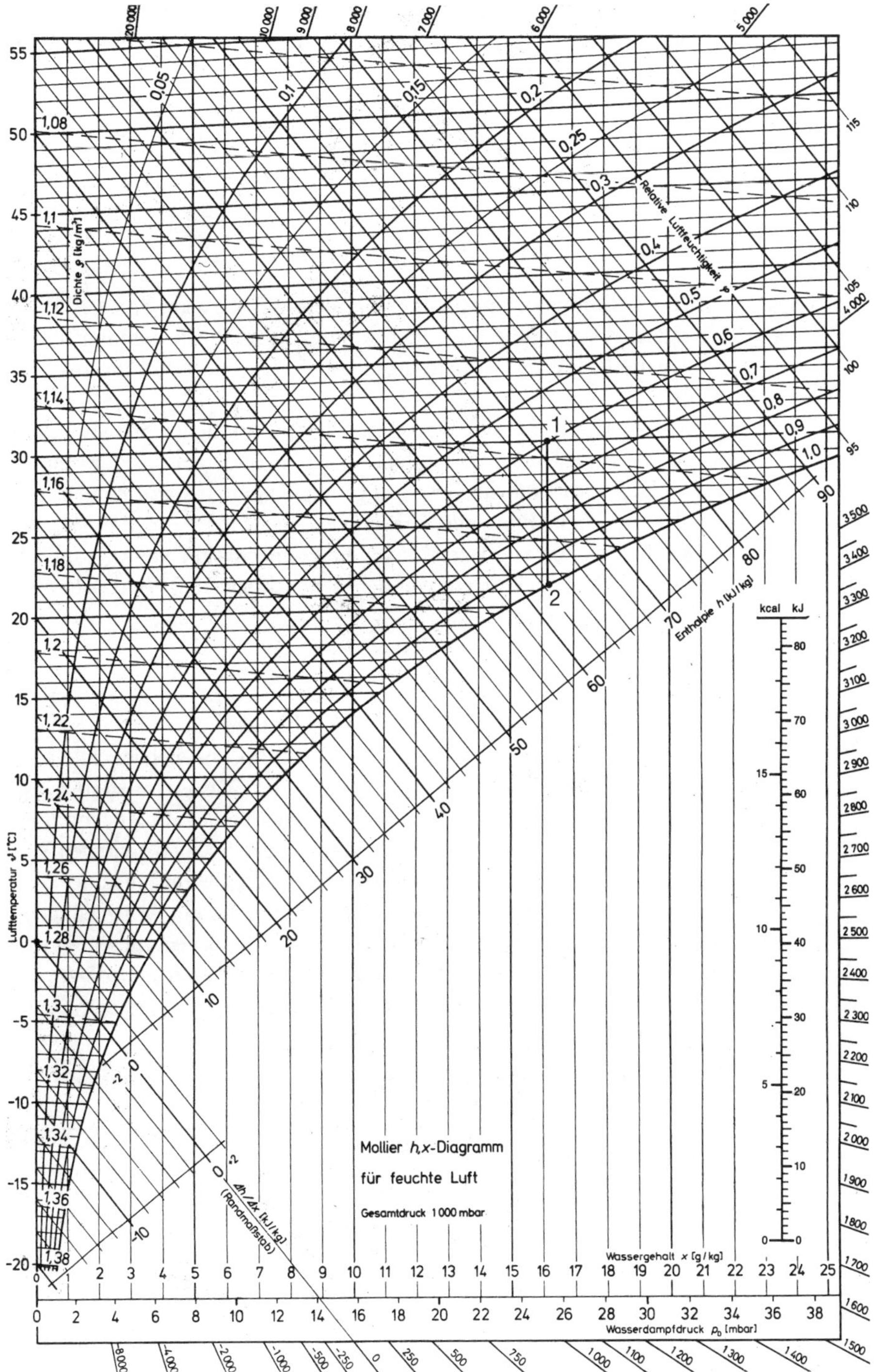


Bild 4.19 *h,x*-Diagramm

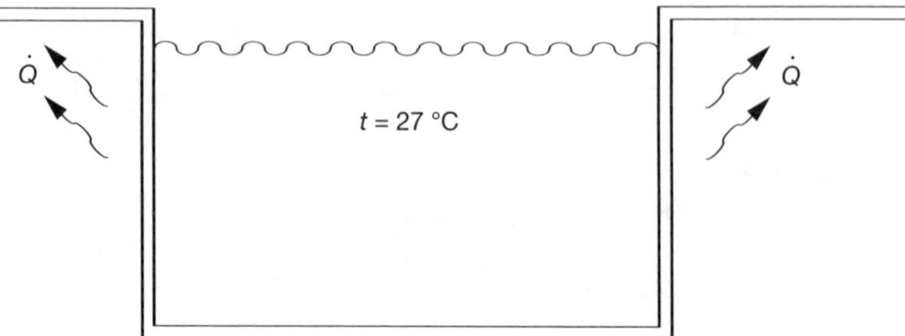

Bild 4.20 Wärmeabgabe des Schwimmbeckens

**Raumgestaltung**

Bei der Raumgestaltung sollte vor allem die Auswahl der Werkstoffe unter Berücksichtigung der Feuchtraumproblematik Beachtung finden. Bei eventuellen Wandverkleidungen sollte eine Hinterlüftung realisiert werden.

Für ein ansprechendes Gesamterscheinungsbild der Schwimmhalle sind der Einsatz von Beleuchtung, Spiegeln, Bildern und Pflanzen unerlässlich. Dabei sind die Gestaltungsmöglichkeiten so zu nutzen, dass gleichzeitig schalldämmende Wirkung erzeugt wird.

Durch die sinnvolle Gestaltung mit Pflanzen sind weitere optische Effekte erzielbar (z.B. Trennwände oder Sichtsperren). Bild 4.18 zeigt eine Gestaltungsmöglichkeit.

## Raumklima

**Technisches Zusammenspiel aus Heizung, Lüftung und Verdunstung**

Das Raumklima entsteht durch das technische Zusammenspiel aus Heizung, Lüftung und Verdunstung. Es ist für die Behaglichkeit unumgänglich, dass die Lufttemperatur über der Wassertemperatur liegt. Dadurch entsteht jedoch der Effekt, dass Wasser in die Luft aufgenommen wird (Verdunstung). Dabei gilt: Je größer der Unterschied zwischen Wasser- und Lufttemperatur ist, desto größer ist auch die Verdunstung.

Verdunstung bedeutet jedoch gleichzeitig, dass ein Wärmeangebot (Wärmebedarf) erbracht werden muss. In der Praxis liegt dieser Wärmebedarf für Verdunstung bei 25...30 % vom Gesamtwärmebedarf.

Tabelle 4.8 zeigt Praxiswerte für die Verdunstung bei den vorgegebenen Parametern für Luft und Wasser.

Tabelle 4.8 Verdunstungswerte

| **Bedingung** | **Betrieb** (Verdunstung in g/m$^2$h bei Wasser 27 °C und Luft 30 °C) | |
|---|---|---|
| | Ruhe | Baden |
| Wasserspiegel mit gleicher Höhe wie Beckenumgang | 50...75 | 250...400 |
| Wasserspiegel tiefer als Beckenumgang | 20...40 | 150...300 |

*Beispiel* **Beispiel**

Parameter:
Hallenbecken 4 · 8 m
2 Stunden Benutzung am Tag
tiefliegender Wasserspiegel

Annahmen:
Verdunstung in Betrieb 200 g/m²h
Verdunstung in Ruhe 20 g/m²h

Berechnung:

Verdunstungsmenge in Betrieb $m_{VB} = 200\ \text{g/m}^2\text{h} \cdot 32\ \text{m}^2 \cdot 2\ \text{h} = 12\,800\ \text{g}$

Verdunstungsmenge in Ruhe $m_{VR} = 20\ \text{g/m}^2\text{h} \cdot 32\ \text{m}^2 \cdot 22\ \text{h} = \underline{14\,080\ \text{g}}$

$\underline{\underline{26{,}88\ \text{kg}}}$

Verdampfungswärme bei 1 bar Luftdruck: $r = 2258{,}3\ \text{kJ/kg}$

$$Q = m \cdot r = 26{,}88\ \text{kg} \cdot 2258{,}3\ \text{kJ/kg}$$
$$Q = 60\,703\ \text{kJ} = \underline{\underline{16{,}8\ \text{kWh}}}$$

Der Wärmebedarf für die Verdunstung innerhalb von 24 Stunden beträgt 16,8 kWh.

Durch Division der beiden Werte erhält man die notwendige Leistung, die durch die Heizungsanlage (Heizkörper oder Fußbodenheizung) nur für die Verdunstung zur Verfügung gestellt werden muss.

$$\text{Leistung} = \frac{Q}{\text{Zeit}} = \frac{16{,}8\ \text{kWh}}{24\ \text{h}} = 0{,}7\ \text{kW}$$

#### 4.2.5.4 Beckenarten

Becken werden in Innen- und Außenbecken unterteilt. Dabei gibt es an die Becken folgende Forderungen:

**Anforderungen**

- wasserdicht,
- frostfrei (für Außenbecken in Bezug auf ihre Haltbarkeit),
- standfest,
- formbeständig,
- witterungsbeständig (vor allem gegen UV-Licht beständig).

Bei der Farbgebung des Beckens sollte darauf geachtet werden, dass das Wasser klar und hell erscheint. Günstig haben sich dabei die Farben Hellgrün und Hellblau erwiesen.

### Beckenauskleidungen

Mit Hilfe von Auskleidungen ist man in der Lage, die Eigenschaften des Beckens zu verbessern. Gleichzeitig sind durch die Auskleidungen auch Gestaltungen im Becken (z.B. Mosaike) möglich. Es gibt eine Reihe von Auskleidungsvarianten, die jedoch alle die gleichen Grundeigenschaften aufweisen müssen:

**Grundeigenschaften**

- ❑ alterungsbeständig,
- ❑ beständig gegen
  - Temperaturwechsel,
  - Feuchtigkeit,
  - Chemikalien.

**Auskleidungsmöglichkeiten**

Die Auskleidungsmöglichkeiten werden nachfolgend mit ihren Eigenschaften genannt:

**Keramikauskleidung**

- ❑ sehr teuer (Anschaffung und Verarbeitung),
- ❑ sehr haltbar,
- ❑ Keramikplatten,
- ❑ extrem witterungsbeständig,
- ❑ schmutzabweisend,
- ❑ hygienisch (aufgrund der sehr glatten Oberfläche für Bakterien kaum Möglichkeiten, sich anzusiedeln),

**Mosaikauskleidung**

- ❑ siehe Keramik,
- ❑ unbegrenzte Möglichkeiten der Gestaltung,
- ❑ extrem teuer (Anschaffung, Verarbeitung und künstlerische Gestaltung),

**Chlorkautschukfarbe**

- ❑ 2...3 Jahre haltbar,
- ❑ Aufbringen in Schichten (3-mal),
- ❑ Trockenzeit 24 Stunden pro Schicht,

**Selbsthärtende Kunstharzlacke**

- ❑ nach Trocknung glatte Oberfläche,
- ❑ glasurähnliche Oberfläche,
- ❑ sehr glatt,
- ❑ Aufbringen in Schichten (3-mal)
- ❑ 4...6 Jahre haltbar,
- ❑ Trockenzeit 8...10 Stunden pro Schicht,

**Kunststoff-Folie**

- ❑ PVC-weich,
- ❑ Dickevorgaben 0,6...2 mm,
- ❑ Verbesserung der Festigkeit durch Gewebeverstärkung,
- ❑ Verbindung durch Schweißen,
- ❑ UV-Strahlung beschleunigt die Alterung.

**Komplettbecken**

Stahlbecken

Unter Komplettbecken versteht man Systemelemente, die die Aufstellung vor Ort ermöglichen. Dabei kommen unterschiedliche Materialien und Materialkombinationen zum Einsatz.

Hierbei wird der Stahl als statische Konstruktion benutzt. In der Regel sind Frei- und Erdaufstellung möglich. Die Becken können je nach Stahlsorte zusätzlich mit einer Kunststoff-Folie ausgekleidet werden.

Mit Einbringen der Folie besitzt das Becken nach der Montage die Eigenschafen einer Kunststoff-Folien-Auskleidung:

Eigenschaften

- ❑ unlegierter Stahl + Feuerverzinkung (2...2,5 mm Wanddicke),
- ❑ rostfreier Edelstahl Chrom-Nickel-Stähle, resistent gegen Schwimmbadwasser, keine zuständliche Auskleidung notwendig,
- ❑ sehr glatt,
- ❑ Oberfläche ist schmutzabweisend,
- ❑ hygienisch,
- ❑ Problem für Edelstahl ist die Chlorid-Ionenkonzentration → nicht über 400 mg/l.

Polyesterbecken

Bei den Polyesterbecken (Bild 4.21) handelt es sich um Komplettbecken, die aus einem Stück gefertigt werden können. Durch die Werkstoffkom-

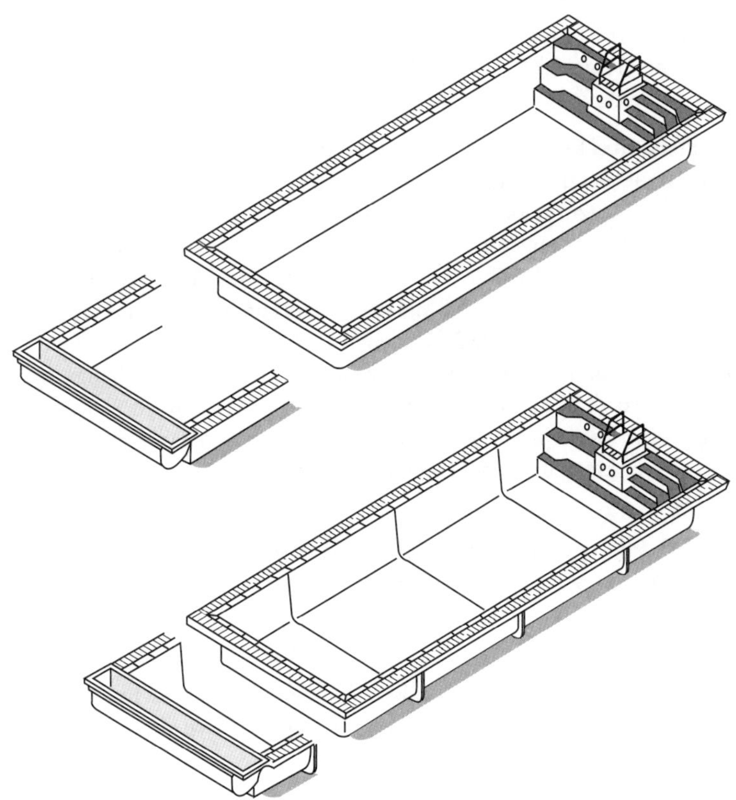

Bild 4.21 Komplett- und Bausatzbecken

bination (Glasfaser und Polyesterharze) ist jedoch auch eine Fertigung von Einzelteilen möglich, die erst auf der Baustelle zu einem Komplettbecken zusammengefügt werden. Dadurch können beliebig große Becken vorgefertigt werden:

**Eigenschaften**

- ❑ ein- oder mehrteilige Becken,
- ❑ Montage nur durch Fachmann,
- ❑ Montagezeit 2...3 Tage,
- ❑ sehr glatte Oberfläche,
- ❑ schmutzabweisend,
- ❑ formbeständig,
- ❑ Oberflächenausbesserung möglich (Polyesterlack).

**Gemauerte Becken**

Bei den gemauerten Becken hat man eine sehr große Gestaltungsfreiheit. Diese Becken werden überwiegend mit PVC-Folie ausgekleidet. Wenn eine sehr komplizierte Beckengeometrie vorliegt, steigen die Kosten für die Folie inklusive ihrer Verarbeitung sehr stark an. Ab einer Wandhöhe über 80 cm muss eine statische Berechnung durchgeführt werden, um die Standsicherheit des Beckens zu garantieren:

**Eigenschaften**

- ❑ über 80 cm Wandhöhen Statik erforderlich,
- ❑ Wanddicke abhängig von der statischen Berechnung,
- ❑ außen 20 mm Zementmörtelputz mit Bauwerksabdichtung,
- ❑ innen wasserundurchlässige Schutzschicht (in der Regel PVC-Auskleidung),
- ❑ Auskleidung mit Keramik möglich.

**Stahlbetonbecken**

Stahlbetonbecken werden durch Schalung vor Ort oder als Fertigbecken hergestellt. Bei der Schalungsvariante sind der Geometriegestaltung keine Grenzen gesetzt. Jedoch gelten hier in Bezug auf die Auskleidung mit Folie dieselben Bedingungen wie bei den gemauerten Becken. Bei Fertigbecken sollten folgende Aspekte bei der Planung beachtet werden: Je nach Beckengröße werden die Fertigbecken ein entsprechend hohes Gewicht aufweisen. Damit werden für den Transport entsprechende Fahrzeuge benötigt. Beim Entladen sind des Weiteren entsprechende Hebezeuge notwendig, so dass die Transportkosten entsprechend hoch sind. Deshalb sollte prinzipiell ein Vergleich aller Kosten zwischen Komplettbecken und Vorortschalung zur Entscheidungsfindung staffinden.

**Eigenschaften**

- ❑ Beton wasserundurchlässig,
- ❑ Herstellung durch Schalung vor Ort oder als Fertigbecken,
- ❑ Auskleidung mit PVC-Folie und Keramik möglich.

### Beckengröße

Die Entscheidung über die Beckengröße ist eine der wichtigsten Punkte in der Planungsphase. Durch diese Festlegung wird die Nutzungsmöglichkeit des Beckens fest definiert. Gleichzeitig werden hierbei die Größen der Betriebskosten festgelegt, da jede Vergrößerung des Beckens auch eine Vergrößerung der Betriebskosten mit sich bringt.

Bei der Wahl der Beckenabmessungen sollte als Grundsatzentscheidung die Frage gestellt werden, ob im Becken geschwommen werden soll. Wird diese Frage verneint, ist die Beckenabmessung weniger interessant. Soll jedoch das Becken vor allem zum Schwimmen genutzt werden, sind folgende Erfahrungswerte in die Ermittlung der dafür notwendigen Beckengröße einzubeziehen.

**Erfahrungswerte zur Dimensionierung**

*Beckenbreite:* ein Schwimmer ca. 2,70 m
zwei Schwimmer nebeneinander 4 m

*Beckenlänge:* erster Schwimmstoß 3,5 m (Körperlänge + 1,5 m);
jeder weitere Zug 1...2 m.

*Planungsgrundsatz 4.6*
Ein Schwimmbecken sollte mindestens 10 m Beckenlänge haben!
Eine Beckentiefe von 1,35 m sind für das Schwimmen ausreichend.

**Beckeneinbauteile**

Um die Attraktivität des Schwimmbeckens zu erhöhen, sind eine Reihe von Einbauteilen möglich. Dabei sollte darauf geachtet werden, dass Funktionalität und Menge der Einbauteile aufeinander abgestimmt sind, damit es zu keiner Überladung des Schwimmbeckens kommt.

**Einbauteile**

- Gegenschwimmanlage,
- Massagedüsen,
- Fontänen,
- Unterwasserlampen und -Lautsprecher,
- Sitz- und Liegeflächen unter dem Wasser (bei Freibad auch über Wasser → Sonnenbad).

### 4.2.5.5 Beckendurchströmung

Die Verunreinigung des Wassers findet prinzipiell nur im Becken statt. Aus diesem Grund muss im Becken alles dafür getan werden, dass ein möglicher Schmutzeintrag schnellstmöglich aus dem Becken abtransportiert wird. Durch die Oberflächenspannung des Wassers verbessert sich der Selbstreinigungseffekt noch, jedoch wird es erforderlich, dass das Wasser im Becken in einer ständigen Bewegung gehalten wird. Diesen Effekt erreicht man, indem kontinuierlich eine Wassermenge (Reinwasser) dem Becken zugeführt wird. Die gleiche Menge wird mit Hilfe verschiedener Systeme aus dem Becken (Rohwasser) wieder abgeführt (vgl. Bild 4.12).

Bild 4.22
Durchströmung
im Becken

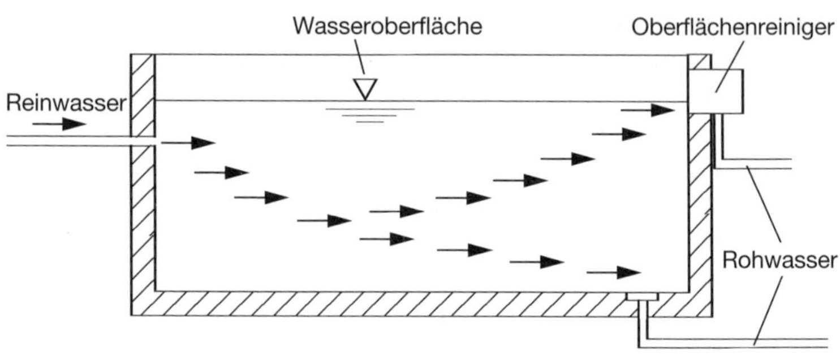


Bild 4.23
Strömungsbild mit
Oberflächenreiniger

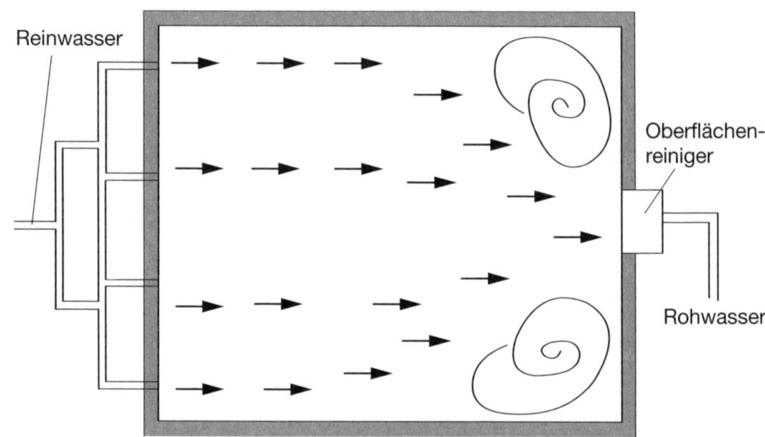


**Strömung im Becken**

Die Zu- und Abführung des Wassers bedingt gleichzeitig, dass sich eine Strömung im Becken einstellt. Durch diese Strömung wird erreicht, dass das Wasser auch bei Nichtbenutzung des Schwimmbeckens umgewälzt wird. Gleichzeitig erfolgt eine Durchmischung von Reinwasser mit dem Beckenwasser. Damit verteilen sich die Wirkstoffe der Desinfektion (z. B. Chlor) im gesamten Becken und können somit auch im gesamten Becken wirken.

Je nach Anordnung der Zuläufe (in der Regel durch Einlaufdüsen) werden sich spezielle Strömungsbilder (Bild 4.22 und 4.23) einstellen. Es sind vertikale und horizontale Durchströmungen denkbar. Die Strömungsbilder sind auch abhängig von der Ablauftechnologie. Dabei unterscheidet man 2 Varianten:

- ❑ Oberflächenreinigersystem,
- ❑ Überlaufsystem.

Eine optimale Lösung in Bezug auf die Strömungsbilder ist nicht möglich. Egal, wie die Anordnung zwischen Zulauf und Ablauf realisiert wird: Es ergeben sich immer Zonen im Becken, die nicht durchströmt werden. Deshalb ist die Auswahl der Strömungsvarianten Erfahrungssache.

### Oberflächenreinigersystem

Mit Hilfe dieser Systeme wird die Wassermenge, die bei Betriebsruhe des Beckens durch die Einlaufdüsen eingebracht wird, wieder aus dem Becken abgeführt. Dabei wird das Wasser punktuell gesammelt und abgeleitet. Es besteht jedoch wieder die Gefahr, dass sich Strömungsbilder einstellen, die nicht das ganze Becken durchstreifen. In Bild 4.23 wird diese Möglichkeit aufgezeigt.

> *Planungsgrundsatz 4.7*
> Mit dem Einsatz richtungsverstellbarer Einlaufdüsen oder einer Anzahlerhöhung der Einlaufdüsen, ist eine Verbesserung der Durchströmung zu erreichen.

**Funktionsprinzip des Oberflächenreinigers**

Das Funktionsprinzip des Oberflächenreinigers (Bild 4.24) besteht in einer Schwimmerklappe, die mit ihrer Höhe dem Wasserspiegel im Becken entspricht. Durch die drehbar gelagerte Konstruktion und den dazugehörenden Schwimmkörper wird es möglich, dass nur Oberflächenwasser (aus Zulauf und/oder Verdrängung) über die Klappe in den Abfluss gelangt. Damit wird erreicht, dass tatsächlich nur die oberen Wasserschichten abgeführt werden. Die Merkmale dieses Systems:

**Merkmale von Oberflächenreinigern**

- nur punktuelle Oberflächenableitung möglich,
- Wasserspiegel 200 mm unter Beckenumgang,
- Anlagerung von Keimen/Bakterien am Beckenrand,
- preiswerte/platzsparende Technik.

**Nachteil**

Ein wesentlicher Nachteil besteht darin, dass sich in der Anlage Keime bilden können. Deshalb ist eine verstärkte manuelle Reinigung not-

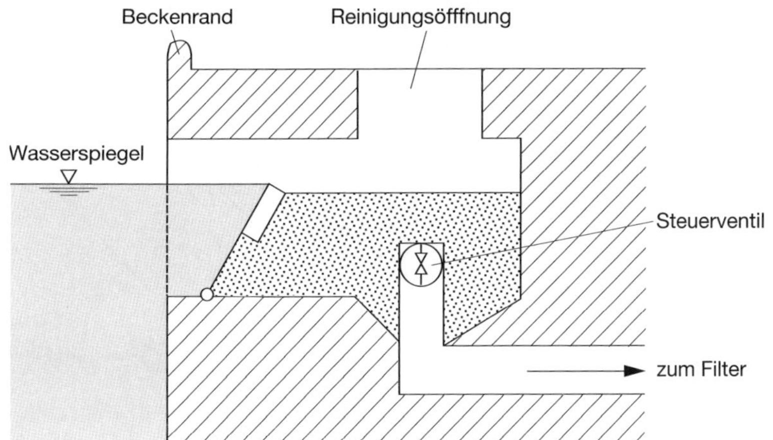


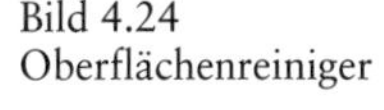
Bild 4.24
Oberflächenreiniger

wendig, was natürlich mit entsprechendem Zeitaufwand verbunden ist. Aufgrund der Keimbildungsmöglichkeit sind diese Anlagen für öffentliche Bäder nicht zugelassen.

### Überlaufsysteme

**Funktionsprinzip**

Das Prinzip dieser Systeme (Bild 4.25) besteht im Überlaufen des Wassers über den gesamten Beckenrand und anschließenden Sammeln des Wassers in einer Rinne. Dadurch können Verschmutzungen auf der Wasseroberfläche stetig aus dem Becken – und zwar an jeder Stelle – ausgetragen werden. Das hat den Vorteil, dass auch bei nicht optimaler Beckenhydraulik Schmutz aus dem Becken abgeleitet werden kann. Von dieser Rinne wird das Wasser über Rohrleitungen weiter zum Filter geleitet. Die Vorteile dieses Systems:

**Vorteile**

- ❑ schnelle Ableitung der stärksten Keimeinträge und Verunreinigungen,
- ❑ guter Wasseraustausch im gesamten Becken,
- ❑ Anordnung der Einlaufdüsen an jeder beliebigen Stelle des Beckens möglich.

Durch die Anordnung der Einlaufdüsen können unterschiedliche Beckendurchströmungen erreicht werden. Bei einer Bodenanordnung stellt sich die Hauptströmungsrichtung vertikal ein. Werden dagegen die Einlaufdüsen an den Beckenwänden eingebaut, ergibt sich eine horizontale Strömungsrichtung. Aufgrund der angesprochenen sehr guten Rohwasser-Ableitungsleistung der Überlaufsysteme ist die Wahl des Systems der Einlaufdüsen in der Regel nur von den örtlichen Bedingungen abhängig.

**Durchströmungsmöglichkeiten**

Die Bilder 4.26 und 4.27 zeigen die Durchströmungsmöglichkeiten.

Bild 4.25 Überlaufsysteme

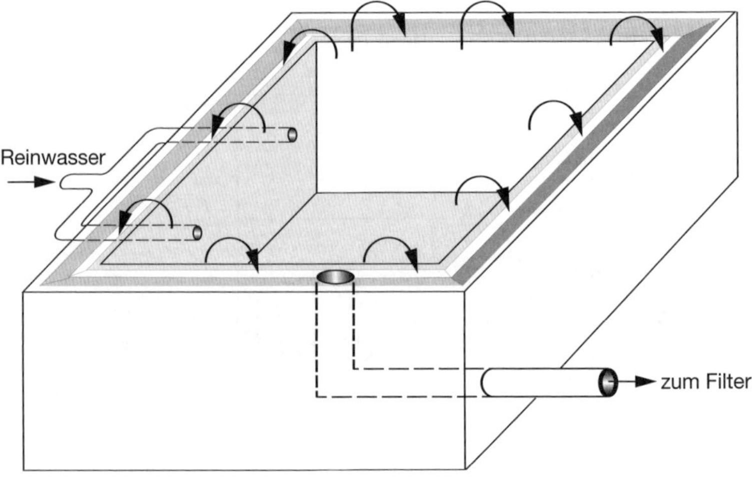

## Überlaufrinnen

**Tiefliegende Rinne**

Bei den Überlaufrinnen unterscheidet man prinzipiell zwischen zwei Systemen: tiefliegende und hochliegende Überlaufrinnen. Dabei besteht der wesentliche Unterschied in der Höhe des Wasserspiegels zum Beckenrand. Bei den tiefliegenden Rinnen liegt der Wasserspiegel in der Regel 200...250 mm tiefer als die Beckenkante.

In Bild 4.28 werden zwei Möglichkeiten für tiefliegende Rinnen dargestellt. Sie weisen folgende Eigenschaften auf:

**Eigenschaften von tiefliegenden Rinnen**

- ❑ Kompromiss zu Oberflächenreinigungssystemen,
- ❑ Abstand Wasseroberfläche–Beckenrand ca. 200...250 mm,
- ❑ keine Abdichtungsprobleme,
- ❑ keine optimale Auslegung der Rinne in Bezug auf Schwappmengen und Abfluss möglich,
- ❑ keine Haltestangen nötig,
- ❑ keine Rinnenabdeckung,
- ❑ geringe Wellenbrechung,
- ❑ Schmutzablagerung in der Rinne.

**Hochliegende Rinne**

Bei den hochliegenden Rinnen gibt es eine Vielzahl von Konstruktionsmöglichkeiten. Der wesentliche Unterschied zu den tiefliegenden Rinnen besteht jedoch in der Lage des Wasserspiegels. Dieser schließt direkt

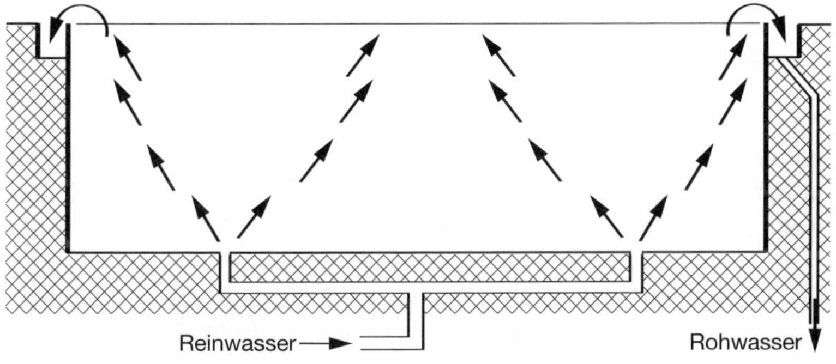


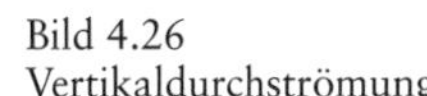

Bild 4.26
Vertikaldurchströmung

Bild 4.27
Horizontaldurchströmung

Bild 4.28
Tiefliegende Überlaufrinnen

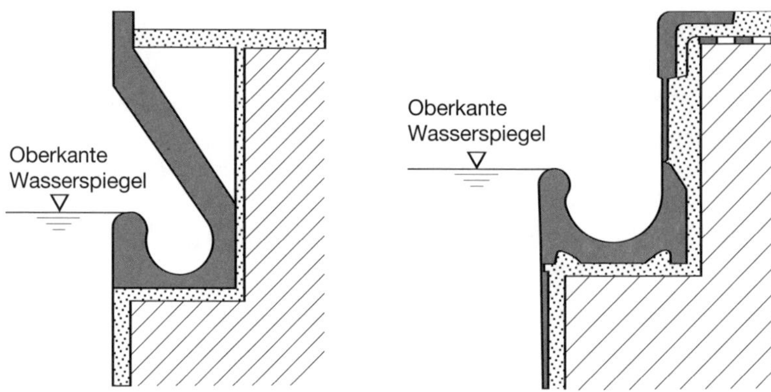


Bild 4.29
Finnische Rinne

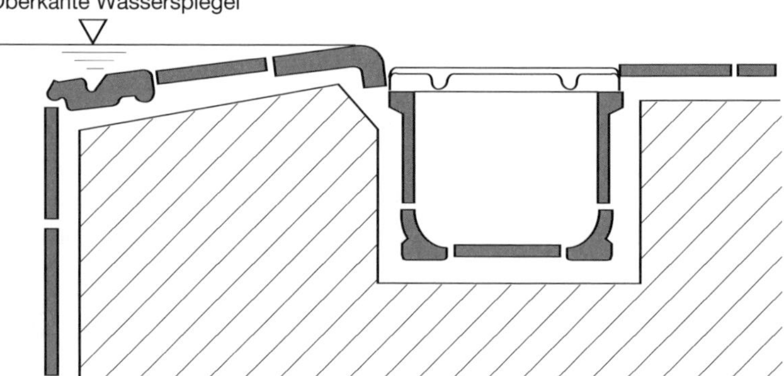


mit dem Beckenrand ab, was eine Reihe von Vorteilen für den Nutzer bringt. Vor allem die freie Sicht auf die Badenden ist ein wichtiger Punkt, wenn es um die Sicherheit (vor allem bei Kindern) der Badenden geht.

**Finnische Rinne**

In Bild 4.29 wird eine finnische Rinne dargestellt. Dieses System hat sich bei den hochliegenden Rinnen am weitesten verbreitet, da durch die Konstruktion (schräger Ablauf zur Beckenseite) ein Meeresablauf nachempfunden wird. Dadurch wird erreicht, dass das Rohwasser wie eine Meereswelle ausgetragen wird. Dabei werden die größten Verschmutzungen an der Oberfläche ausgespült; das nicht so stark verschmutzte «untere Wasser» fließt ins Becken zurück, so dass insgesamt kleinere Schwappmengen entstehen. Die finnische Rinne zeichnet sich durch folgende Eigenschaften aus:

**Eigenschaften der finnischen Rinne**

- Strandauslauf 10 % Steigung,
- optimale Hydraulik und Ausspülung von Schmutz,
- sanftes Ableiten,
- kleinere Schwappmengen,
- kleinere Rinnengrößen und Querschnitte.

### 4.2.5.6 Schwimmbeckenwasser-Aufbereitung

Die Wasseraufbereitung stellt das wichtigste Element in der Schwimmbadtechnik dar. Was wäre das schönste Schwimmbecken, wenn das Wasser nicht in Ordnung wäre. Da im privaten Bereich keine standardisierten Forderungen in Bezug auf die Qualität des Schwimmbadwassers bestehen, ist jeder Besitzer für «sein Wasser» selbst verantwortlich. Aus diesem Grund sollte man bei der Vorplanung auf alle Möglichkeiten eingehen.

**Verfahrenskombination**

Eine Orientierung an den Standards der öffentlichen Bäder hat sich in der Praxis am besten bewährt. Hier findet man eine Reihe von Möglichkeiten und Varianten für die Wasseraufbereitung. Da für die Wasseraufbereitung Aggregate und Chemikalien benötigt werden, wird von Verfahrenskombinationen gesprochen. Durch die Kombination von mehreren Komponenten der Wasseraufbereitungstechnik wird eine gute Wasserqualität erreicht.

In Bild 4.30 wird schematisch der Wasserkreislauf dargestellt. Es wird ersichtlich, dass für das Zusammenspiel aus Technik und Wasser die in Abschnitt 4.2.5.5 beschriebene Beckendurchströmung sehr wichtig ist.

#### Becken- und Nachfüllwasser

Zur Füllung eines Beckens ist Trinkwasser uneingeschränkt nutzbar. Es erfüllt alle Forderungen und Eigenschaften, die an das Schwimmbadwasser – auch im aufbereiteten Zustand – gestellt werden. Bei der Eigenversorgung aus Brunnen oder Quellen sollte eine Wasseranalyse erfolgen.

Dabei ist zu beachten, dass beim Einsatz von Enthärtungsanlagen der pH-Wert steigen kann. Das ist wichtig für die Auslegung der gesamten Aufbereitungsanlage.

Gelöste Salze können durch Filterung nicht entfernt werden. Deshalb sollte in Abhängigkeit der Beckengröße und der Benutzeranzahl ein Frischwasserzusatz (Einspeisung aus Trinkwasserleitung) erfolgen. Eine Faustregel wäre hierbei für eine Wassermenge bis 60 m$^3$ → 3…5 m$^3$ Füllwasser/Monat.

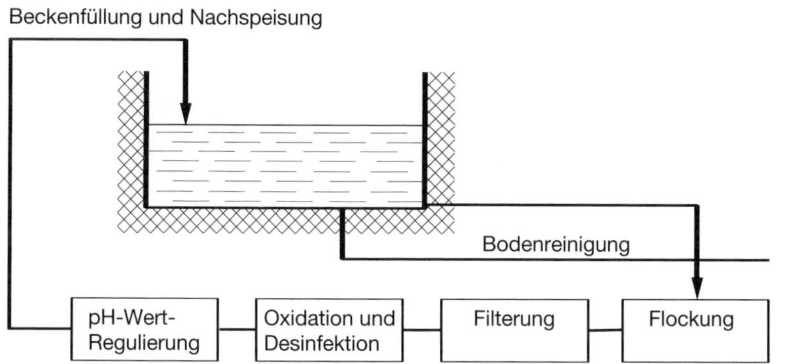


Bild 4.30
Wasserkreislauf

> *Planungsgrundsatz 4.8*
> Im öffentlichen Bereich müssen 30 l/Tag · Person Frischwasser zugeführt werden! Diese Menge hat auch für das Privatbad Gültigkeit.

### Flockung

**Fällungsreaktion**

Im Schwimmbadwasser befinden sich viele Stoffe, die in Lösung gegangen sind. Diese sind aufgrund ihrer Größe nicht filterbar. Durch den chemischen Prozess einer Fällungsreaktion ist es jedoch möglich, organische Substanzen in filterbare Größen umzuwandeln. Diesen Vorgang nennt man Flockung.

**Flockung im Privatbad nicht empfohlen**

Im Allgemeinen wird eine Flockung im Privatbad nicht empfohlen. Das hängt vor allem damit zusammen, dass sich durch die geringen Schichthöhen der Filter diese sehr schnell mit den Flockungsendprodukten zusetzen und damit der Filterwiderstand erhöht wird. Um diesen Widerstand zu überwinden, sind höhere Pumpenleistungen notwendig, die sich wiederum negativ auf die Betriebskosten auswirken.

Im Privatbad ist eine Flockung aus folgenden Gründen nicht empfehlenswert:

- zu hohe Filtergeschwindigkeiten,
- zu geringe Schichthöhe im Filter,
- zu schneller Anstieg des Filterwiderstandes,
- zu hohe Energieverluste,
- zu hohe Betriebskosten.

### Filterung

**Grundprinzip der Filterung**

Das Grundprinzip der Filterung besteht im Herauslösen der Trübstoffe durch Zurückhalten im Filter. Dabei ist je nach Aufbau des Filters die Größe der Teilchen, die zurückgehalten werden, unterschiedlich. Man unterscheidet die Teilchen in mehrere Kategorien:

**Teilchengrößen**

- Schwimm-Schwebstoffe $> 1$ mm,
- grobdisperse Stoffe bis 0,001 mm,
- kolloid- oder feindisperse Stoffe $10^{-3} \ldots 10^{-6}$ mm,
- echt gelöste Stoffe $< 10^{-7}$ mm.

> *Planungsgrundsatz 4.9*
> Je leistungsfähiger die Filteranlage, desto wirksamer die Oxidation des Desinfektionsmittels, d.h., desto besser ist die Wasserqualität.

Dieser Grundsatz bedeutet, dass durch die richtige Auswahl des Filters die Betriebskosten – vor allem in Bezug auf die Chemikalien – gesenkt werden können. Folgende Filtertypen sind einsetzbar:

Bild 4.31
1-Schicht-Sandfilter
(Foto: Autor)

**Filtertypen**

- ❑ Anschwemmfilter,
- ❑ 1-Schicht-Sandfilter (Bild 4.31),
- ❑ Mehrschichtfilter.

**Filterrückspülung**

Die Konstruktionen der Filter sind unterschiedlich, jedoch ist die Funktionsweise in der Regel gleich. Das Schwimmbadwasser wird durch den Filter geleitet. Je nach Filterschichtaufbau oder Sieblochdurchmesser (bei Kerzenfilter) werden die filterbaren Stoffe vom Filter zurückgehalten und im Filter gespeichert. Diese Stoffe werden in zeitlichen Abständen durch die **Filterrückspülung** aus dem Filter entfernt und der Abwasserkanalisation zugeleitet. Die Rückspülung erfolgt mit Wasser, wobei auch Druckluft als Zusatzkomponente möglich ist.

## Desinfektion

Durch Oxidation und Desinfektion sollen schädliche Stoffe aus dem Beckenwasser entfernt werden. Gleichzeitig soll durch die Abtötung von Bakterien, Keimen, Viren usw. das Wasser hygienisch einwandfrei gemacht werden.

Durch ein Überangebot von Sauerstoff ist es möglich, organische Stoffe, die als Grundbaustein vor allem Kohlenstoff besitzen, in Kohlendioxid und Wasser umzuwandeln. Das Kohlendioxid $CO_2$ entweicht aus dem Wasser als Gas, das Reaktionsprodukt Wasser bleibt im Kreislaufsystem enthalten.

Mit Hilfe der Desinfektion wird das Wasser keimfrei gemacht. Gleichzeitig kann damit ein Überschuss an Desinfektionsmitteln für die

Schwimmbeckenanlage zur Verfügung gestellt werden. Das ist vor allem notwendig, wenn die Belastung der Anlage durch Badegäste zeitlich stark schwankt. Für die Desinfektion sind mehrere Verfahren möglich.

*UV-Verfahren*

**Desinfektionsverfahren**

Bei diesem Verfahren wird das Wasser durch eine Apparatur (Bild 4.32) geleitet. In dieser wird mit Hilfe von UV-Quarzglasröhren UV-Strahlung erzeugt. Die Leistung der UV-Röhren wird in Watt angegeben, wobei eine Standardgröße bei 30 W liegt. Die Strahlung wirkt auf Bakterien und Viren toxisch, indem das Erbgut zerstört wird. Da das Verfahren nur in der Apparatur wirkt, ist es notwendig, dass das verschmutzte Schwimmbadwasser aus dem Becken schnell und kontinuierlich dem UV-Strahler zugeleitet wird. Dies setzt eine sehr gute Beckenhydraulik voraus. Eigenschaften des UV-Verfahrens:

**Eigenschaften des UV-Verfahrens**

- ❑ Abtötung der Keime, Viren usw. durch kurzwellige Strahlung,
- ❑ das Verfahren ist nicht im Becken wirksam,
- ❑ sehr gute Beckenhydraulik notwendig,
- ❑ kurzzeitige Beckenumwälzung notwendig,
- ❑ Zusatz geringer Mengen eines chemischen Oxidationsmittels wird empfohlen,
- ❑ ca. 30 W Leistung auf 2 $m^3$/h.

Bild 4.32 UV-Anlage (Foto: Autor)

*Bromverfahren*
Bei diesem Verfahren wird dem Schwimmbadwasser direkt Brom zugeführt. Brom gehört wie Chlor zur chemischen Gruppe der Halogene und wirkt auf Viern und Bakterien toxisch. Da Brom sehr schwer wasserlöslich ist, verbraucgen sich die zugegeben Mengen sehr langsam. Die wirksamkeit von Brom kann mit Chlor verglichen werden, so dass ähnliche Dosiermengen in der Praxis Anwendung finden. Vor allem ist der Einsatz von Brom sinnvoll, wenn die Nutzer der Anlage von Chlorallergien betroffen sind. Als Eigenschaften dieses Verfahrens sind zu nennen:

**Eigenschaften**

- Bromverbindungen in Tablettenform,
- schwer löslich – 2 g/l,
- Dosierempfehlung: ca. 0,5g/m$^3$

*Chlorverfahren*
Das Chlorverfahren ist das bekannteste und am weitesten verbreitete Desinfektionsverfahren. Da Chlor in der Natur nur in gebundener Form vorkommt, muss es zunächst für die Schwimmbadwasser-Behandlung aufbereitet werden. Dafür sind verschiedene Verfahren möglich, so dass Chlor als Chlorgas, Chlorlösung oder als feste Chlorverbindung eingesetzt werden kann.

**Natriumhypochlorid**

Beim **Chlor-Lösungs-Verfahren** wird eine Chlorlösung angesetzt. Das Chlor kann dabei aus unterschiedlichen Chemikalien geliefert werden. Ein Beispiel wäre Natriumhypochlorid. Die Lösung wird mit Hilfe einer Dosierpumpe dem Schwimmbadwasser zugeführt. Die Eigenschaften dieses Verfahrens:

**Eigenschaften**

- Natriumhypochlorid-Lösung
  NaOCl 150 g/l Aktivchlor = 13 %-Konzentration,
- Stammlösung wird mit Wasser im Verhältnis 1:2...1:3 verdünnt,
- allgemein ist Vorsicht beim Umgang geboten,
- Einsatz einer Dosierpumpe,
- Impfrohr in der Reinwasserleitung,
- Vorgang kann automatisiert werden.

Beim Verfahren mit **festen Chlorprodukten** wird das Chlor in anorganisch oder organisch gebundem Granulat oder Tablettenform geliefert. Nachfolgend eine Auswahl von Chemikalien, die bei diesem Verfahren eingesetzt werden:

**Eingesetzte Chemikalien**

- Natriumdichlorisocyanurat 60 % Aktivchlor,
- Caliumhypochlorid 70 % Aktivchlor,
- Lithiumhypochlorid 35 % Aktivchlor,
- Trichlorisocyanursäure 90 % Aktivchlor.

Beim **Chlorgasverfahren** wird das Chlor direkt aus Chlorgasflaschen entnommen. Spezielle Erläuterungen werden in Abschnitt 4.2.6.4 beschrieben.

*Ozonverfahren*

Bei diesem Verfahren wird Ozon $O_3$ als toxisches Mittel gegen Bakterien und Viren eingesetzt. Dabei kann das Ozon, das dem Schwimmbadwasser zugegeben wird, wie folgt beschrieben werden:

**Eigenschaften**

- bakterien- und keimtötende Wirkung,
- schnelle Reaktion mit Wasserinhaltsstoffen,
- Zerfall des Ozons nach der Reaktion in Sauerstoff,
- schnelle und sichere Abtötung von Krankheitserregern,
- Inaktivierung von Viren,
- Abbau von organischen Verunreinigungen,
- Verhinderung von Chemiegeruch in der Schwimmhalle,
- Oxidation der Wasserinhaltsstoffe,
- Verhinderung von Haut- und Augenreizungen,
- Sauerstoffanreicherung des Wassers.

Ozon muss am Verbraucherort in Ozonanlagen produziert werden. Bei diesen Anlagen handelt es sich um Kompaktanlagen, wie in Bild 4.33 dargestellt.

**Anlagenparameter**

- 2 $m^3$ Umwälzwasser 1 g Ozon,
- für Erzeugung von 1 g Ozon ca. 25 W nötig → kostengünstig,
- Erzeugung aus Luftsauerstoff mittels Wechselstrom,
- nach Zusetzen des Ozons an das Reinwasser erfolgt Durchlauf durch Reaktionsausgasstufe,
- Entozonung Abbau der organischen Verunreinigungen mit Aktivkohlefilter,
- Korrosionsschutz muss beachtet werden, d. h., günstig ist der Einsatz von PVC-Rohren.

### pH-Wert-Regulierung

Der pH-Wert ist eine wichtige Größe zur Beschreibung der Qualität des Schwimmbadwassers. Dabei liegt der Ideal-pH-Wert bei 7,0, weil alle Chemikalien, die im Wasserkreislauf eingesetzt werden, bei diesem pH-Wert am besten wirken.

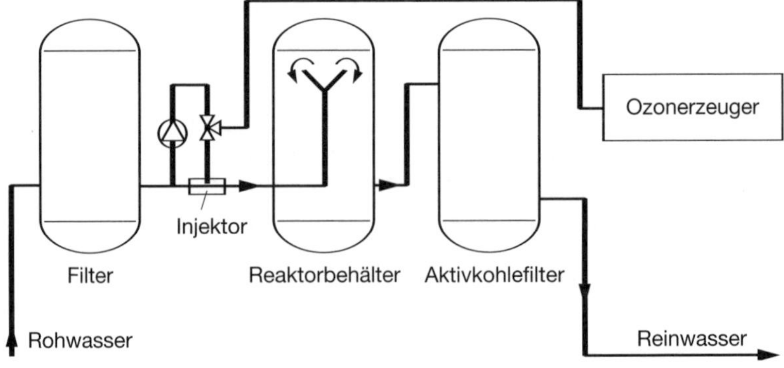


Bild 4.33 Ozonanlage

*Planungsgrundsatz 4.10*
Weicht der pH-Wert vom Idealwert = 7,0 ab, benötigen Anlagen zur Wasseraufbereitung entsprechend mehr Chemikalien.

Wird bei einer Messung ein zu niedriger pH-Wert festgestellt, wird das Wasser mit Hilfe einer basischen Chemikalie (pH-Wert-Heber) behandelt. Ist der gemessene pH-Wert dagegen zu hoch, wird unter Zusatz einer sauren Chemikalie (pH-Wert-Senker) der pH-Wert gesenkt.

### 4.2.5.7 Berechnungsgrundlagen

**Umsatzvolumenstrom**

Der Mindestvolumenstrom beschreibt die Wassermenge, die stündlich umgewälzt werden sollte. Dabei wird Gl. 4.1 eingesetzt:

$$\dot{Q}_U = \frac{V}{t} \qquad \text{(Gl. 4.1)}$$

$V$ Beckenvolumen [m³]
$t$ Umwälzzeit [h]

*Planungsgrundsatz 4.11*
Je mehr Personen zum Nutzerkreis des Schwimmbeckens gehören, desto größer ist die Beckenbelastung.

Die Umwälzzeit des Beckenwassers (Tabelle 4.9) sollte nach dem Planungsgrundsatz 4.11 festgelegt werden. Dabei soll der kleinste Umwälzvolumenstrom nicht unter 5 $m^3/h$ liegen.

**Anzahl der Einlaufdüsen**

Beckenhydraulik

Durch die Anzahl der Einlaufdüsen wird – wie in Abschnitt 4.2.5.5 beschrieben – vor allem Einfluss auf die Beckenhydraulik genommen. Viele Einläufe bedeuten eine gute Durchströmung im Becken. Gleichzeitig wird durch die Erhöhung der Anzahl der Einläufe der Druckverlust

Tabelle 4.9 Beckenbelastung und Umwälzzeit in Stunden

| Beckenbelastung | bis 30 $m^3$ | 30 $m^3$... 50 $m^3$ | über 50 $m^3$ |
|---|---|---|---|
| gering | 5 | 6 | 7 |
| durchschnittlich | 4 | 5 | 6 |
| größer | 3 | 4 | 5 |

in den Rohrleitungen geringer, so dass dadurch die Betriebskosten minimiert werden können.

Es kann davon ausgegangen werden, dass eine Einlaufdüse eine Durchsatzmenge von ca. 3...5 $m^3/h$ realisiert. Damit ist eine Anzahlermittlung auf Grundlage des Umwalzvolumenstroms möglich.

**Praxiswerte für die Durchströmung**

Bei Überlaufsystemen muss des Weiteren die Entscheidung für die Strömungsrichtung getroffen werden. Dabei können folgende Praxiswerte Anwendung finden:

*Horizontale Durchströmung*

- Einläufe 400 mm unter der Wasseroberfläche,
  200 mm über dem Beckenboden,
- Bestimmung der Anzahl der Einläufe durch Umwälzvolumenstrom.

*Vertikale Durchströmung*

- pro 8 $m^2$ Wasserfläche 1 Einlauf,
- mindestens 4 Einläufe.

*Planungsgrundsatz 4.12*
Für eine Wasserfläche von 30...40 $m^2$ ist ein Oberflächenreiniger / Skimmer vorzusehen. Bei größeren Flächen erhöht sich die Anzahl der Skimmer proportional.

**Rohrleitungen und Pumpen**

Rohrleitungen werden nach wirtschaftlichen Gesichtspunkten (Strömmungsschwindigkeit $v_{max}$ = 1...2 m/s) dimensioniert. Bei drucklosen Leitungen findet dabei die DIN 1986-100 Anwendung. Für Druckleitungen kann die Strömungsgeschwindigkeit entsprechend höher angenommen werden.

Die Pumpenauswahl wird vor allem in Abhängigkeit der Druckverluste in der Gesamtanlage realisiert. Die Hauptdruckverluste ergeben sich aus den Einzeldruckverlusten der Einbauteile:

- Rohrleitungen,
- Filter,
- Beckenwiderstand,
- WW-Bereiter,
- Armaturen,
- Einlaufdüsen.

*Planungsgrundsatz 4.13*
Da es sich bei Schwimmbadanlagen um offene Systeme handelt, muss zusätzlich der geodätische Höhenunterschied für die Berechnung berücksichtigt werden.

### Überlaufrinnen-Querschnitt

Durch die installierte Überlaufrinne muss das gesamte Rohwasser transportiert werden. Dabei ist die Menge von mehreren Faktoren abhängig und wird nach Gl. 4.5 erfasst:

$$\dot{Q}_R = \frac{\dot{Q}_U + V_V + V_W}{R_A} \quad \text{(Gl. 4.5)}$$

$\dot{Q}_R$ Rinnenüberlaufvolumen in l/s

$\dot{Q}_U$ Umwälzvolumenstrom l/s

$R_A$ Rinnenanteil in Abhängigkeit der Rinnenabläufe und Überlaufvolumen bei 2 Hauptflussrichtungen = 50 % → $R_A = 2$ (Bild 4.34)

$V_V$ durch Wellen ausgetragenes Wasser (pro Person 75 l)

$V_W$ durch Wellen ausgetragenes Wasservolumen je $m^2$ Wasseroberfläche (Gl. 4.6):

$$V_W = 0{,}052 \cdot A \cdot 10^{-0{,}144 \cdot \frac{\dot{Q}_U}{l}} \quad \text{(Gl. 4.6)}$$

$A$ Wasserfläche [$m^2$]

$l$ Länge der umlaufenden Rinne [m]

*Planungsgrundsatz 4.14*

Die Werte $V_V$ und $V_W$ besitzen keine Zeiteinheit. Aus diesem Grund wird für das jeweils beschriebene Ereignis $V_W$ und $V_V$ praxisnah eine Zeit von 3 Minuten angesetzt.

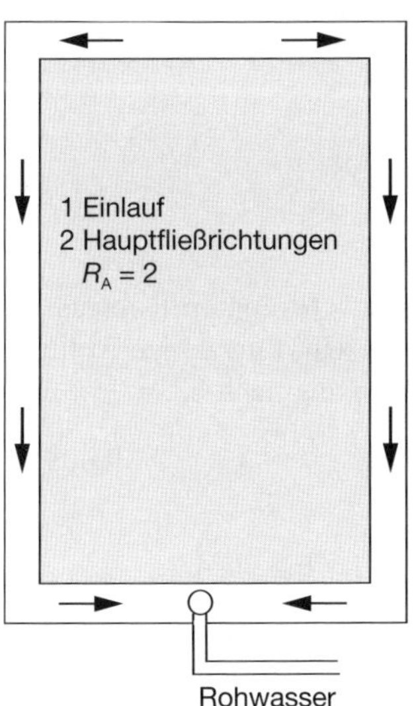


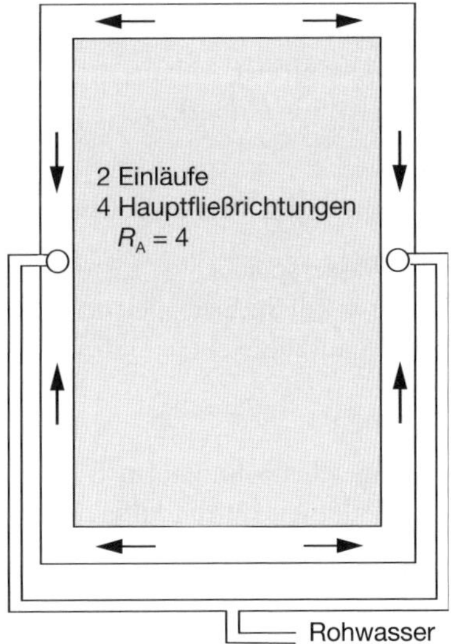


Bild 4.34
Ermittlung von $R_A$

Tabelle 4.10 Rinnenüberlaufvolumen und Rinnenquerschnitte

| Rinnenquerschnitt $cm^2$ | 80 | 125 | 180 | 320 | 400 | 500 |
|---|---|---|---|---|---|---|
| $\dot{Q}_R$ in l/s | 1,5 | 2,8 | 5 | 10 | 14 | 20 |

Tabelle 4.11 Ablaufspenden von verschiedenen Rinnenabläufen

| Rinnenabläufe DN | 50 | 65 | 80 | 100 | 125 |
|---|---|---|---|---|---|
| Abflussspende l/s ohne Abdeckung | 1,4 | 2,5 | 5,0 | 9,0 | 14,0 |
| Abflussspende l/s mit Abdeckung | 1,1 | 2,0 | 4,0 | 7,5 | 12,0 |

Aus der Ermittlung von $\dot{Q}_R$ lässt sich eine entsprechende Rinne nach den Tabellen 4.10 und 4.11 bestimmen. Dabei sollten vor allem aus reinigungstechnischer Sicht die Querschnitte nicht kleiner als 180 $cm^2$ sein. Bei kleineren Rinnenquerschnitten sind mehr Abläufe vorzusehen.

### Bestimmung der Sammelleitung

**Drucklose Leitungen**

Als Sammelleitung wird allgemein das Rohrsystem zwischen Rinneneinlauf und Wasserspeicher bezeichnet. Je nach Anzahl der Rinneneinläufe (siehe Bild 4.32) kann es sich hierbei um eine Rohrleitung (1 Einlauf) oder um ein ganzes Rohrleitungssystem (mehrere Einläufe) handeln. Die Leitungen sind immer drucklose Leitungen, die nach DIN 1986-100 ausgelegt werden können. Folgende Parameter sollten jedoch bei der Planung berücksichtigt werden:

**Planungsparameter**

- ❑ Verbindung zwischen Rinnenablauf und Wasserspeicher,
- ❑ Gefälle 1:100,
- ❑ rückstaufreier Ablauf,
- ❑ Verhältnis $h/d = 0{,}7$.

### Auslegung des Wasserspeichers

Der Wasserspeicher ist für die Aufnahme des verdrängten Rohwassers verantwortlich. Der Speicher soll in der Lage sein, kurzzeitige Abflussspitzen auszugleichen. Dabei erfolgt die Auslegung nach Gl. 4.7:

$$V_{SP} = V_V + V_W + V_R \qquad \text{(Gl. 4.7)}$$

$V_{SP}$ Speichervolumen [$m^3$]
$V_R$ Volumen für die Filterrückspüllung [$m^3$] (s. Tabelle 4.12)

Je nach Größe des Behältervolumens können diese Speicher aus Kunststoff oder aus Stahlbeton hergestellt werden. Bei der Auswahl sollte darauf geachtet werden, dass größere Behälter begehbar sind, um eine turnusmäßige Reinigung durchführen zu können. Gleichzeitig ist es günstig, am Behälter die Nachspeiseeinrichtung für das Frischwasser anzubringen.

**Volumen für die Filterrückspüllung**

**Spülprogrammme**

In Abschnitt 4.2.5.6 wurde unter «Filterung» dargestellt, dass Filter in vorgegebenen Zeitabständen rückzuspülen sind. Dabei gibt es vorgeschriebene Spülprogramme, die zeitlich nicht unterbrochen werden dürfen. Aus diesem Grund muss das für die Spülung notwendige Wasser auf einmal zur Verfügung stehen.

Die Häufigkeit der Spülung hängt von der Verschmutzung des Filters ab, sie sollte jedoch einmal wöchentlich erfolgen. Die Hersteller geben für die jeweiligen Filter die Spüldauer in den Werksunterlagen vor. In Abhängigkeit der Verschmutzung liegen diese zwischen 3...5 min Spüldauer. Durchschnittswerte enthält Tabelle 4.12.

**Zwischenspeicher**

Da die Filterrückspülung nicht unterbrochen werden darf, muss auch das anfallende Schmutzwasser direkt abgeleitet werden. Deshalb werden in der Tabelle 4.12 die notwendigen Durchmesser für das Kanalanschlusssystem aufgeführt. Sollte die Ablaufleitung kleiner als die vorgegebene Dimension sein, muss nach dem Filter ein weiterer Zwischenspeicher eingebaut werden. Dieser nimmt dann zunächst die Rückspülwassermenge auf, um sie danach dosiert dem Abwasserkanal zuzuführen.

Tabelle 4.12 Filterrückspülungen im privaten Bereich

| | | | |
|---|---|---|---|
| Bei Filter-Volumendurchsatz von | 5 $m^3/h$ | 8 $m^3/h$ | 11 $m^3/h$ |
| beträgt Spülwasser-Volumendurchsatz | 8 $m^3/h$ | 11 $m^3/h$ | 13 $m^3/h$ |
| beträgt Zeiteinheit einer Spülung ca. | 4 min | 4 min | 4 min |
| beträgt Spülwasservolumen bei einer Spülung | 0,53 $m^3$ | 0,73 $m^3$ | 0,86 $m^3$ |
| beträgt Kanalisationsanschluss | 70 DN | 100 DN | 100 DN |

## 4.2.6 Öffentliches Schwimmbad

### 4.2.6.1 Allgemeines

**Öffentliche Überwachung durch die Gesundheitsämter**

Der Begriff «*öffentlich*» wird als Art der Nutzung verstanden, d.h., jedem ist die Nutzung der Einrichtung grundsätzlich möglich. Deshalb unterliegen diese Einrichtungen der öffentlichen Überwachung durch die Gesundheitsämter.

**Grundregeln für die allgemeine Objektplanung**

Für die allgemeine Objektplanung gelten die gleichen Grundregeln wie im Privatschwimmbad. Aufgrund der Größe dieser Anlagen ist es jedoch notwendig, eine **optimale Energiebilanz** (Nutzen zu Aufwand) anzustreben. Im Vordergrund muss deshalb eine raumklimagerechte Gebäudeplanung stehen, die eine optimale Gestaltung zur wirtschaftlichen Energienutzung darstellt. In der Praxis hat sich ein Fensteranteil von 25 %, bezogen auf die gesamte umbaute Fläche, als sehr wirtschaftlich herausgestellt. Weiterhin sollten bei der Anlagenplanung folgende Parameter in der Halle angestrebt werden:

- ❑ 60 % Luftfeuchte,
- ❑ Wassertemperatur 27 °C/Luft 2...4 K darüber/maximal 34 °C,
- ❑ Vermeidung von Schwitzwasser an den Wänden (Taupunkt),
- ❑ Wärmeschutz nach EnEV (Energie-Einspar-Verordnung).

### 4.2.6.2 Beckenarten/Größen

**Überlaufrinnen**

Da im öffentlichen Bad Oberflächenreiniger nicht gestattet sind, kommen in der Regel je nach Anlagen- und Beckentyp Überlaufrinnen zum Einsatz, wobei die Kombination verschiedener Rinnensysteme möglich ist.

**Umschaltung von Umlaufsystem auf Entwässerungssystem**

Für die Rinnenreinigung ist es sinnvoll, eine Umschaltung von Umlaufsystem auf Entwässerungssystem vorzusehen, damit das Schmutzwasser der Reinigung gleich in die Kanalisation weitergeleitet werden kann.

Für die Becken selbst gibt es an Form und Größe keine Einschränkungen. Die Beckengröße sollte nach der zu erwartenden Besucherzahl ausgelegt werden. Richtwerte sind aus Tabelle 4.13 zu entnehmen.

**Beckenlänge für Trainings- und Sportschwimmwettkämpfe**

Bei der Wahl der Beckengröße sollte beachtet werden, ob das eine oder andere Becken für Trainings- und Sportschwimmwettkämpfe genutzt werden soll. Ist dies der Fall, sind folgende Beckenlängen notwendig:

- Kurzbahn 25 m,
- Langbahn 50 m.

### 4.2.6.3 Beckendurchströmung

Aufgrund der möglichen hohen Personenbelastung der Schwimmbecken ist es notwendig, dass eine sehr gute Durchströmung und damit eine gute Umwälzung des Beckenwassers realisiert wird. In Bezug auf die Gestaltung der Strömung gelten die gleichen Bedingungen wie im Privatbereich (siehe Abschnitt 4.2.5.5 unter «Überlaufsysteme»), so dass auch hier vertikale und horizontale Durchströmungen möglich sind.

Tabelle 4.13 Beckengröße und Personenbelastung

| Beckenmaße in m | 8 × 4 | 10 × 5 | 12 × 6 | 16 × 8 | 20 × 10 | 162/3 × 8 | 25 × 8 | 25 × 10 | 25 × 12,5 | 25 × 16 2/3 | 50 × 16 2/3 | 50 × 20 |
|---|---|---|---|---|---|---|---|---|---|---|---|---|
| Beckenoberfläche in $m^2$ | 32 | 50 | 72 | 128 | 200 | 133 | 200 | 250 | 312,5 | 417 | 833,5 | 1000 |
| | Stündliche Umwälzvolumen in $m^3$ Verfahrenskombination: Flockung + Filterung + Chlorung $k = 0,5\ l/m^3$ | | | | | | | | | | | |
| Schwimmer-/ Springerbecken | 15 | 22 | 32 | 57 | 89 | 59 | 89 | 111 | 139 | 185 | 370 | 444 |
| Nichtschwimmer-becken | 24 | 38 | 54 | 95 | 148 | 99 | 148 | 185 | 232 | 309 | 617 | 741 |
| | Stündliches Umwälzvolumen in $m^3$ Verfahrenskombination: Flockung + Filterung + Ozonung + Aktivkornkohle – Filterung + Chlorung $k = 0,6\ l/m^3$ | | | | | | | | | | | |
| Schwimmer-/ Springerbecken | 12 | 19 | 27 | 48 | 74 | 49 | 74 | 93 | 116 | 154 | 309 | 370 |
| Nichtschwimmer-becken | 20 | 31 | 45 | 80 | 123 | 82 | 123 | 154 | 193 | 257 | 515 | 617 |
| | mittlere stündliche Personenbelastung | | | | | | | | | | | |
| Schwimmer-/ Springerbecken | 7 | 11 | 16 | 28 | 44 | 30 | 44 | 56 | 69 | 93 | 185 | 222 |
| Nichtschwimmer-becken | 11 | 18 | 26 | 47 | 74 | 49 | 74 | 93 | 116 | 154 | 309 | 370 |

## 4.2.6.4 Schwimmbeckenwasser-Aufbereitung

Die Aufbereitung des Schwimmbeckenwassers erfolgt nach DIN 19643. Dabei wird wiederum von einem Kreislauf ausgegangen, der in Bild 4.35 dargestellt wird.

### Füllwasser / Erstbefüllung

Für die Befüllung der Becken kann Trinkwasser uneingeschränkt genutzt werden. Dabei ist zu beachten, dass für die Befüllung eine sehr große Wassermenge in möglichst kurzer Zeit benötigt wird. Bei einer entsprechenden Abnahme aus dem Netz – den notwendigen Rohranschluss vorausgesetzt – ist es möglich, dass andere Leitungsabschnitte des Trinkwasserversorgers «leergesaugt» werden und damit ganze Teilnetze zusammenbrechen.

**Zwischenbecken**

Ein weiteres Problem besteht darin, dass, wenn eine starke Abnahme aus dem Trinkwassernetz erfolgt, gleichzeitig eine Art «Selbstreinigung» im Rohrsystem passiert. Die Ablagerungen in den Rohrleitungen werden aufgrund der hohen Fließgeschwindigkeiten mitgerissen und direkt ins Schwimmbecken geleitet. Abhilfe schafft hier ein Zwischen-

Bild 4.35
Wasserkreislauf

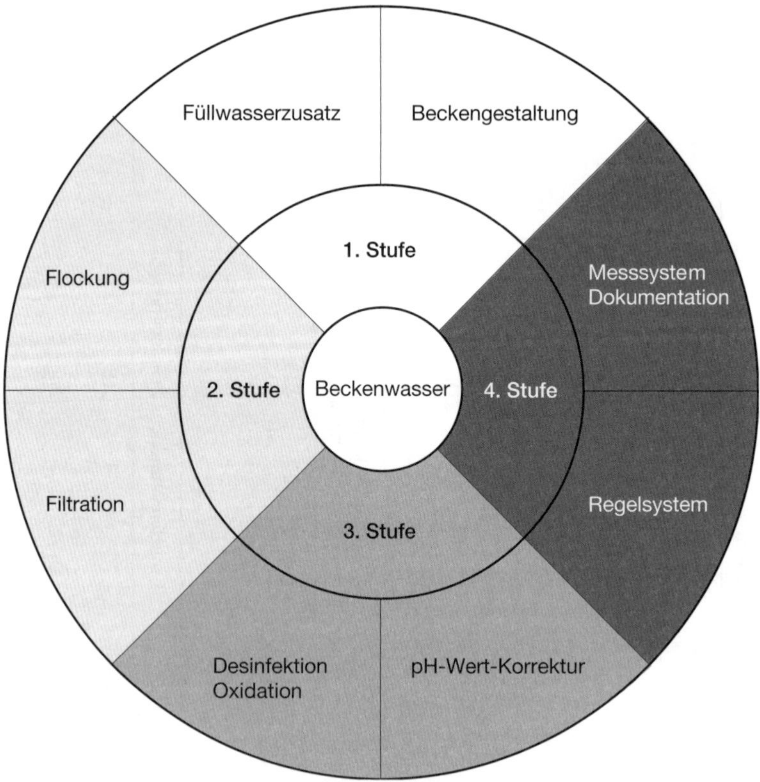

becken, das langsam gefüllt werden kann. Das Füllwasser wird dann aus diesem Zwischenbecken entnommen. Diese Lösung ist natürlich nur bei kleineren Becken möglich.

*Planungsgrundsatz 4.15*
Die Dimensionierung der Zuleitungen sollte für eine Füllzeit des Beckens von 24 Stunden ausgelegt werden. Die Befüllung über einen Hydrantenanschluss zu realisieren, ist zulässig. Die Zuleitung an den Wasserkreislauf sollte über einen freien Auslauf realisiert werden.

**Zugabe von Frischwasser**

Wie Planungsgrundsatz 4.11 schon festlegt besteht die allgemeine Notwendigkeit, in Abhängigkeit der Besucherzahl Frischwasser zuzugeben. Durch die Zugabe von Frischwasser wird erreicht, dass die Salzkonzentration durch die Verdünnung prozentual gesenkt wird. Die Erhöhung der Salzkonzentration entsteht durch die nicht filterbaren Salze, die durch die Badegäste ins Wasser eingebracht werden. Die nach DIN 19643 geforderte Frischwassermenge beträgt 30 l/Person/Tag.

### Flockung

Die Flockung ist nach DIN 19643 zwingend vorgeschrieben. Durch die Zugabe von Flockungsmitteln wird erreicht, dass organische Substanzen in filterbare Größen umgewandelt werden. Hierbei sind verschiedene Flockungsmittel einsetzbar:

**Flockenmittel**

- Aluminiumsulfat,
- Natriumaluminat,
- Eisen(III)-chlorid.

Die Bestimmung des optimalen Flockungsmittels richtet sich nach dem pH-Wert und der Carbonathärte. Dabei sind Erfahrungswerte sehr wichtig:

**Dosierrichtwerte (Erfahrungswerte)**

Aluminiumsulfat: 0,8 ... 5 g/m³
Eisen(III)-chlorid: 0,65 ... 3,0 g/m³
Polyaluminiumchlorid (PAC): 0,4 ... 1,5 g/m³

**Dosierbehälter**

Das Flockungsmittel wird in der Regel in Dosierbehältern angesetzt oder vom Hersteller in der notwendigen Konzentration vorgemischt geliefert. Bei den Dosierbehältern sollte eine Bevorratung von max. 2...3 Tagen erfolgen. Längere Standzeiten könnten dazu führen, dass das Flockungsmittel im Behälter schon reagiert und ausflockt. Dabei reduziert sich die Wirkung des Flockungsmittels erheblich, so dass der Verbrauch wesentlich ansteigt. Dadurch erhöhen sich automatisch die Betriebskosten.

**Dosierpumpen**

Das Einbringen (Impfen) des Flockungsmittels erfolgt über Dosierpumpen (Bild 4.36). Die Impfstelle befindet sich in der Regel in der Rohwasserleitung hinter der Filterpumpe.

Bild 4.36
Dosierpumpe

## Filterung

**Rückspülmöglichkeit**

Die Filterung dient der mechanischen Reinigung des Schwimmbadwassers. Dabei wird prinzipiell nach Ein- und Mehrschichtfiltern unterschieden. Die Rückspülmöglichkeit ist unbedingt gefordert.

**Filtergeschwindigkeit**

Bei der Auslegung wird auf die Filtergeschwindigkeit Bezug genommen. Diese ergibt sich aus dem Volumenstrom über der Filterfläche in m/h. Folgende Filtergeschwindigkeiten sind in der Praxis relevant:

- Filtergeschwindigkeiten:
  - $v_F$ = 20 m/h bei Meereswasser (Salzwasser),
  - $v_F$ = 30 m/h bei Süßwasser.

Aus dieser Angabe zu den Filtergeschwindigkeiten lässt sich mit Gl. 4.8 die Filterfläche ermitteln:

$$A_F = \frac{\dot{Q}_U}{v_F} \; [m^2] \qquad \text{(Gl. 4.8)}$$

$\dot{Q}_U$ Umwälzvolumenstrom [m³/h]

### Berechnung des Spülwasservolumens

Für die Rückspülung der Filter gibt es Spülprogramme, die die Hersteller vorschreiben. Dabei werden i.d.R. Spülzeiten zwischen 9...11 min angesetzt. Weil die Rückspülungen zeitlich nicht unterbrochen werden dürfen, ist es notwendig, die benötigte Wassermenge zu bevorraten. Diese Bevorratung wird als Volumen im Wasserspeicher (Schwallbehälter) berücksichtigt. Das Volumen für die Filterrückspülung berechnet man nach Gl. 4.9:

$$V_R \geqq 6 \cdot A_F \quad [m^3] \qquad \text{(Gl. 4.9)}$$

**Kontrolle der Abflussleistung**

Nach der Berechnung muss eine Kontrolle der Abflussleistung des Kanalsystems erfolgen. Ist diese für die anfallende Schmutzwassermenge zu klein, ist es notwendig, ein Rückhaltebecken vorzusehen. Dieses nimmt das Schmutzwasser bei der Rückspülung auf und gibt das Wasser erst allmählich an das Abwassersystem weiter.

Da bei der Rückspülung auch ein Teil der Filtersande mit ausgespült werden, haben die Rückhaltebecken auch gleichzeitig die Funktion von Absetzbecken. Dadurch wird gewährleistet, dass der ausgespülte Filtersand nicht in die Kanalisation gelangt. Eine Reihe von Abwassersystembetreibern fordern aus diesem speziellen Grund die Errichtung dieser Rückhaltebecken prinzipiell.

**Zusätzliche Spülung mit Luft**

Um die Wirkung des Spülvorganges noch zu verbessern, kann die Spülung mit Wasser durch eine Spülung mit Luft unterstützt werden. Die Luftspülung wird mit Hilfe eines Gebläses realisiert, das durch die Filterhersteller in das Filtersystem integriert wurde. Für die Berechnung wird in der Praxis mit Gl. 4.10 gearbeitet:

$$\dot{Q}_{Luft} = 60 \cdot A_F \quad [m^3/h] \qquad \text{(Gl. 4.10)}$$

Bei der Luftspülung beträgt die Strömungsgeschwindigkeit in den Rohrleitungen ca. 15...20 m/s.

### Wasserspeicher / Schwallbehälter

Der Schwallbehälter dient zur Aufnahme des Überlaufwassers, das durch die Verdrängung im Becken in die Überlaufrinne gelangt. Hierbei handelt es sich um *Rohwasser*, also das Wasser mit dem größten Schmutzeintrag. Gleichzeitig besitzt dieses Wasser die geringsten Mengen an Desinfektionsmitteln, so dass der Schwallbehälter die günstigste Stelle für Keimbildung in der Anlage darstellt. Deshalb sollten diese Behälter für turnusmäßige Reinigungen begehbar sein.

Da der Behälter gleichzeitig für die Bereitstellung des Filterrückspülwassers ausgelegt wird, ergeben sich eine Reihe von möglichen Wasserständen. So ist es denkbar, dass vor einer Filterrückspülung noch Wasser in den Behälter zugelassen werden muss, damit die erforderliche Rückspülmenge auf einmal zur Verfügung steht. Eine andere Möglichkeit ist, dass über den Frischwasseranschluss des Schwallbehälters die geforderten Frischwassermengen zugeführt werden.

**Vielfachsteuerung**

Diese unterschiedlichen Funktionen lassen sich über eine Vielfachsteuerung realisieren, indem eine Niveausteuerung (Bild 4.37) an den Behälter angebaut wird.

Bild 4.37
Niveausteuerung

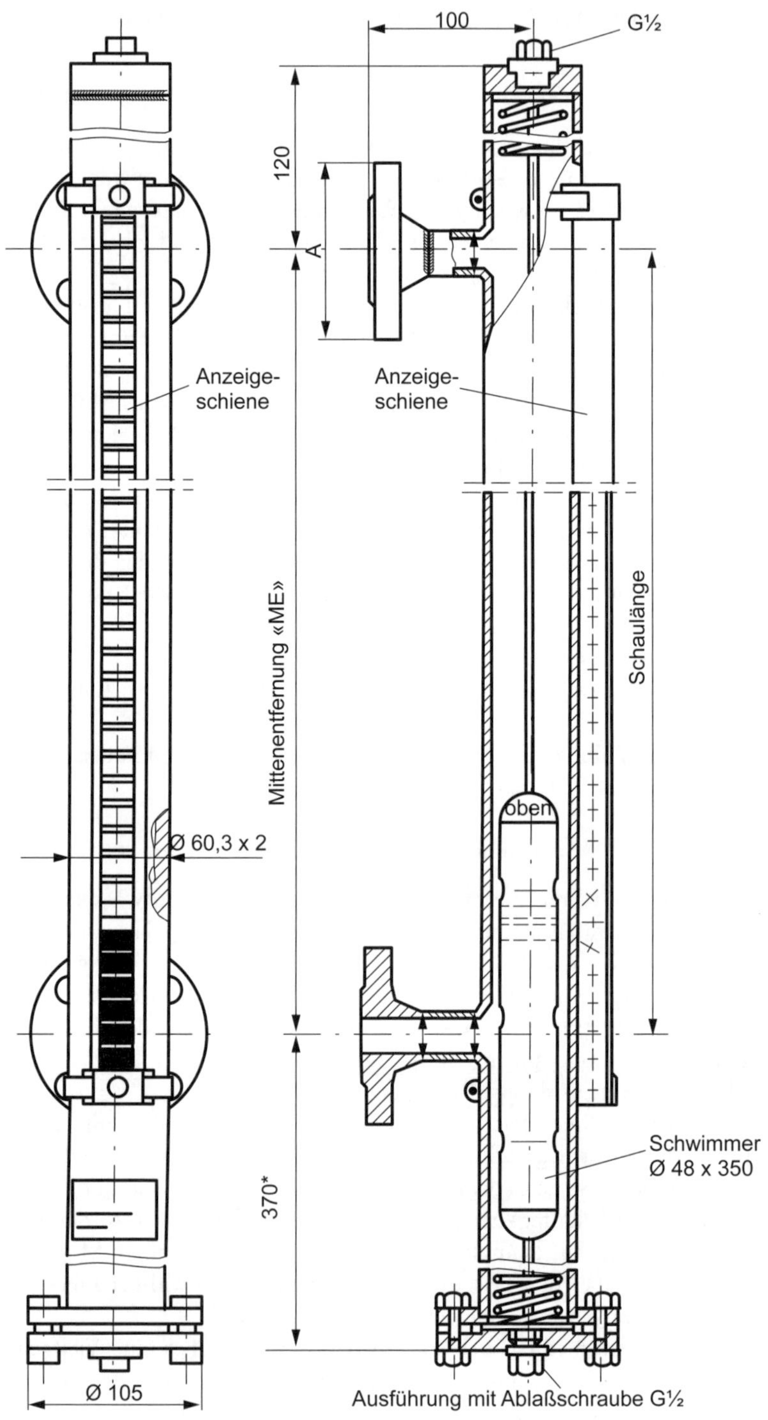

### Desinfektion

Für die notwendige Desinfektion des Schwimmbadwassers kommen eine Reihe von Möglichkeiten in Frage. Dabei ist die Wahl der Kombination der einzelnen Verfahren vom jeweiligen Planer und dessen Erfahrung abhängig (siehe Abschnitt 4.2.5.6 «Desinfektion»).

In öffentlichen Bädern kommt der Desinfektion eine wichtige Rolle zu, denn durch diese Verfahren wird garantiert, dass sich Krankheitserreger nicht über das Schwimmbadwasser verbreiten können. Wie in der privaten Schwimmbadtechnik haben sich auch im öffentlichen Bereich eine Reihe von Verfahren bewährt und durchgesetzt.

*Ozonverfahren*

Die Behandlung des Schwimmbadwassers mit Ozon wurde in Abschnitt 4.2.5.6 unter «Desinfektion» ausführlich beschrieben. Aus diesem Grund sollen die wichtigsten Parameter nur noch einmal kurz dargestellt werden:

**Parameter des Ozonverfahrens**

- ❑ optimales Verfahren zur Desinfektion,
- ❑ durch Zerfall des Ozons erfolgt der Abbau von organischen/anorganischen Verunreinigungen,
- ❑ Herstellung am Verwendungsort,
- ❑ Anlagenschema (auch Bild 4.33).

Als Werte für die Praxis sind zu nennen:

**Werte für die Praxis**

- ❑ Zur Herstellung von 1 g $O_3$/h werden ca. 0,8 m$^3$ Luft benötigt;
- ❑ dabei wird eine Leistung von 15...30 Watt verbraucht.
- ❑ Eine Ozonröhre kann 25 g/h $O_3$ herstellen.
- ❑ Ozonabgabe an das Reinwasser bis 28 °C 0,8...1 g/m$^3$,<br>über 28 °C 1...1,2 g/m$^3$.

Die Kontaktzeit des Ozons mit dem Schwimmbadwasser soll im Reaktionsbehälter (s. Bild 4.33) mindestens 2 Minuten betragen. Aus diesem Grund erhält man die Behälterhöhe aus Gl. 4.11:

$$H_{\text{Behälter}} = \frac{\dot{Q}_{\text{U}} \cdot t_{\text{Kontaktzeit}}}{A_{\text{Behälter}}} \qquad \text{(Gl. 4.11)}$$

Dem Reaktorbehälter wird prinzipiell ein Aktivkohlefilter (s. Bild 4.33) nachgeschaltet. In diesem verbindet sich das Restozon mit Kohlenstoff zu Kohlendioxid, das das Wasser als Gas verlässt. Der Restozongehalt des Reinwassers darf 0,01 mg/l nicht übersteigen.

*Chlorverfahren*

In der Praxis hat sich die Desinfektion mit Chlor über viele Jahre bewährt. Diese Methode der Desinfektion bringt damit auch die größten Erfahrungswerte für die Praxis mit. Beim Einsatz von Chlor muss jedoch berücksichtigt werden:

*Planungsgrundsatz 4.16*
Je höher der pH-Wert ist, desto geringer ist die keimtötende Wirkung von Chlor!

In Abschnitt 4.2.5.6 wurden die Verfahren zur Chlorerzeugung schon ausführlich beschrieben. Einige Praxiswerte für die Auslegung der Anlagen sollen an dieser Stelle noch ergänzt werden:

**Praxiswerte für die Auslegung**

- ❑ Desinfektion durch die Zugabe von 0,5 $g/m^3$ freies Chlor bei pH-Wert 6,5 ... 7,8,
- ❑ Kapazität der Chlordosieranlage:
  - Hallenbad 2 g $Cl_2/m^3$,
  - Freibad 10 g $Cl_2/m^3$.

*Chlorgasverfahren*
Bei diesem Verfahren wird das benötigte Chlor direkt aus Chlorgasflaschen entnommen und über Dosieranlagen und/oder -pumpen dem Wasser zugeführt. Das Verfahren ist sehr effektiv, da die Bereitstellung des Chlors nicht über Zwischenprodukte erfolgt. In Bild 4.38 wird eine entsprechende Anlage gezeigt.

Da Chlorgas in Flaschen unter einem bestimmten Überdruck steht, kommt es bei der Entnahme zu einer Druckentspannung, bei der die Temperatur stark fallen kann. Dadurch kann es zum Einfrieren der Entnahmearmatur kommen. Zur Verhinderung des Einfrierens wird deshalb die maximale zusätzliche Entnahmemenge auf 1 %/h des Füllinhaltes festgelegt.

Aufgrund der festgeschriebenen Entnahmemenge ergibt sich aus der benötigten stündlichen Menge die Anzahl der Flaschen. Dabei sollte jedoch beachtet werden, dass für einen eventuellen Austausch der Flaschen zur Wiederbefüllung ein zweiter Flaschensatz notwendig sein könnte.

**Umgang mit Chlorgasflaschen**

Ein wichtiger Hinweis für den Umgang mit Chlorgasflaschen ist die giftige und ätzende Wirkung des Gases. Darum sind entsprechende Anforderungen an die Räume und Anlagen gestellt, die bei der Planung und im Betrieb der Anlage berücksichtigt werden müssen.

### pH-Wert-Regulierung

Der pH-Wert stellt eine wesentliche Kenngröße für die Aufbereitungsmaßnahmen des Wassers dar; dabei sind an die Größe des Wertes folgende Forderungen gestellt:

**Forderungen**

- ❑ zulässiger pH-Wert-Bereich 6,5...7,8,
- ❑ in der Praxis 7,2 ... 7,6; leicht alkalisch,
- ❑ bei Unterschreitung:
  - Zunahme der Aggressivität des Wassers,
  - Angriff auf Mörtel, Fließen, Rohre usw.,

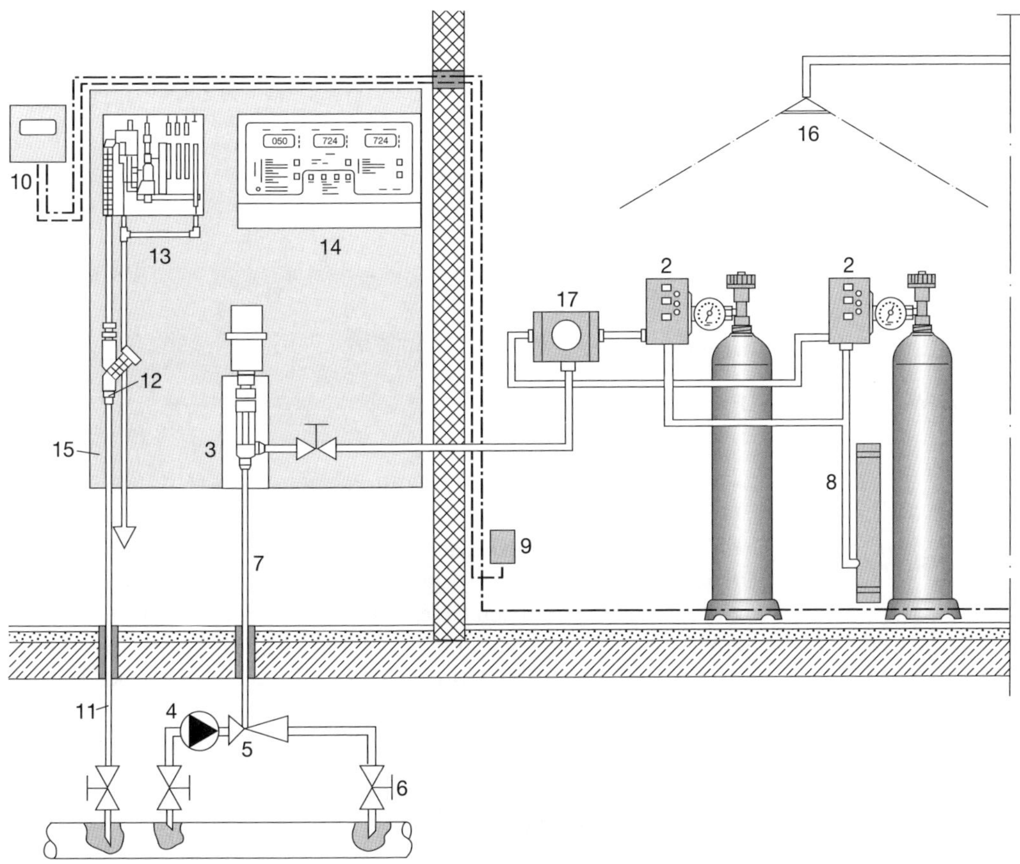


Bild 4.38 Chlorgasanlage

2 Vakuumregler
3 Dosierregler mit Stellantrieb
4 Druckerhöhungspumpe
5 PVC-Injektor mit Sicherheits-Membranrückschlag
6 Impfstelle mit Absperrventil
7 Vakuumleitung
8 Entlüftungsleitung zur Absorptionsanlage
9 Messzelle Gaswarnanlage
10 Gaswarnanlage «dsc Gascontrol»
11 Messwasserentnahmestelle
12 Fasernfilter
13 Kompaktmesszelle P 881
14 dsc-Mess- und Regelgerät $C_{l2}$, Rx, pH
15 Montageplatte
16 Berieselungsanlage
17 Umschalter bis 10 kg

❑ bei Überschreitung:
- schnell abnehmende Keimtötungsgeschwindigkeit,
- begünstigtes Algenwachstum,
- begünstigte Bakterienbildung,
- Chloraminbildung, damit verbunden erhöhter Chlorgeruch,
- schlechte Flockung.

Da der pH-Wert im Schwimmbadwasser ständig schwanken kann, wird er regelmäßig durch die installierte Messtechnik kontrolliert. Je nach

Art der Abweichung vom Idealwert (7,2...7,6) wird von den Dosierpumpen der pH-Wert wieder angeglichen. Dabei spricht man in der Praxis vom Heben und Senken des pH-Wertes, wobei die notwendigen Chemikalien als Heber und Senker bezeichnet werden.

pH-Wert-Heber:

**pH-Wert-Anhebung**

- Natronlauge,
- Natriumcarbonat,
- Natriumhydrogencarbonat.

pH-Wert-Senker:

**pH-Wert-Senkung**

- Schwefelsäure
- Salzsäure

**Beispiel**

Beispiel für eine Prozesskette, die zur Senkung des pH-Wertes führt:

Bei schönem Wetter kommen mehr Badegäste ins Schwimmbad, weshalb vermehrt Bakterien ins Schwimmbadwasser gelangen, die dann mit Desinfektionsmitteln abgetötet werden müssen. Die abgestorbenen Bakterien oxidieren durch den Sauerstoff im Wasser und folglich entstehen daraus (aus Kohlenstoff und Wasserstoff) Kohlendioxid und Wasser. Das Kohlendioxid (gibt gelöst im Wasser Kohlensäure) senkt den pH-Wert, der dann durch einen pH-Wert Heber wieder in den neutralen bzw. leicht alkalischen Bereich (7,2...7,6) gehoben werden muss.

### 4.2.6.5 Berechnungsgrundlagen

**Umwälzvolumenstrom**

Alle Dimensionierungen der Gesamtanlage sind abhängig vom notwendigen Umwälzvolumenstrom. Dabei wird bei Kleinbecken (< 70 $m^2$ und Tiefe < 1,35 m) ein Umwälzvolumenstrom angenommen, der das Becken 6-mal pro Tag umgewälzt (s. Gl. 4.4). Für Normalbecken wird der Umwälzvolumenstrom mit Gl. 4.12 ermittelt:

$$\dot{Q}_{\mathrm{U}} = \frac{A \cdot n}{a \cdot b} \qquad \text{(Gl. 4.12)}$$

| | | |
|---|---|---|
| $A$ | Wasserfläche des Beckens | [$m^2$] |
| $n$ | personenbezogene Frequenz | [1/h] |
| $a$ | Wasserfläche für jede Person | [$m^2$] |
| $k$ | Belastungsfaktor | [$1/m^3$] |

Die personenbezogene Frequenz lässt sich aus Tabelle 4.13 direkt ermitteln. Gleichfalls enthält diese Tabelle die Werte für $k$ in Abhängigkeit von der Aufarbeitung:

$k$ = 0,5 l/m$^3$ Flockung + Filterung + Chlorung
$k$ = 0,6 l/m$^3$ Flockung + Filterung + Ozonung
+ Aktivkornkohle-Filterung + Chlorung

Die Werte für $a$ sind wie folgt definiert:

Springer- und Schwimmerbecken $a$ = 4,5 m$^2$/Person
Nichtschwimmerbecken $a$ = 2,7 m$^2$/Person

Bei einer Erhöhung der Personenbelastung über die Zahlen aus Tabelle 4.13 gilt

*Planungsgrundsatz 4.17*
Bei Überschreitung der zulässigen Personenbelastung wird der Umwälzvolumenstrom dadurch bestimmt, dass man 2 m$^3$/h Umwälzvolumenstrom pro Badegast annimmt.

**Einläufe / Ausläufe**

Durch die Anzahl der Einläufe und deren Anordnung wird die Durchströmung im Becken festgelegt (s. Abschnitt 4.2.5.3). Dabei gelten die gleichen Bedingungen wie bei den privaten Bädern. Anhand der Tabelle 4.14 ist eine Dimensionierung und eine Anzahlermittlung möglich.

**Rohrleitungen**

Die Bemessung erfolgt nach hydraulischen Gesichtspunkten. Dabei sind für die Rohrleitungen Vorzugsgeschwindigkeiten zu wählen (s. Abschnitt 4.2.5.7).

Die Bemessung erfolgt nach Gl. 4.7

$$V_{Sp} = V_V + V_W + V_R$$

wobei die einzelnen Summanden nach Gl. 4.13 ermittelt werden.

Tabelle 4.14 Richtwerte für Einläufe und Ausläufe

| DN | 50 | 65 | 80 | 100 | 125 | 150 |
|---|---|---|---|---|---|---|
| Einlauf l/s | 2,2 | 4,7 | 8,3 | 13,9 | 25,0 | 38,5 |
| Auslauf l/s | 1,4 | 2,8 | 5,0 | 9,0 | 14,0 | 19,7 |

$$V_V = 0{,}075 \cdot \frac{A}{a} \qquad \text{(Gl. 4.13)}$$

$A$ Wasserfläche des Beckens $m^2$
$a$ Wasserfläche für jede Person $m^2$
$V_W$ nach Gl. 4.6
$V_R$ nach Gl. 4.9
Volumen für die Filterrückspülung [$m^3$] (s. Tabelle 4.15)

**Bemessung des Filters**
Die Bemessung des Filters erfolgt nach Gl. 4.8, eine erste Vorauswahl ist mit Hilfe von Tabelle 4.15 möglich

## 4.2.7 Berechnungsbeispiel

**Aufgabenstellung**

Für eine Pension ist eine Schwimmbadanlage (Hallenbad) mit den Maßen 16 m · 8 m · 1,5 m zu planen. Dabei soll die Wasseraufbereitung nach den gültigen Standards erfolgen, die eine Flockung, Filterung und Chlorung vorschreiben.

Aus den Angaben kann zunächst ein Schaltbild entwickelt werden, wie Bild 4.39 veranschaulicht.

Auslegung des Umwälzvolumenstroms:

$$\dot{Q}_U = \frac{A \cdot n}{a \cdot k} = \frac{128\ m^2 \cdot 1\ m^3}{4{,}5\ m^2 \cdot 0{,}5\ h} = 57\frac{m^3}{h} = 15{,}8\ l/s$$

Bild 4.39
Schaltbild Schwimmbadwasseraufbereitung

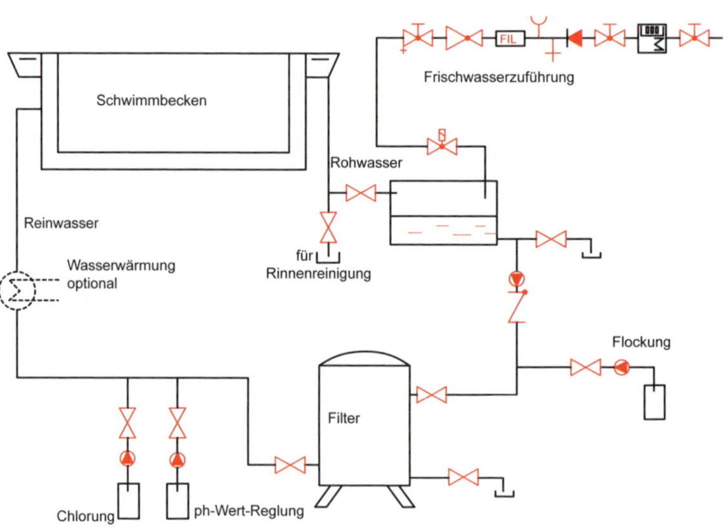

Tabelle 4.15 Filterauswahl nach DIN 19605

| Filterbehälter Ø mm | 800 | 1000 | 1200 | 1400 | 1600 | 1800 | 2000 | 2200 | 2400 | 2600 | 2800 | 3000 |
|---|---|---|---|---|---|---|---|---|---|---|---|---|
| Filterfläche $m^2$ | 0,5027 | 0,785 | 1,170 | 1,539 | 2,011 | 2,545 | 3,142 | 3,801 | 4,524 | 5,309 | 6,158 | 7,069 |
| Filterleistung bei 30 m/h – $m^3$/h | 15 | 24 | 34 | 45 | 60 | 75 | 95 | 115 | 135 | 160 | 185 | 215 |
| Filterleistung bei 50 m/h – $m^3$/h | 25 | 38 | 58 | 74 | 96 | 122 | 150 | 182 | 217 | 255 | 295 | 340 |
| Filterverrohrung bei 30 m/h | 65 | 80 | 80 | 100 | 100 | 125 | 125 | 150 | 150 | 200 | 200 | 200 |
| Filterverrohrung bei 50 m/h | 80 | 80 | 100 | 125 | 150 | 150 | 200 | 200 | 200 | 250 | 250 | 250 |
| Spülwasser ca. in $m^3$ | 3 | 5 | 7 | 9 | 12 | 15 | 19 | 23 | 27 | 32 | 37 | 43 |
| Kanalanschluss DN Direktableitung | 100 | 125 | 150 | 200 | 200 | 250 | 250 | 250 | 250 | 250 | 300 | 300 |
| Fördervolumen $m^3$/h Hebepumpe | 17 | 20 | 35 | 45 | 60 | 75 | 95 | 115 | 135 | 160 | 185 | 215 |
| Nutzvolumen $m^3$ Rückhaltebecken | 4 | 6 | 10 | 12 | 15 | 20 | 25 | 30 | 35 | 45 | 50 | 55 |
| Luftleistung $m^3$/h Spülluftgebläse bei 0,5 bar | 30 | 47 | 70 | 90 | 120 | 150 | 190 | 230 | 270 | 320 | 370 | 430 |

**Auslegung Flockung**

| | |
|---|---|
| gewählte Dosierpumpe mit | 6 l/h |
| gewähltes Verdünnungsverhältnis | 1 : 49 |
| Festlegung | 1 cm³ = 1 g |

→ 120 g Flockungsmittel + 5880 g Wasser (1 : 49)

**Dosiermenge**

$$\frac{120 \text{ g/h}}{57 \text{ m}^3\text{/h}} = 2{,}1 \text{ g/m}^3$$

Vergleiche nach Abschnitt 4.2.6.4 mit den Dosierrichtwerten (Erfahrungswerte).

**Auslegung der Filter**

$$A_\text{F} = \frac{\dot{Q}_\text{U}}{v_\text{F}} = \frac{57 \text{ m}^3\text{/h}}{30 \text{ m/h}} = 1{,}9 \text{ m}^2$$

**Vorauswahl nach Tabelle 4.15**
Filterdurchmesser: 1,6 m mit einer Filterfläche von 2,01 m²

**Spülwasservolumen**

$$V_\text{R} = 6 \cdot A_\text{F} = 6 \cdot 2{,}01 = 12{,}1 \text{ m}^3$$

**Auslegung der Chlorung**
nach Forderung der Dosiermenge 2 g/m³ (Hallenbad)

Dosiermenge $= 2 \text{ g/m}^3 \cdot 57 \text{ m}^3\text{/h} = 114 \text{ g/h}$

**Auslegung der pH-Wert-Regulierung**
Realisierung mit Dosierpumpen zum Heben und Senken.

Dosierung: 100 m³ Beckenwasser → 1,0 kg für Heben / Senken um 0,1

Für die Berechnung wird ein extrem ungünstiger Fall angenommen: Heben / Senken des pH-Wertes um den Wert von 1,0.

Nach den Vorgaben der Dosierung ergibt sich für den Beckeninhalt von ca. 200 m³ → 20 kg bzw. 20 l. Einsatz der gleichen Dosierpumpe wie bei der Flockung mit 6 l/h.

$$\frac{20 \text{ l}}{6 \text{ l/h}} = 3{,}3 \text{ h}$$

Das Heben /Senken des pH-Wertes um 1,0 würde 3,3 Stunden dauern.

**Auslegung der Überlaufrinne**

$$\dot{Q}_R = \frac{\dot{Q}_U + V_V + V_W}{R_A} = \frac{(15,8 + 11,83 + 24,94)\ l/s}{4} = 13,14\ \text{l/s}$$

gewählter Rinnenquerschnitt: 400 mm² (nach Tabelle 4.10).
$R_A$ = 4 (2 Abläufe in der Überlaufrinne):

$$V_V = 0,075 \cdot \frac{A}{a} = 0,075\ \text{m}^3/\text{Person} \cdot \frac{128\ \text{m}^2}{4,5\ \text{m}^2/\text{Person}} = 2,13\ \text{m}^3 = 2130\ \text{l}$$

Verrechnung mit der Zeit von 180 s.

$$V_V = 11,83\ \text{l/s}$$

$$V_W = 0,052 \cdot \text{A} \cdot 10^{-0,144 \cdot \frac{\dot{Q}_U}{l}} = 0,052 \cdot 128\ \text{m}^2 \cdot 10^{-0,144 \cdot \frac{57\,\text{m}^3/\text{h}}{48\text{m}}} = 4,49\ \text{m}^3 = 4490\ \text{l}$$

Verrechnung mit der Zeit von 180 s.

$$V_W = 24,94\ \text{l/s}$$

**Auslegung Schwallbehälter**

$$V_{Sp} = (V_V + V_W + V_R = 2,21 + 4,49 + 12,1)\ \text{m}^3 = 18,71\ \text{m}^3$$

gewählter Behälter ca. 20 m³.

**Auslegung Rohrleitungen**
Drucklose Leitungen zum Schwallbehälter:

$$\dot{Q} = 52,57\ \text{l/s}$$

nach DIN 1986-100 Tabelle A3,
gewählt: DN 300 mit Gefälle von 1 : 100

Druckleitungen mit $v$ = 1,5 m/s:

$$\dot{Q}_U = 57 \frac{\text{m}^3}{\text{h}} = 15,8\ \text{l/s}$$

$$d = \frac{4 \cdot \dot{Q}_U}{\pi \cdot v} = \sqrt{\frac{4 \cdot 57\ \text{m}^3/\text{h}}{\pi \cdot 1,5\ \text{m/s} \cdot 3600\ \text{s/h}}} = 0,11\ \text{m}$$

gewählt DN 100.

**Auslegung der Anzahl der Einlaufdüsen**
gewählte Düsen DN 50 mit 4 m³/h/Düse:

$$\text{Anzahl} = \frac{57\ \text{m}^3/\text{h}}{4\ \text{m}^3/\text{h/Düse}} = 14{,}25$$

gewählt 16 Düsen. Nach den Berechnungen kann das Material für die Kalkulation ermittelt werden.

# Normenübersicht

| Norm/Verordnung | Bezeichnung | Aktueller Stand |
|---|---|---|
| DIN 2000 | Leitsätze für Anforderungen an Trinkwasseranlagen (öffentliche Anlagen) | 10.2000 |
| DIN 2001 | Leitsätze für Anforderungen an Trinkwasseranlagen (Eigen- und Einzelversorgung) | 05.2007 |
| TrinkwV 2001 | Trinkwasserverordnung | 05.2001<br>01.2008 |
| DIN 4046 | Wasserversorgung; Technische Regeln des DVGW | 09.1983 |
| DIN 4066 | Hinweisschilder für den Brandschutz | 07.1997 |
| DIN 4067 | Hinweisschilder Wasser | 11.1975 |
| DIN 4102 | Brandverhalten von Baustoffen und Bauteilen | 05.1998 |
| DIN 4109 | Schallschutz im Hochbau | 10.2006 |
| DIN 8061 | Rohre aus PVC | 07.2008 |
| DIN 8074 | Rohre aus Polyethylen (PE) | 08.1999 |
| DIN 8078 | Rohre aus Polypropylen (PP) | 09.2008 |
| DIN 16 893 | PE-X-Rohre | 09.2000 |
| DIN 16 969 | PB-Rohre | 12.1997 |
| DIN 18 012 | Hausanschlussräume | 05.2008 |
| DIN 50 930/6 | Korrosion der Metalle – Korrosion metallischer Werkstoffe im Innern von Rohrleitungen | 08.2001 |
| VDI 4100 | Schallschutz von Wohnungen – Kriterien für Planung und Beurteilung | 08.2007 |
| DIN EN 806/3 | Technische Regeln für Trinkwasser-Installationen Berechnung der Rohrinnendurchmesser – vereinfachtes Verfahren | 07.2006 |
| DIN EN 1333 | Definition und Auswahl von PN | 06.2006 |
| DIN EN 1452 | PVC-Rohre | 09.1999 |

| Norm/Verordnung | Bezeichnung | Aktueller Stand |
|---|---|---|
| DIN EN 1717 | Schutz des Trinkwassers vor Verunreinigungen in Trinkwasser-Installationen und allgemeine Anforderungen an Sicherungseinrichtungen zur Verhütung von Trinkwasserverunreinigungen durch Rückfließen | 05.2001 |
| DIN EN 10 220 | Maße für nahtlose und geschweißte Stahlrohre | |
| DIN EN 10 255 | Rohre aus unlegiertem Stahl mit Eignung zum Schweißen und Gewindeschneiden | 11.2004 |
| DIN EN 12 201 | PE-Rohre | 06.2003 |
| DIN EN 12 319 | Kunststoff-Rohrleitungssysteme für Warm- und Kaltwasser – Polybuten (PB) | 05.1996 |
| DIN EN 12 449 | Kupfer und Kupferlegierungen – Nahtlose Rundrohre zur allgemeinen Verwendung | 10.1999 |
| DIN EN 12 502-1 | Korrosionsschutz metallischer Werkstoffe - Hinweise zur Abschätzung der Korrosionswahrscheinlichkeit in Wasserverteilungs- und Wasserspeichersystemen | 03.2005 |
| DIN EN ISO 6708 | Definition und Auswahl von DN | 09.1995 |
| DIN 1986-100 | Entwässerungsanlagen für Gebäude und Grundstücke | 05.2008 |
| DIN 1986-4 | Entwässerungsanlagen für Gebäude und Grundstücke, Verwendungsbereiche von Abwasserrohren und -Formstücken verschiedener Werkstoffe | 02.2003 |
| DIN EN 12 056-1 | Schwerkraftentwässerungsanlagen innerhalb von Gebäuden, Allgemeine und Ausführungsanforderungen | 01.2001 |
| DIN EN 12 056-2 | Schwerkraftentwässerungsanlagen innerhalb von GebäudenTeil 2: Schmutzwasseranlagen, Planung und Berechnung | 01.2001 |
| DIN EN 12 056-3 | Schwerkraftentwässerungsanlagen innerhalb von Gebäuden, Teil 3: Dachentwässerung, Planung und Bemessung | 01.2001 |

# Umrechnungstabellen

| Druck | Pa | bar | kp/cm² | Torr | atm | mm Ws |
|---|---|---|---|---|---|---|
| 1 Pa = 1 N/m² | 1 kg/ms² | $10^{-5}$ | $1{,}02 \cdot 10^{-5}$ | $7{,}5 \cdot 10^{-3}$ | $0{,}99 \cdot 10^{-5}$ | 0,102 |
| 1 bar | $0{,}1 \cdot 10^{6}$ | 1 | 1,02 | 750,06 | 0,987 | $1{,}02 \cdot 10^{4}$ |
| 1 kp/cm² = 1 at | $9{,}81 \cdot 10^{4}$ | 0,981 | 1 | 735,56 | 0,968 | $10^{4}$ |
| 1 Torr = 1 mm Hg | 133,32 | $1{,}33 \cdot 10^{-3}$ | $1{,}36 \cdot 10^{-3}$ | 1 | $1{,}32 \cdot 10^{-3}$ | 13,599 |
| 1 atm | 101325 | 1,01 | 1,033 | 760 | 1 | $1{,}03 \cdot 10^{4}$ |
| 1 mm Ws | 9,81 | $9{,}81 \cdot 10^{-5}$ | $10^{-4}$ | $7{,}36 \cdot 10^{-2}$ | $9{,}68 \cdot 10^{-5}$ | 1 |

| Energie | J | kWh | kcal | PSh | kpm |
|---|---|---|---|---|---|
| 1 J = 1 Ws | 1 Nm | $0{,}28 \cdot 10^{-6}$ | $0{,}24 \cdot 10^{-3}$ | $0{,}38 \cdot 10^{-6}$ | 0,102 |
| 1 kWh | $3{,}6 \cdot 10^{6}$ | 1 | 860 | 1,36 | $0{,}37 \cdot 10^{6}$ |
| 1 kcal | $4{,}19 \cdot 10^{3}$ | $1{,}16 \cdot 10^{-3}$ | 1 | $1{,}6 \cdot 10^{-3}$ | 426,9 |
| 1 PSh | $2{,}65 \cdot 10^{6}$ | 0,74 | 632,4 | 1 | $0{,}27 \cdot 10^{6}$ |
| 1 kpm | 9,81 | $2{,}7 \cdot 10^{-6}$ | $2{,}34 \cdot 10^{-3}$ | $3{,}7 \cdot 10^{-6}$ | 1 |

| Leistung | kW | j/s | kcal | PS | kpm/s |
|---|---|---|---|---|---|
| 1 kW | 1 | $10^{3}$ | $0{,}86 \cdot 10^{3}$ | 1,36 | 102 |
| 1 J/s | $10^{-3}$ | 1 | 0,86 | $1{,}36 \cdot 10^{-3}$ | 0,102 |
| 1 kcal/h | $1{,}16 \cdot 10^{-3}$ | 1,16 | 1 | $1{,}58 \cdot 10^{-3}$ | 0,119 |
| 1 PS | 0,74 | 735,5 | 632,4 | 1 | 75 |
| 1 kpm/s | $9{,}81 \cdot 10^{-3}$ | 9,81 | 8,43 | $13{,}3 \cdot 10^{-3}$ | 1 |

$1\ N = 1\ kg \cdot m/s^2$

# Stichwortverzeichnis

**Z**